数控职业教育系列教材

U0394644

数控机床结构及应用

第 2 版

主　编　王爱玲
副主编　曾志强　郭荣生
编　著　王爱玲　曾志强　郭荣生　段能全
　　　　王林玉　蔡启培　张　艳
主　审　刘永姜

机械工业出版社

根据高职高专教育专业人才培养目标的要求，并总结了编者多年在数控机床应用领域的教学和工程实践经验，编写了本系列教材。

本书以企业中使用较广泛、具有先进性的数控机床为主线，介绍数控车床、数控铣床、加工中心、快速成形机床、数控折弯机和数控冲床等常用数控机床的工作原理、结构及调整，数控机床典型结构及设备的安装和调试，并且介绍了数控机床的日常维护与保养。

本书内容介绍由浅入深，循序渐进，图文并茂，形象生动，理论密切联系实际，特别着重于应用，每一部分都列举了大量实例。

本系列适合作为高等职业教育的教学与实践用教材，也可作为企业数控加工职业技能的培训教材，对数控技术开发人员、数控设备使用人员、维修人员、数控编程技术人员、数控机床操作人员及数控技工有较大的参考价值，同时还可作为各种层次的继续工程教育用数控培训教材。

需要本书电子教案和习题答案的老师可到机械工业出版社教材服务网 www.cmpedu.com 网站下载，也可发 E-mail 至 cmplwy@ sina.com 与编辑联系。

图书在版编目（CIP）数据

数控机床结构及应用/王爱玲主编．—2 版．—北京：机械工业出版社，2013.6（2025.1重印）

数控职业教育系列教材

ISBN 978-7-111-41973-0

Ⅰ.①数…　Ⅱ.①王…　Ⅲ.①数控机床-程序设计-高等职业教育-教材　Ⅳ.①TG659

中国版本图书馆 CIP 数据核字（2013）第 062457 号

机械工业出版社（北京市百万庄大街22号　邮政编码100037）
策划编辑：李万宇　责任编辑：李万宇
版式设计：霍永明　责任校对：任秀丽
封面设计：鞠　杨　责任印制：常天培
北京机工印刷厂有限公司印刷
2025 年 1 月第 2 版·第 13 次印刷
169mm×239mm·17.25 印张·334 千字
标准书号：ISBN 978-7-111-41973-0
定价：35.00 元

前　言

　　制造业是国民经济和国防建设的基础性产业,先进制造技术是振兴传统制造业的技术支撑和发展趋势,是直接创造社会财富的主要手段,谁先掌握先进制造技术,谁就能够占领市场。而数控技术是先进制造技术的基础技术和共性技术,已成为衡量一个国家制造业水平的重要标志之一。现代数控技术集传统的机械制造技术、计算机技术、成组技术与现代控制技术、传感检测技术、信息处理技术、网络通信技术、液压气动技术、光机电技术于一体,是现代制造技术的基础,它的发展和运用,开创了制造业的新时代,使世界制造业的格局发生了巨大变化。

　　数控技术是提高产品质量、提高劳动生产率必不可少的物质手段,它的广泛使用给机械制造业的生产方式、产业结构、管理方式带来了深刻的变化,它的关联效益和辐射能力更是难以估计。数控技术是制造业实现自动化、柔性化、集成化生产的基础,离开了数控技术,先进制造技术就成了无本之木。数控技术是国际技术和商业贸易的重要构成,工业发达国家把数控机床视为具有高技术附加值、高利润的重要出口产品,世界贸易额逐年增加。采用数控技术的典型产品——数控机床,是机电工业的重要基础装备,是汽车、石油化工、电子等支柱产业及重矿产业生产现代化的最主要手段,也是世界第三次产业革命的一个重要内容。

　　因此,数控技术及数控装备是发展新兴高新技术产业和尖端工业(如信息技术及其产业、生物技术及其产业、航空和航天等国防工业产业)的使能技术和最基本的装备。数控技术及数控装备制造和应用是关系到国家战略地位和体现国家综合国力水平的重要基础性产业,其水平高低是衡量一个国家制造业现代化程度的核心标志,实现加工机床及生产过程数控化,已经成为当今制造业的发展方向。

　　我国数控技术及产业尽管在改革开放后取得了显著的成就,开发出了具有自主知识产权的数控平台,即以 PC 为基础的总线式、模块化、开放型的单处理器平台和多处理器平台,开发出了具有自主知识产权的基本系统,也研制成功了并联运动机床等新技术与新产品。但是,我国的数控技术及产业与发达国家相比,仍然有比较大的差距,其原因是多方面的,其中最重要的是数控人才的匮乏。目前,随着国内数控机床用量的剧增,急需培养一大批各种层次的数控人才,特别是高端技能型人才。

　　为适应我国高等职业技术教育发展及数控应用型人才、操作技能型人才培养的需要,修订编写了这一套《数控职业教育系列教材》。本系列教材分 6 册:《数控机床结构及应用》第 2 版、《数控原理及数控系统》第 2 版、《数控机床加工工艺》第 2 版、《数控编程技术》第 2 版、《数控机床操作技术》第 2 版、《数控机床故障诊断与维修》第 2 版。各分册的第 1 版重印数次,销量很好,受到了读者的广泛欢迎。

本系列教材的编写修订工作主要由中北大学机械工程与自动化学院和山西职业技术学院机械工程学院承担。中北大学机械工程与自动化学院在"机械设计制造及其自动化"专业建设的基础上,1995 年就开设了"机床数控技术"和"制造自动化技术"两个专业方向;在继续工程教育方面,中北大学作为"兵器工业现代数控技术培训中心"和"全国数控培训网太原分中心"的承办单位,自 1995 年以来,开办了 50 多期现代数控技术普及班、高级班和各种专项班,为 80 多个企事业单位培训了大量现代数控技术方面的工程技术人才。目前中北大学是教育部、国防科工委、中国机械工业联合会认定的数控技术领域技能型紧缺人才培养培训基地。山西职业技术学院机械工程学院,自 2002 年开始秉承"学校入园区、企业进学校"的办学理念,积极响应国家紧缺人才培养、培训的号召,将国家级数控实训基地建在了具有良好机械加工环境的榆次工业园区,形成了"前校后厂、校企合一""校中有厂、厂中有校"的办学模式,实现了校园文化与企业文化的兼容并蓄,收到了良好的办学效果。学院近年来曾多次在全国职业院校技能大赛、全国数控技能大赛中获得一等奖、二等奖等优异成绩,是国家百所骨干高职院校之一,拥有"数控设备应用与维护""机电设备维修与管理"两个骨干院校建设专业。

本系列教材是诸位编者经过 10 多年来的教学实践积累和检验,不断补充、更新、修改而编著完成的,力求取材新颖,内容介绍由浅入深,循序渐进,图文并茂,形象生动,理论密切联系实际,特别着重于应用,每一部分都列举了大量实例。为了满足数控技术应用型人才的市场需要,理论部分的讲解突出了简明性、系统性、实用性和先进性,反映机与电的结合,减少了繁杂的数学推导,系统全面地介绍了数控技术、数控装备、数控加工工艺、数控编程等方面的知识。

本系列教材的特色表现在下列几方面:

1. 各个出版社都出了不少各种层次的与数控相关的书籍,也有一些专门针对职业教育的教材,而本系列教材是针对数控职业教育的较为全面的系列教材。

2. 本系列的各本教材在编著时突出了"应用"的特色,精选了大量的应用实例。

3. 教材中涉及的内容,既有标志学科前沿的最新知识,又深入浅出地交代了数控基本理论知识。

4. 在有限的课时内,安排较大量的实验实训、习题,以锻炼学生实际动手能力及学生解决实际问题的能力。

参加本系列教材的编写者均为主讲过"机械设计制造及其自动化"类"数控技术"专业本科、高等职业教育各门数控专业课程并参加相关科研项目的青年教师,由第三届高等学校教学名师奖获奖者王爱玲教授、博士生导师和山西职业技术学院景海平院长担任本系列教材的总策划与主编。

本系列教材适合作为高等职业教育的教学与实践用教材或教学参考用书,对数控技术开发人员、数控设备使用人员、维修人员、数控编程技术人员、数控机床操作人员及数控技工也有较大的参考价值,同时还可作为各种层次的继续工程教育用数控培训教材。

《数控机床结构及应用》以企业中使用较广泛、具有先进性的数控机床为主线,介绍常用数控机床的工作原理、结构及调整、数控机床典型结构及设备的安装和调试。

本书由王爱玲任主编,曾志强、郭荣生任副主编,刘永姜任主审。第1章由王爱玲教授编著,第2章由云南能源职业技术学院王林玉编著,第3章由山西职业技术学院郭荣生编著,第4章由中北大学段能全编著,第5、6章由中北大学曾志强编著,第7章由山西职业技术学院蔡启培编著,第8章由中北大学张艳编著。王爱玲教授对本书的修订提出总体构思,曾志强负责全书的统稿,郭荣生副教授负责定稿。

相比第1版,此次修订的内容主要包括:删除了第1章的"金属切削机床"一节;修订了第4章"加工中心自动换刀装置"一节的内容;第6章增加了"快速成形机床"、"数控折弯机"和"数控冲床"三节内容;调整了第7章"数控机床可编程序控制器"与"数控机床的辅助系统"的顺序及修订了部分内容,删除了"可编程序控制器的发展方向"一节;第8章增加了"数控机床的日常维护与保养"一节的内容等。

编写时参阅了有关院校和其他多家单位的教材、资料和文献,也参考了许多相关数控设备制造企业的设计资料,并得到多位专家、同事的支持和帮助,在此表示衷心的感谢!

由于时间仓促和编者水平有限,加之数控技术发展迅速,书中难免有不足之处,恳请读者和各位同仁批评指正。

作　者

目　　录

第 1 章

绪　　论

1.1　数控机床简介

1.1.1　数控技术的发展原因

客观方面的原因：第二次世界大战中体现出来的对武器装备要求更加精良；计算机技术的产生和不断发展；机床技术的不断发展和成熟等。

主观方面的原因：要求减轻工人的劳动强度；不断提高劳动效率；工厂实现自动化的要求等。

1.1.2　数控系统的发展史

60 多年以来，数控系统已经历了两个阶段，共计六代的发展。

1. 硬线数控阶段（1952—1970 年）

最初的计算机由于运算速度低，对于机床的实时控制还达不到要求。于是，人们不得不采用数字逻辑电路"搭"成一台机床专用计算机作为数控系统，被称为硬线数控（Hardwired Numerical Control），简称数控（NC）。随着元器件技术的发展，这个阶段共经历了三代的发展：1952 年开始的第一代数控系统，其主要特点是以电子管、继电器、模拟电路元件为主；1959 年开始的第二代数控系统，其主要特点是以晶体管数字电路元件为主；1965 年开始的第三代数控系统，其主要特点是以集成数字电路器件为主。

2. 计算机数控阶段（1970 年至今）

1970 年开始的第四代数控系统，其主要特点是基于小型计算机并采用中小规模集成电路的数控系统；1974 年开始的第五代数控系统，其主要特点是基于微处理器并具有数字显示、故障自诊断功能；1990 年开始的第六代数控系统，其特点是基于 PC 的数控系统，现在第六代数控系统已经进入了广泛应用阶段，价格基本上已经非常便宜。但是对于一些大型设备，由于高精度、多功能、操作方便等原因，导致价格仍然较高，有的甚至能达到几百万甚至上千万元。

1.1.3 数控定义

数控技术——一种自动控制技术，是用数字化信号对控制对象加以控制的一种方法。

数控机床——数控机床是采用了数控技术的机床，或者说是装备了数控系统的机床。国际信息处理联盟（International Federation of Information Processing，IFIP）第五技术委员会，对数控机床作了如下定义：数控机床是一种装了程序控制系统的机床，该系统能逻辑地处理具有使用号码或其他符号编码指令规定的程序。

1.1.4 数控机床的优点

适应能力强，适应于多品种、单件小批量零件的加工；加工精度高，工序高度集中，可以大大减轻工人的体力劳动；生产准备周期短，具有较高的加工生产率和较低的加工成本；能完成复杂型面的加工；技术含量高，有利于实现机械加工的现代化管理。

1.2 数控机床的组成

1.2.1 数控机床的技术组成

数控技术由机床技术、数控系统技术和外围技术三大技术组成：

机床技术包括基础件（床身、立柱、工作台）和配套件（刀架、刀库、丝杠、导轨）等。

数控系统技术包括控制系统（硬件、软件）、驱动系统（伺服系统、电动机）和测量与反馈系统（各种传感器）等。

外围技术包括工具系统（刀片、刀杆）、编程技术（编程机、编程系统）和管理技术等。

1.2.2 数控机床的结构组成

数控机床的结构组成如图 1-1 所示。

各部分的功能及作用分别为：

1）数控装置。它是数控机床的核心，其功能是对接收的数控程序进行处理：由其系统软件

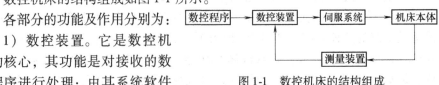

图 1-1　数控机床的结构组成

或逻辑电路对程序或指令进行编译、运算和逻辑处理后，输出各种信号和指令，通过伺服系统来控制机床各部分完成规定、有序的动作。

2）伺服系统。它是数控系统的执行部分，由伺服驱动电路和伺服驱动装置组成，并与机床上的执行部件和机械传动部件组成数控机床的进给系统。它根据数控装置发来的速度和位移指令控制执行部件的进给速度、方向和位移。

3）机床本体。包括主运动部件、进给运动执行部件（工作台、刀架及其传动部件，床身、立柱等支承部件，冷却、润滑、转位和夹紧装置等）。

4）测量装置。用于直接或间接测量执行部件的实际位移或转动角度等运动情况，是保证机床精度的信息来源，具有十分重要的作用。

1.2.3 数控机床的工作过程

数控机床的大致工作过程如图1-2所示。首先由编程人员或操作者通过对零件图作深入分析，特别是工艺分析，确定合适的数控加工工艺。其中包括零件的定位与装夹方法的确定、工序划分、各工步走刀路线的规划、各工步加工刀具及其切削用量的选择等。

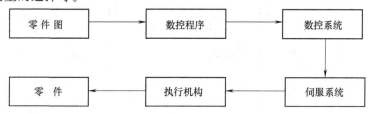

图 1-2　数控机床工作过程

数控程序输入到数控系统，被调入执行程序缓冲区，一旦操作者按下启动按钮，程序就将逐条逐段的自动执行。数控程序的执行，实际上是不断地向伺服系统发出运动指令。数控系统在执行数控程序的同时，还要实时地进行各种运算，来决定机床运动机构的运动规律和速度。伺服系统在接收到数控系统发来的运动指令后，经过信号放大和位置、速度比较，控制机床运动机构的驱动元件（如主轴回转电动机和走刀伺服电动机）运动。机床运动机构（如主轴和丝杠螺母机构）的运动结果使刀具与工件产生相对运动，实现切削加工，最终加工出所需要的零件。

1.3　数控机床的分类

目前，数控机床品种繁多，分类方法也各有不用，因此可从多角度或可按不同的原则来对其进行分类。

1. 按工艺用途分类

（1）金属切削类数控机床　有数控车、铣、钻、磨、镗和加工中心等。

（2）金属成形类数控机床　有数控折弯机、弯管机、回转头压力机和旋压机等。

（3）数控特种加工及其他类型数控机床　有数控线切割、电火花、激光切割和火焰切割机床等。

2. 按控制运动的方式分类

（1）点位控制数控机床　如图1-3a所示，这类数控机床的典型代表是数控钻床，其特点是它的数控装置只要求精确地控制刀具从一个坐标点到另一个坐标点的精确定位，而不对其移动轨迹作限制，但在移动过程中不能加工。

（2）直线控制数控机床　如图1-3b所示，它不仅要求具有精确的定位功能，而且还要求保证从一点到另一点的移动轨迹为直线，其路线和速度可控，且移动过程中可以进行切削加工。

（3）轮廓控制数控机床　如图1-3c所示，又称连续轨迹控制机床，它的数控装置能同时控制两个和两个以上坐标轴，并具有插补功能。对位移和速度进行严格的不间断的控制，即可以加工曲线或者曲面零件。

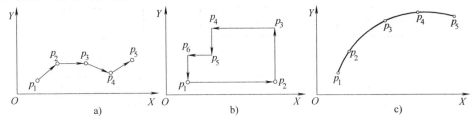

图1-3　数控机床控制运动方式

a）点位控制　b）直线控制　c）轮廓控制

3. 按伺服系统的类型分类

按照数控机床有无反馈及反馈的位置不同,可以分为开环伺服、闭环伺服、半闭环伺服三种:把没有位置反馈或速度反馈系统的数控机床称为开环数控机床,如图1-4所示;若数控机床存在反馈,且反馈环提供的信号来自机床的最后一个移动部件,则这种类型的数控机床称为闭环数控机床,如图1-5所示;如果数控机床有反馈,但信号来自于中间环节,则为半闭环数控机床,如图1-6所示。

图1-4　开环伺服系统

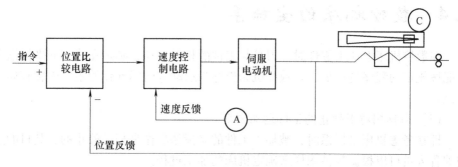

图 1-5　闭环伺服系统

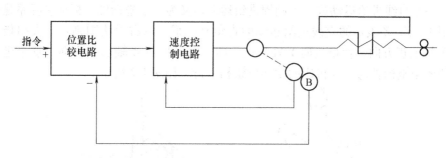

图 1-6　半闭环伺服系统

4. 按功能水平分类

可将数控机床分为高、中、低三档，但是这种分类方法没有一个确切定义。数控机床的水平高低由其主要技术参数、功能指标和关键部件的功能水平决定。表 1-1 是评价数控机床档次的几个参考条件。

表 1-1　数控机床档次参考条件

档次 参考条件	低档	中档	高档
分辨率/μm	10	1	0.1
进给速度/(m/min)	8～15	15～24	15～100
联动坐标轴数	2～3	3～5	3～5 及以上
通信功能	无通信功能	RS232 或 DNS 接口	具有 MAP 接口和网络功能

还可按数控机床的联动轴数来分类，这样可分为 2 轴联动、2.5 轴联动、3 轴联动、4 轴联动、5 轴联动等类型的数控机床。如数控车床一般为 2 轴联动，一般的数控铣床和加工中心可以实现 3 轴联动，加工中心增加一个旋转坐标轴后就可以实现 4 轴联动。

1.4 数控机床的坐标系

在数控机床上加工零件时，刀具与工件的相对运动，必须在确定的坐标系中才能按规定的程序进行加工。数控机床坐标与运动方向标准化的主要内容有如下五点。

（1）刀具相对于静止的工件运动原则

即在考虑机床坐标系时，被加工工件的坐标系看作是相对静止的，其目的是使编程人员可以根据零件图样来确定机床的加工过程。

（2）标准坐标系的规定

一个直线进给运动或一个圆周进给运动定义为一个坐标轴。标准坐标系是一个用 X、Y、Z 表示的直线进给运动的直角坐标系，用右手法则判定。大拇指指向 X 轴的正方向，食指指向 Y 轴的正方向，中指指向 Z 轴的正方向。这个坐标系的各个坐标轴通常与机床的主要导轨相平行。如图1-7所示。

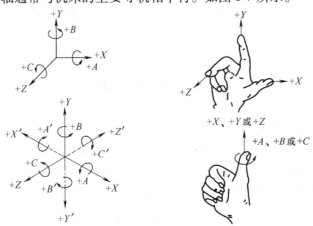

图1-7　机床坐标系

（3）运动部件方向规定

机床某一运动部件的正方向，规定为增大刀具与工件距离的方向，而对钻、镗加工，钻入或镗入工件的方向是负方向。

先确定 Z 轴，然后确定 X 轴和 Y 轴，最后确定其他轴。

1）Z 坐标轴的确定：Z 轴的方向是由传递切削力主轴确定，与主轴轴线平行的坐标轴即为 Z 轴。

2）X 坐标轴的确定：水平，一般平行于工件的装卡面，垂直于 Z 轴。对于工件旋转的机床，X 轴的方向是在工件的径向上，且平行于横向导轨，刀具离开工件旋转中心的方向为正方向。对于刀具旋转的机床,如果 Z 轴是垂直的,当从刀具主轴向立柱看时,X 运动的正方向指向右;如果 Z 轴是水平的,当从主轴向工件看时,X 运动的正方向指向右;对于刀具和工件都不能转的机床,X 轴与主切削方向平行且切削运动方向为正。

3)Y 坐标轴的确定:它垂直于 X、Z 坐标轴,运动的正方向可按右手笛卡尔坐标系来判断。

4)旋转运动:围绕 X、Y、Z 轴旋转的圆周进给运动坐标轴分别用 A、B、C 表示,它们的正方向用右手螺旋法则来判定,大拇指指向 $+X$、$+Y$ 或 $+Z$ 方向,其他四指旋向为 $+A$、$+B$ 或 $+C$ 方向,如图 1-7 所示。

(4)附加坐标

上述 X、Y、Z 轴通常称为第一坐标系;若有与这些轴平行的第二直线运动时对应的坐标称为第二坐标系,分别命名为 U、V、W 轴;若有第三直线运动时,则对应的命名为 P、Q、R 轴或称为第三坐标系。若有不平行 X、Y、Z 轴的直线运动时,可根据使用方便的原则确定为 U、V、W 和 P、Q、R 轴。当有两个以上相同方向的直线运动轴时,可按靠近第一坐标轴的顺序确定 U、V、W、P、Q、R 轴。对于旋转轴除 A、B、C 外,可根据使用要求继续命名为 D、E 轴。

(5)标准坐标系的原点

标准坐标系的原点位置是任意的,A、B、C 的旋转运动也是任意的。

1.5 数控机床的主要性能指标及功能

1.5.1 数控机床的主要性能指标

1)主要规格尺寸。数控车床主要规格尺寸有床身与刀架最大回转直径、最大车削长度、最大车削直径等;数控铣床的主要规格尺寸有工作台、工作台 T 形槽、工作台行程等规格尺寸。

2)主轴系统。数控机床主轴采用直流或交流电动机驱动,具有较宽调速范围和较高回转精度,主轴本身刚度与抗振性能比较好。目前数控机床的主轴转速普遍达到几千转每分,甚至更高,这为提高零件的加工质量提供了保障;可以通过操作面板上的转速倍率选择开关改变主轴转速;在车削零件端面或锥面时,主轴具有恒线速度切削功能。

3)进给系统。包括进给速度范围、快移速度、运动分辨率、定位精度和螺距范围等主要技术参数。

4)刀具系统。数控车床包括刀架工位数、工具孔直径、刀杆尺寸、换刀时间、重复定位精度等各项内容。加工中心刀库容量与换刀时间直接影响其生产率，通常中小型加工中心的刀库容量为 16~60 支，大型加工中心可达 100 支以上。换刀时间一般可在几秒内完成，最快的已经在 1s 以内。

5）电气。包括主电动机、伺服电动机规格型号和功率等。

6）冷却系统。包括冷却箱容量、冷却泵输出量等。

7）外形尺寸。表示为长×宽×高。

8）机床重量。

1.5.2　数控机床的主要功能

1）控制轴数与联动轴数。控制轴数说明数控系统最多可以控制多少坐标轴，其中包括移动轴和回转轴。联动轴数是指数控系统按加工要求控制同时运动的坐标轴数。

2）插补功能。指数控机床能够实现加工的线型能力。如直线、圆弧、螺旋线、抛物线、正弦曲线等。机床插补功能越强，说明其能够加工的轮廓种类越多。

3）进给功能。包括快速进给、切削进给、手动连续进给、点动进给、进给率修调、自动加减速功能等。

4）主轴功能。可实现恒转速、恒线速、转速修调和定向停止。恒线速即主轴自动变速，使刀具对工件切削点的线速度保持不变。主轴定向停止（即换刀、精镗后退刀）前，主轴在其轴向准确定位。

5）刀具功能。指刀具的自动选择和自动换刀。

6）刀具补偿。包括刀具位置补偿、半径补偿和长度补偿功能。

7）机械误差补偿。指系统可自动补偿机械传动部件因间隙产生的误差。

8）操作功能。数控机床通常有单程序段的执行和跳段执行、图形模拟、机械锁住、试运行、暂停和急停等功能，有的还有软键操作功能。

9）程序管理功能。指对加工程序的检索、编制、修改、插入、删除、更名、锁住、在线编辑即后台编辑以及程序的存储通信等。

10）图形显示功能。利用显示器进行二维或三维、单色或彩色、图形可缩放、坐标可旋转的刀具轨迹动态显示。

11）辅助编程功能。如固定循环、镜像、图形缩放、子程序、宏程序、坐标旋转、极坐标等功能，可减少手工编程的工作量和难度，特别适合三维复杂零件和大型工件。

12）自诊断报警功能。指数控系统对其软、硬件故障的自我诊断能力，该功能用于监视整个加工过程是否正常，并及时报警。

13）通信与通信协议。数控系统都配有 RS232C 和 DNC 接口，为进行高速传输设有缓冲区。高档数控系统还可以与 MAP 相连，能够适应 FMS、CIMS 的要求。

根据使用要求的不同，对性能指标和功能的考虑也会多种多样，因此选择数控系统时应根据实际需要决策，只有将各种功能进行有机的组合，才能满足不同用户的要求。

练习与思考题 1

1-1　什么是数控机床？

1-2　常见的数控机床有哪几类？它们分别应用于哪类零件的加工？

1-3　数控机床的工作过程是怎样的？

1-4　数控机床的功能指标主要有哪些？

1-5　试分析数控机床与通用机床的区别何在？

1-6　数控机床的坐标轴是如何规定的？

1-7　数控机床有何特点？适合加工什么样的零件？

1-8　数控机床由哪些部分组成？各起什么作用？

1-9　什么叫二轴半联动数控机床？

1-10　数控机床的加工特点是什么？

1-11　何谓开环、半闭环和闭环控制系统？优缺点何在？适用于什么场合？

1-12　点位控制系统、直线控制系统、连续控制系统各有何特点？适用于什么场合？

1-13　为什么要对数控机床进行坐标规定，X、Y、Z 三轴如何确定？如何确定它们的方向？回转运动如何确定？

1-14　简述数控机床是怎样产生的？其经历有哪几个阶段？

1-15　简述数控机床的技术发展趋势。

第 2 章

数 控 车 床

2.1 概述

2.1.1 工艺范围与分类

数控车床与普通车床一样，主要用于加工各种轴类、套筒类和盘类零件上的回转表面，例如内外圆柱面、圆锥面、成形回转表面及螺纹面等。但是，数控车床是将零件的数控加工程序输入到数控系统中，由数控系统通过车床 X、Z 坐标轴的伺服电动机去控制车床进给运动部件的动作顺序、移动量和进给速度，再配以主轴的转速和转向，便能加工出各种形状不同的轴类或盘类回转体零件，还可加工高精度的曲面与端面螺纹。使用的刀具主要有车刀、钻头、铰刀、镗刀及螺纹刀具等。数控车床加工零件的尺寸精度可达 IT5 ~ IT6，表面粗糙度可达 1.6 μm 以下。它是目前使用十分广泛的一种数控机床，而且种类很多。

2.1.2 数控车床的特点与发展

数控车床与卧式车床相比，有以下几个特点：

1）高精度。数控车床控制系统的性能不断提高，机械结构不断完善，机床精度日益提高。

2）高效率。随着新刀具材料的应用和机床结构的完善，数控车床的加工效率、主轴转速、传动功率不断提高，使得新型数控车床的加工效率比卧式车床高 2 ~ 5 倍。加工零件形状越复杂，越能体现出数控车床的高效率加工特点。

3）高柔性。数控车床具有高柔性，适应 70% 以上的多品种、小批量零件的自动加工。

4）高可靠性。随着数控系统的性能提高，数控机床的无故障时间迅速增加。

5）工艺能力强。数控车床既能用于粗加工又能用于精加工，可以在一次装夹中完成其全部或大部分工序。

6）模块化设计。数控车床的制造多采用模块化原则设计。

随着数控系统、机床结构和刀具材料的技术发展，数控车床将：向高速化发展，进一步提高主轴转速、刀架快移以及转位换刀速度；工艺和工序将更加复合化和集中化；向多主轴、多刀架加工方向发展；向全自动化方向发展；加工精度向更高方向发展；向简易型发展。

2.1.3 数控车床的布局形式

数控车床的主轴、尾座等部件相对床身的布局形式与普通车床一样，受工件尺寸、质量、形状、生产率、精度、操纵方便运行要求和安全与环境保护要求的影响。数控车床的刀架和导轨的布局形式有很大变化，并且布局形式直接影响使用性能及机床的结构和外观。

为了应对工件尺寸、质量和形状等参数的变化，数控车床的布局相应不同，而有卧式车床、落地式车床、单立柱立式车床、双立柱立式车床和龙门移动式立式车床等，如图 2-1 所示。

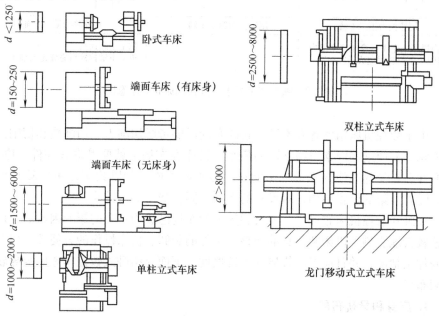

图 2-1　工件参数对车床布局的影响

随着生产率要求的不同，数控车床的布局可以产生单主轴单刀架、单主轴双刀架、双主轴双刀架等不同的结构变化，如图 2-2 所示。

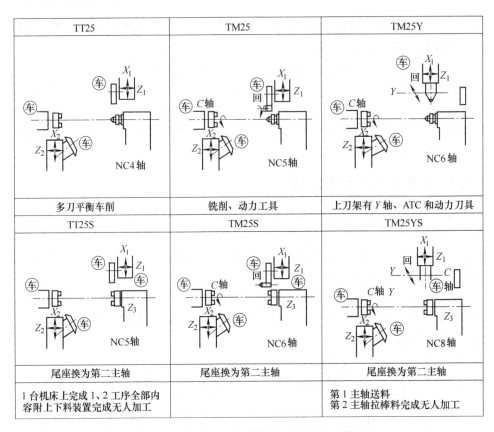

图 2-2　随生产率要求的数控车床布局示意图

　　由于数控机床精度各有不同，它的布局需要考虑切削力、切削热和切削振动的影响。要使这些因素对精度影响最小，机床在布局上就要考虑各部件的刚度、抗振性和在受热时使热变形的影响在不敏感的方向。如卧式车床主轴箱热变形时，随着刀架的位置不同，对尺寸的影响不同，如图 2-3 所示。

　　在卧式数控机床布局中，刀架和导轨的布局已成为重要的影响因素。它们的位置较大地影响了机床和刀具的调整、工件的装卸、机床操作的方便性，以及机床的加工精度，并且应考虑排屑性和抗振性。下面介绍卧式数控车床床身导轨和刀架布局。

1. 床身和导轨布局

　　床身是机床的主要承载部件，是机床的主体。按照床身导轨面与水平面的相对位置，数控车床床身导轨与水平面的相对位置有如图 2-4 所示几种。

　　1）水平床身的工艺性好，便于导轨面的加工。水平床身配上水平放置的刀架可提高刀架的运动精度，一般可用于大型数控车床或小型精密数控车床的布局。但是水平床身由于下部空间小，故排屑困难。由于刀架水平放置使滑板横向尺寸较长，从而加大了机床宽度方向的结构尺寸。

2）水平床身配上倾斜放置的滑板，并配置倾斜式导轨防护罩。这种布局形式一方面具有水平床身工艺性好的特点，另一方面机床宽度方向的尺寸较水平配置滑板的要小，且排屑方便。

3）斜床身导轨倾斜角有 30°、45°、60°、75° 和 90° 几种。倾斜角度小，排屑不便；倾斜角度大，导轨的导向性及受力情况差。导轨倾斜角度的大小还影响机床的刚度、排屑，也影响到占地面积、宜人性、外形尺寸高度的比例，以及刀架质量作用于导轨面垂直分力的大小等。选用时，应结合机床的规格、精度等选择合适的倾斜角。一般来说，小型数控车床多采用 30°、45° 形式；中等规格数控车床多采用 60° 形式；大型数控车床多采用 75° 形式。

斜床身和平床身斜滑板布局形式在数控车床中被广泛采用，原因如下：

1）容易实现机电一体化。

2）机床外形整齐、美观，占地面积小。

3）从工件上切下的炽热切屑不至于堆积在导轨上而影响导轨精度。

4）容易排屑和安装自动排屑器。

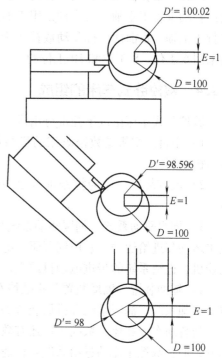

图 2-3　主轴箱热变形
对加工尺寸的影响

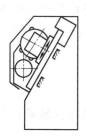 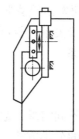 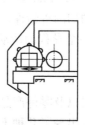 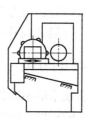 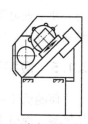

后斜床身 - 斜滑板　　直立床身 - 直立滑板　　平床身 - 平滑板　　前斜床身 - 平滑板　　平床身 - 斜滑板

图 2-4　数控卧式车床床身导轨布局形式

5）容易设置封闭式防护装置。

6）宜人性好，便于操作。

7）便于安装机械手，实现单机自动化。

2. 刀架布局

回转刀架在机床上有两种布局形式：一种是用于加工盘类零件的回转刀架，其回转轴垂直于主轴；另一种是用于加工轴类和盘类零件的回转刀架，其回转轴平行于主轴。目前两坐标联动数控车床多采用12工位回转刀架，除此之外，也有采用6工位、8工位和10工位的。

2.1.4 数控卧式车床的组成

数控卧式车床由以下几部分组成：

1）主机。主机是数控车床的机械部件，包括床身、主轴箱、刀架、尾座、进给机构等。

2）数控装置。作为控制部分是数控车床的控制核心，其主体是一台计算机。

3）伺服驱动系统。伺服驱动系统是数控车床切削工作的动力部分，主要实现主运动和进给运动。它由伺服驱动电路和驱动装置组成，驱动装置主要有主轴电动机、进给系统的步进电动机或交、直流伺服电动机等。

4）辅助装置。辅助装置是指数控车床的一些配套部件，包括液压、气动装置及冷却系统、润滑系统和排屑装置等。

与普通车床相比，数控车床还有数控系统、伺服驱动系统和辅助系统等几大部分，而且数控车床的进给系统与普通车床的进给系统在结构上存在着本质上的差别。普通车床的进给传动链为：主轴→挂轮架→进给箱→溜板箱→刀架。而数控车床采用伺服电动机（步进电动机）经滚珠丝杠传到滑板和刀架，以连续控制刀具实现纵向（Z 向）和横向（X 向）进给运动，其结构大为简化，精度和自动化程度大大提高。数控车床主轴安装有脉冲编码器，主轴的运动通过同步带1:1传到脉冲编码器。当主轴旋转时，脉冲编码器便发出检测脉冲信号给数控系统，使主轴电动机的旋转与刀架的切削进给保持同步关系，就可以实现螺纹加工时主轴旋转1周，刀架 Z 向移动一个导程的运动关系。

2.1.5 数控车床的分类

伴随机床制造技术的不断发展以及零件产品的不同需求，数控车床形成了产品繁多、规格不一的局面，因而也出现了几种不同的分类方法。

1. 按数控系统的功能分

（1）经济型数控车床

如图 2-5 所示，它一般是在普通车床基础上改进而成的，采用步进电动机驱动开环伺服系统，其控制部分采用单板机或单片机实现。此类车床结构简单，价格低廉，但无刀尖圆弧半径自动补偿和恒线速切削等功能。

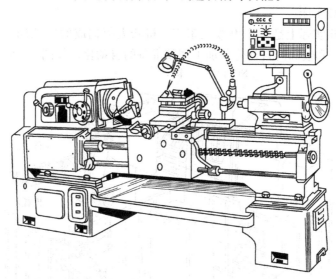

图 2-5 经济型数控车床

（2）全功能型数控车床

如图 2-6 所示，一般采用闭环或半闭环控制系统，具有高刚度、高精度和高效率等特点。

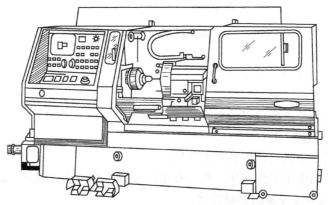

图 2-6 全功能型数控车床

（3）车削中心

车削中心是以全功能型数控车床为主体，并配置刀库、换刀装置、分度装置、铣削动力头和机械手等，实现多工序复合加工的机床。在工件一次装夹后，它可完成回转类零件的车、铣、钻、铰、攻螺纹等多种加工工序，其功能全面，但价格较高。

（4）FMC 车床

FMC 车床实际上是一个由数控车床、机器人等构成的柔性加工单元，它能实现工件搬运和装卸的自动化及加工调整准备的自动化，如图 2-7 所示。

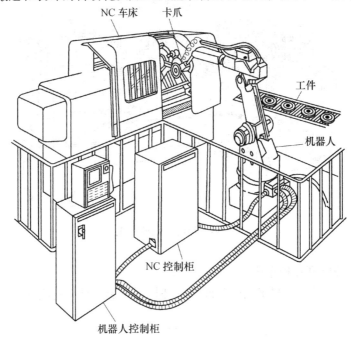

图 2-7　FMC 车床

2. 按主轴的配置形式分类

（1）卧式数控车床

主轴轴线处于水平位置的数控车床。

（2）立式数控车床

主轴轴线处于垂直位置的数控车床。

还有具有两根主轴的车床，称为双轴卧式数控车床或双轴立式数控车床。

3. 按数控系统控制的轴数分类

（1）两轴控制的数控车床

机床上只有一个回转刀架，可实现两坐标轴联动控制。

（2）四轴控制的数控车床

机床上有两个独立的回转刀架，可实现四轴联动控制。

对于车削中心或柔性制造单元，还要增加其他的附加坐标轴来满足机床的功能。目前，我国使用较多的是中小规格的两坐标连续控制数控车床。

2.2 数控车床的传动与结构特点

2.2.1 主传动系统及主轴箱结构

1. 主传动系统

数控车床的主传动系统现在一般采用交流主轴电动机，通过带传动或主轴箱内 2 ~ 4 级齿轮变速传动主轴。由于这种电动机调速范围宽而且又可无级调速，因此大大简化了主轴箱的结构。主轴电动机在额定转速时可输出全部功率和最大转矩，随着转速的变化，功率和转矩将发生变化。也有的主轴由交流调速电动机通过两级塔轮直接带动，并由电气系统无级调速，由于主传动链中没有齿轮，故噪声很小。

例如 CK7815 型数控车床，当主轴采用交流调速电动机时，其基本转速为 1500r/min，两级齿轮的传动比为 $u_1 = 5:6$、$u_2 = 1:3$。当电动机转速在 1500r/min ~ 4500r/min 时，为恒功率输出；当电动机转速在 1500r/min 以下时，为恒转矩输出；当主轴电动机转速在 4500r/min 以上时，输出功率下降 1/3，主轴转速和功率特性如图 2-8a 所示。用直流主轴电动机时，其主轴转速和功率特性如图 2-8b 所示，采用传动比 $u_1 = 1:1$、$u_2 = 3:5$ 的带轮，机床主要适于高速加工，在最低转速时由于功率过低实际加工的有效功率很低，是无法进行切削的。

2. 主轴箱结构

CK7815 型数控车床的主轴箱展开图如图 2-9 所示。电动机通过带轮 1、2 和三联 V 带带动主轴。

主轴 9 前端是三个角接触球轴承，前面两个大口向外（朝向主轴前端），后面一个大口朝里（朝向主轴后端），形成背靠背的组合形式。轴承由圆螺母 11 预紧，带轮 2 直接安装在主轴上。为了加强刚性，主轴后支承为双列向心短圆柱滚子轴承。其径向间隙由螺母 3、7 来调整，螺母 8、10 是压块锁紧圆螺母，其作用是防止螺母 7、11 的回松，通过螺母 7 和锁紧螺母 8、10 及螺母 11 之间端面上的圆柱销来实现锁紧。这种结构比在螺母 7、8 上直接用压块锁紧要好，不会由于压紧而使端面位置变化，影响主轴精度。主轴最后端螺母的结构与锁紧螺母 8 相同，因其在主轴尾部，对主轴精度影响不大。主轴脉冲发生器 4 是由主轴通过一对带轮和同步带带动的，和主轴同步运转，同步带的松紧由螺钉 5 来调节。调节时，先将机床上固定脉冲发生器支架 6 的螺钉略松，再进行调整，调好后，再将支架 6 紧固。

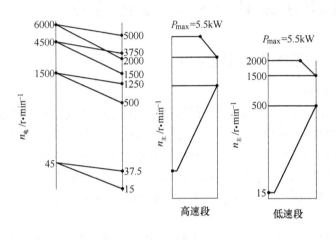

a)

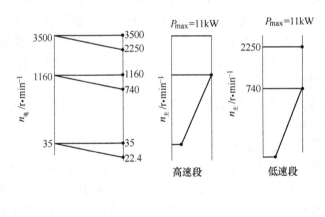

b)

图 2-8   CK7815 主轴转速和功率特性

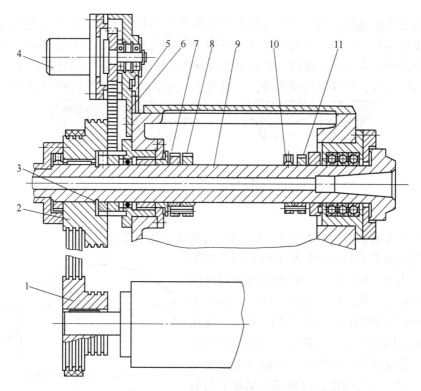

图 2-9　CK7815 型数控车床主轴箱

1、2—带轮　3、7、11—螺母　4—脉冲发生器　5—螺钉
6—支架　8、10—锁紧螺母　9—主轴

3. 主轴传动带

主轴传动带的形式主要有同步带、多楔带（即多联 V 带），下面简要介绍它们的结构形式及主要参数和规格。

（1）同步带

如图 2-10 所示。同步带传动在数控机床上得到广泛的应用，因为同步带兼有带传动、齿轮传动及链传动的优点，同时无相对滑动，无需特别张紧，传动效率高；平均传动比准确，传动精度较高；有良好的减振性能，无噪声，无需润滑，传动平稳；带的强度高、厚度小、质量小，故可用于高速传动。

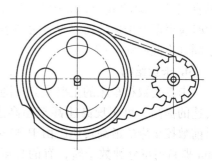

图 2-10　同步带传动

同步带根据齿形的不同可分为梯形齿同步带和圆弧齿同步带，图 2-11 是这

19

两种同步带的纵断面图。梯形齿同步带在传递功率时由于应力集中在齿根部位，使功率传递能力下降，且与轮齿啮合时由于受力状况不好，会产生噪声和振动。而圆弧齿同步带均化了应力，改善了啮合条件。所以同步带传动时总是优先选用圆弧齿同步带，而梯形齿同步带，一般用于转速不高或小功率的动力传动中。

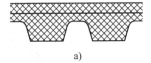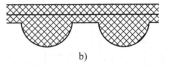

a)   b)

图 2-11   同步带
a) 梯形齿   b) 圆弧齿

同步带的结构如图 2-12 所示，由强力层和带体两部分组成。

传动同步带的带轮的在结构上与平带带轮基本相似，但是在它的轮缘表面需制出轮齿，以防止工作时同步带的脱落。一般在小带轮两边装有挡边，如图 2-13a 所示；或在带轮的不同侧边上装有挡边，如图 2-13b 所示；当带轮轴垂直安装时，两轮一般都需有挡边，或至少主动轮的两侧和从动轮下侧装有挡边，如图 2-13c 所示。

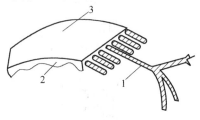

图 2-12   同步带的结构
1—强力层   2—带齿   3—带背

（2）多楔带（多联 V 带）

多楔带综合了 V 带和平带的优点，是一次成形的，不会因长度不一致而受力不匀，承载能力也比多根 V 带高，最高线速度可达 40m/min。多楔带有双联和三联两种，每种都有三种不同的截面，如图 2-14 所示。使用时应根据所传递的功率查有关图表来选择不同规格截面的 V 带。

4. 卡盘结构

卡盘是数控车床的主要夹具，随着主轴转速的提高，可实现高速甚至超高速切削。目前数控车床的最高转速已由 1000～2000r/min 提高到每分钟数千转，有的甚至达到每分钟数万转。这样高的转速，普通卡盘已不适用，必须采用高速卡盘才能保证安全可靠地加工。

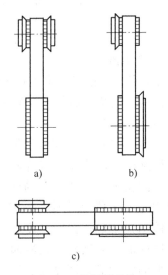

a)   b)

c)

图 2-13   带轮的结构
a) 小带轮两边有挡边   b) 带轮不同侧边有挡边   c) 两轮都有挡边

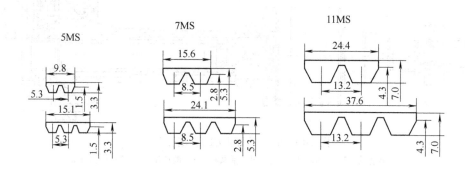

图 2-14　多联 V 带

目前，卡盘的松夹是靠用拉杆连接的液压卡盘和液压夹紧油缸的协调动作来实现的，如图 2-15 所示。

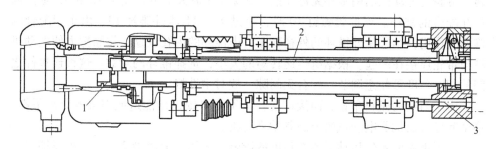

图 2-15　常用高速卡盘
1—螺母　2—拉管　3—拉钉

随着卡盘的转速提高，由卡爪、滑座和紧固螺钉组成的卡爪组件因离心力急剧增大，导致卡盘对零件的夹紧力下降。解决这个问题的途径有：减轻卡爪组件的质量以减小离心力，为此常采用斜齿条式结构；另一途径是增设离心力补偿装置，利用补偿装置的离心力抵消卡盘组件离心力造成的夹紧力损失。例如上海机床附件二厂生产的 KEF250 型中空式高速动力卡盘，适用于转速小于 4500r/min 的数控车床。

图 2-16 所示为数控车床上采用的一种液压驱动动力自定心卡盘，卡盘 3 用螺钉固定在主轴（短锥定位）上，液压缸 5 固定在主轴后端。改变液压缸左、右腔的通油状态，活塞杆 4 带动卡盘内的驱动爪 1 和卡爪 2，夹紧或放松工件，并通过行程开关 6 和 7 发出相应信号。

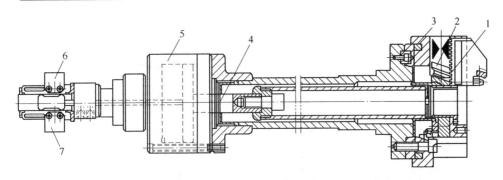

图 2-16　液压驱动动力的自定心卡盘

1—驱动爪　2—卡爪　3—卡盘　4—活塞杆　5—液压缸　6、7—行程开关

2.2.2　床鞍和横向进给装置

机床床鞍结构如图 2-17 所示。在床鞍中部装有与横向导轨平行的外循环滚珠丝杠副 1，滚珠丝杠支承在两个角接触球轴承上，精度为 P5 级，丝杠的导程为 6mm。由 FB-15 型直流伺服电动机 5 通过一对同步带轮和同步带轮 3 带动旋转，带轮与电动机轴用锥环无键连接，详见图 I 放大部分，图中 12 和 13 是锥面相互配合的锥环。当拧紧螺钉 10 时，经过法兰 11 压外锥环 13，由于相配合的锥面的作用，结果使外锥环的外径膨胀，内锥环的内孔收缩，靠摩擦力使电动机轴与带轮连接在一起。根据所传递转矩的大小，选择锥环的对数。这种连接件之间的相对角度可任意调节，配合无间隙，故对中性好。

由于刀架为倾斜布置，而滚珠丝杠又不能自锁，可能造成刀架的自动下滑，这个问题可由伺服电动机的电磁制动来解决。

为了消除同步带传动误差对精度的影响，采用了分离检测系统，把反馈元件脉冲编码器 2 与丝杠 1 相连接，直接检测丝杠的回转角度，有利于系统精度的提高。同步带的松紧用螺钉 4 来调整。

床鞍上与纵向导轨配合的表面均采用贴塑导轨，并用了 3 根镶条 7、8、9 调整间隙。横向运动的机械原点、加工原点和超程限位点由三个可在槽内滑动的挡块 6 来调整。

2.2.3　纵向驱动装置

纵向驱动装置的结构如图 2-18 所示。床鞍的纵向移动由 FB-15 直流伺服电动机 1 带动丝杠 5 来实现。丝杠 5 的前端支承在成对的 P5 级角接触球轴承 4 上，后端支承在 P5 级深沟球轴承 6 上。前轴承由螺母 3 锁紧，后轴承由两个密封环用的套筒和轴用弹簧卡圈定位。由图可见，丝杠的前端轴向是固定的，后端轴向则是自由的，可以补偿由于温度引起的伸缩变形。

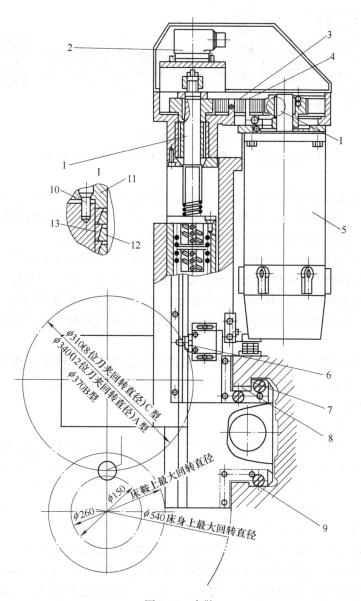

图 2-17 床鞍

1—滚珠丝杠 2—脉冲编码器 3—带轮 4—螺钉

5—伺服电动机 6—挡块 7、8、9—镶条

10—拧紧螺钉 11—法兰 12、13—内外锥环

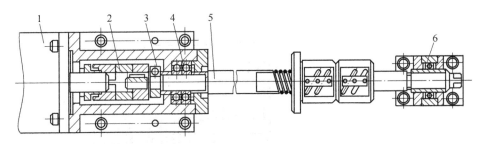

图 2-18　纵向驱动装置

1—伺服电动机　2—联轴器　3—螺母　4、6—轴承　5—丝杠

　　滚珠丝杠螺母副为外循环式可以消除间隙的双螺母结构。丝杠前端与直流伺服电动机 1 之间用精密十字滑块联轴器连接，可以消除电动机轴与丝杠的不同轴度的影响。伺服电动机轴与十字滑块联轴器也采用锥环连接。

　　十字滑块联轴器由三件组成，与电动机轴和丝杠连接的左右两件上开有通过中心的端面键槽，中间件的两端面上均有通过中心且相互垂直的凸键，分别与左右两件的键槽相配合，以传递运动和转矩。凸键与凹槽的配合很精确，间隙小于 0.003mm。由于中间件的键是十字形的，故能补偿电动机轴线与丝杠轴线的同轴度。

　　CK7815 型数控车床的双循环螺母按照预加载荷配置。纵向滚珠丝杠的导程为 8mm，当伺服电动机转速为 1500r/min 时，快速进给可达 12m/min，最小移动单位为 0.001mm。

1. 结构特点

　　数控车床的进给传动用伺服电动机（直流或交流）驱动，通过滚珠丝杠带动刀架完成纵向（Z 轴）和横向（X 轴）的进给运动。由于数控车床采用了脉宽调速伺服电动机及伺服系统，因此进给和车螺纹范围很大（例如，配 FANUC-6T 系统，进给和车螺纹范围为 0.001～500mm/r）。快速移动和进给传动均经同一传动路线。一般数控车床的快速移动速度可达 10～15m/min。数控车床所用的伺服电动机除有较宽的调速范围并能无级调速外，还能实现准确定位。在走刀和快速移动下停止，刀架的定位精度和重复定位精度误差不超过 0.01mm。

　　进给系统的传动要求准确、无间隙，因此，要求进给传动链中的各环节，如伺服电动机与丝杠的连接，丝杠与螺母的配合及支承丝杠两端的轴承等都要消除间隙。如果经调整后仍有间隙存在，可通过数控系统进行间隙补偿，但补偿的间隙量最好不超过 0.05mm。因为传动间隙太大对加工精度影响很大，特别是在镜像加工（对称切削）方式下车削圆弧和锥面时，传动间隙对精度影响更大。除上述要求外，进给系统的传动还应灵敏和有较高的传动效率。

2. 传动方式及传动元件

中、小型数控车床的进给系统普遍采用滚珠丝杠副传动。伺服电动机与滚珠丝杠的传动连接方式有两种。

（1）滚珠丝杠与伺服电动机轴端的锥环连接

锥环连接是进给传动系统消除传动间隙的一种比较理想的连接方式，其工作原理已在 CK7815 型数控车床中阐述。它主要靠内外锥环锥面压紧后产生的摩擦力传递动力，避免了键联接产生的间隙，这种连接方式在进给传动链的各个环节得到了广泛的应用，如图 2-10 所示的电动机轴与同步带轮的连接。

（2）滚珠丝杠通过同步带与伺服电动机连接

如图 2-19 所示，为了消除同步带传动对精度的影响，将脉冲编码器 1 安装在滚珠丝杠 4 的端部，以便直接对滚珠丝杠的旋转状态进行检测。这种结构允许伺服电动机 5 的轴端朝外安装，因而可避免电动机外伸，加大机床的高度和长度尺寸，或影响机床的外形美观。

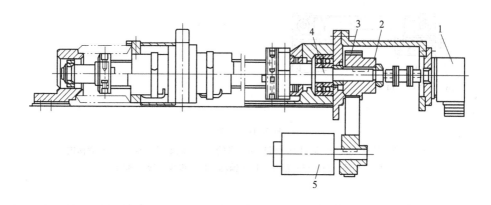

图 2-19　进给系统用同步带传动

1—脉冲编码器　2—同步带轮　3—同步带　4—滚珠丝杠　5—伺服电动机

2.2.4　尾架

CK7815 型数控车床尾架结构如图 2-20 所示。当手动移动尾架到所需位置后，先用螺钉 16 进行预定位，紧螺钉 16 时，使两楔块 15 上的斜面顶出轴 14，使得尾架紧贴在矩形导轨的两内侧面上，然后用螺母 3、螺栓 4 和压板 5，将尾架紧固。这种结构，可以保证尾架的定位精度。

尾架套筒内轴 9 上装有顶尖，因轴 9 能在尾架套筒内的轴承上转动，故顶尖是活顶尖。为了使顶尖保证高的回转精度，前轴承选用 NN3000K 双列短圆柱滚

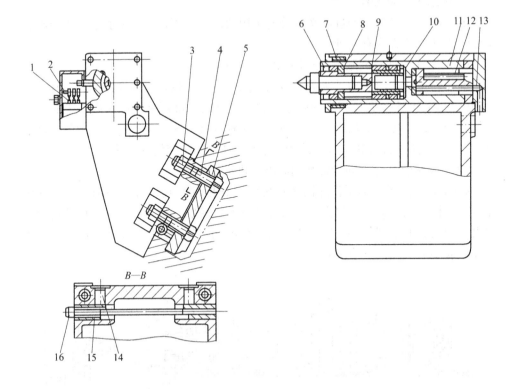

图 2-20 尾架

1—开关 2—挡铁 3、6、8、10—螺母 4—螺栓 5—压板 7—锥套 9—套筒内轴
11—套筒 12、13—油孔 14—销轴 15—楔块 16—螺钉

子轴承，轴承径向间隙用螺母 8 和 6 调整；后轴承为三个角接触球轴承，由防松螺母 10 来固定。

尾架套筒与尾架孔的配合间隙，用内外锥套 7 来做微量调整。当向内压外锥套时，使得内锥套内孔缩小，即可使配合间隙减小；反之变大，压紧力用端盖来调整。尾架套筒用压力油驱动。若在孔 13 内注入压力油，则尾架套筒 11 向前运动，若在孔 12 内注入压力油，尾架套筒就向后运动。移动的最大行程为 90mm，预紧力的大小用液压系统的压力来调整。在系统压力为 $(5 \sim 15) \times 10^5 Pa$ 时，液压缸的推力为 1500 ~ 5000N。

尾架套筒行程大小可以用安装在套筒 11 上的挡铁 2 通过行程开关 1 来控制。尾架套筒的进退由操作面板上的按钮来操纵。在电路上尾架套筒的动作与主轴互锁，即在主轴转动时，按动尾架套筒退出按钮，套筒并不动作，只有在主轴停止状态下，尾架套筒才能退出，以保证安全。

2.3 数控车床的换刀控制

数控机床为了能在工件一次装夹中完成多个工步，以缩减辅助时间和减少多次安装工件所引起的误差，通常带有自动换刀系统，自动换刀系统由控制系统和换刀装置组成。数控车床上的回转刀架是一种最简单的自动换刀装置。对于多工步的数控机床，由于逐步发展和完善了各类回转刀具的自动更换装置，扩大了换刀数量，换刀动作也更为复杂。各种不同的自动换刀装置都应满足换刀时间短、刀具重复定位精度高、刀具储存量足够、刀库占地面积小以及安全可靠等基本要求。

数控车床的刀架是机床的重要组成部分，用于夹持切削用的刀具。它的结构直接影响机床的切削性能和切削效率，在一定程度上，刀架的结构和性能体现了机床的设计和制造技术水平。随着数控车床的不断发展，刀具结构形式也在不断翻新。

刀架是直接完成切削加工的执行部件，所以刀架在结构上必须具有良好的强度和刚度，以承受粗加工时的切削抗力。由于切削加工精度在很大程度上取决于刀尖位置，故要求数控车床选择可靠的定位方案和合理的定位结构，以保证有较高的重复定位精度（一般为 $0.001 \sim 0.005\,\mathrm{mm}$）。此外，还应满足换刀时间短、结构紧凑、安全可靠等。

数控车床的刀架系统如果按换刀方式分类，主要有排刀式刀架、回转刀架和带刀库的自动换刀装置等。

回转刀架是数控车床最常用的一种典型换刀刀架，通过刀架的旋转分度定位来实现机床的自动换刀动作。一般来说旋转直径超过 100mm 的机床大都采用回转刀架。根据加工要求可设计成四方、六方刀架（圆盘式轴向装刀刀架），并相应地安装 4 把、6 把或更多的刀具。下面分别介绍四方刀架和六方刀架换刀过程。

2.3.1 四方刀架换刀过程

四方刀架在经济型数控车床及卧式车床的数控化改造中得到广泛的应用。图2-21 所示为数控车床四方刀架结构，该刀架可以安装四把不同的刀具，转位信号由加工程序指定。其工作过程如下：

（1）刀架抬起

当数控装置发出换刀指令后，电动机 1 启动正转，通过平键套筒联轴器 2 使蜗杆轴 3 转动，从而带动蜗轮丝杠 4 转动。刀架体 7 的内孔加工有螺纹，与丝杠连接，蜗轮与丝杠为整体结构。当蜗轮开始转动时，由于刀架底座 5 和刀架体 7 上的端面齿处在啮合状态，且蜗轮丝杠轴向固定，因此这时刀架体 7 抬起。

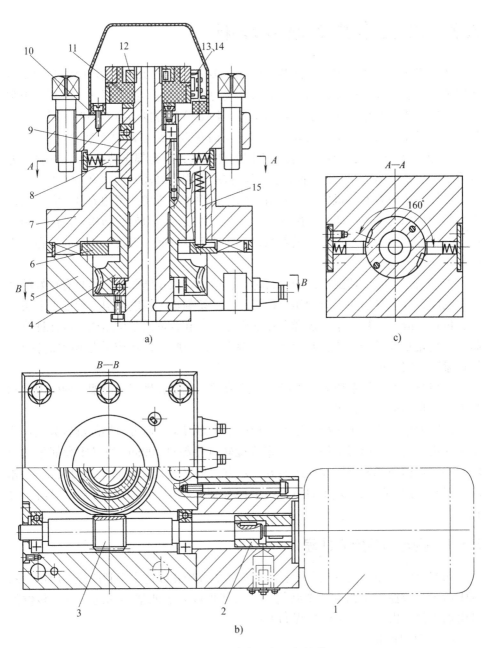

图 2-21　数控车床四方刀架结构

1—电动机　2—联轴器　3—蜗杆轴　4—蜗轮丝杠　5—刀架底座

6—粗定位盘　7—刀架体　8—球头销　9—转位套　10—电刷座

11—发信体　12—螺母　13、14—电刷　15—粗定位销

（2）刀架转位

当刀架体抬至一定距离后，端面齿脱开，转位套 9 用销钉与蜗轮丝杠 4 联接，随蜗轮丝杠一同转动，当端面齿完全脱开时，转位套正好转过 160°（如图 2-21A—A 剖视所示），球头销 8 在弹簧力的作用下进入转位套 9 的槽中，带动刀架体转位。

（3）刀架定位

刀架体 7 转动时带着电刷座 10 转动，当转到程序指定的刀号时，粗定位销 15 在弹簧的作用下进入粗定位盘 6 的槽中进行粗定位，同时电刷 13 接触导体使电动机 1 反转。由于粗定位槽的限制，刀架体 7 不能转动，使其在该位置垂直落下，刀架体 7 和刀架底座 5 上的端面齿啮合实现精确定位。

（4）夹紧刀架

电动机继续反转，此时蜗轮停止转动，蜗杆轴 3 自身转动，当两端面齿增加到一定夹紧力时，电动机 1 停止转动。

2.3.2　六方刀架换刀过程

CK7815 型数控车床采用的 BA200L 刀架，最多可以有 24 个分度位置。机床可选用 12 位（A 型或 B 型）、8 位（C 型）刀盘。A、B 型回转刀盘的外切刀可使用 25mm×150mm 的可调刀具和刀杆截面为 25mm×25mm 的可调刀具，C 型可用尺寸为 20mm×20mm×125mm 的标准刀具。镗刀杆直径最大为 32mm。图 2-22a 为自动回转刀架结构图，图 2-22b 为 12 位和 8 位刀盘布置图。

刀架转位为机械传动。驱动电动机 11 尾部有电磁制动器，转位开始时，电磁制动器断电，电动机 11 通电，30ms 后制动器松开，电动机开始转动，通过齿轮 10、9、8 带动蜗杆 7 旋转，使蜗轮 5 转动。蜗轮内孔有螺纹，与轴 6 上的螺纹配合。这时轴 6 不能回转，当蜗轮转动时，使轴 6 沿轴向向左移动，因为刀架 1 与轴 6、活动鼠牙盘 2 固定在一起，故刀盘和鼠牙盘 2 也向左移动，于是鼠牙盘 2 与 3 脱开。在轴 6 上有两个圆周方向对称槽，内装滑块 4，在鼠牙盘脱开后，蜗轮转到一定角度时与蜗轮固定在一起的圆盘 14 上的凸起碰到滑块 4，蜗轮便通过圆盘 14 上的凸块带动滑块，连同轴 6、刀盘一起进行转位。当转到要求位置后，电刷选择器发出信号，使电动机 11 反转。这时圆盘 14 上的凸块与滑块脱离，不再带动轴 6 转动，蜗轮与轴 6 上的螺纹使轴 6 右移，鼠牙盘 2、3 结合定位，电磁制动器通电，维持电动机轴上的反转力矩，以保证鼠牙盘之间有一定的压紧力。最后，电动机断电，同时轴 6 右端的小轴 13 压下微动开关 12，发出转位结束信号，刀架选位由刷形选择器进行。

松开、夹紧位置检测则由微动开关 12 实行。整个刀架由电气系统完成控制，故结构简单。

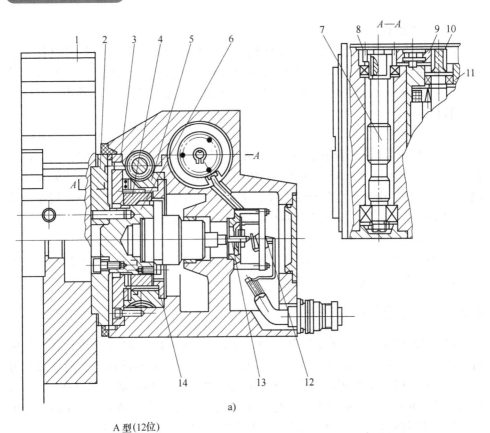

a)

A型(12位)

C型(8位20×20刀方)

$\phi340$

$\phi310$

b)

图 2-22 六方回转刀架

1—刀架 2、3—鼠牙盘 4—滑块 5—蜗轮 6—轴 7—蜗杆 8、9、10—齿轮
11—电动机 12—微动开关 13—小轴 14—圆盘 15—压板 16—斜铁

刀具在刀盘上由压板 15 及斜铁 16 来夹紧，更换和对刀十分方便。

2.4　数控车削中心

数控车削中心（如图 2-23 所示）是一种以车削为主，增加了镗、铣、钻及相关动力系统的多工序加工机床，它与数控车床相比，工艺范围明显扩大。在进行回转体零件的车削加工时，一些回转体零件上还需要进行钻孔、铣削等，例如钻油孔、钻横向孔、铣键槽、铣扁及铣油槽等，在这种情况下，所有工序能在数控车削中心上一次装夹下完成。这对降低成本、缩短加工周期、保证加工精度等都有重要意义，特别是对重型机床，更能显示其优点，因为其加工的重型工件吊装不易。

图 2-23　数控车削中心

2.4.1　车削中心的工艺范围

为了便于深入理解车削中心的结构原理，图 2-24 首先列出了车削中心能完成的除一般车削以外的工序。图 2-24a 为铣端面槽。加工时，机床主轴不转，装在刀架上的铣主轴带着铣刀旋转。端面槽有三种情况：

1）端面槽位于端面中央，则刀架带动铣刀通过工件中心作 Z 向进给。

2）端面槽不在端面中央，如图 2-24a 中的小图所示，则铣刀 X 向偏置。

3）端面不只一条槽，则需主轴带动工件分度。

图 2-24b 为端面钻孔、攻螺纹，主轴或刀具旋转，刀架作 Z 向进给。图 2-24c 为铣扁方，机床主轴不转，刀架内的铣主轴带动刀具旋转，可以作 Z 向进给

（如左图），也可作 X 向进给。如需加工多边形，则主轴分度。图 2-24d 为端面分度钻孔、攻螺纹，钻（或攻螺纹）刀具主轴装在刀架上偏置旋转并作 Z 向进给，每钻完一孔，主轴带工件分度。图 2-24e、f、g 为横向或在斜面上钻孔、铣槽、攻螺纹，除此之外，还可铣螺旋槽等。

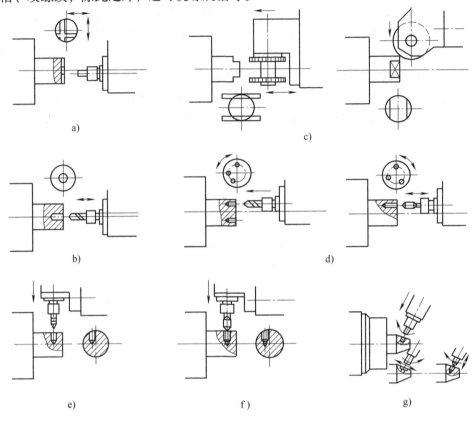

图 2-24　除车削外车削中心能完成的工序

a）铣端面槽　b）端面钻孔、攻螺纹　c）铣扁方　d）端面分度钻孔、攻螺纹

e）横向钻孔　f）横向攻螺纹　g）斜面上钻孔、攻螺纹

2.4.2　车削中心的 C 轴

由以上对车削中心加工工艺的分析可见，车削中心在数控车床的基础上增加了两大功能：

1）自驱动力刀具。在刀架上备有刀具主轴电动机，自动无级变速，通过传动机构驱动装在刀架上的刀具主轴。

2）增加了主轴的 C 轴坐标功能，装夹工件的回转主轴转换为进给 C 轴。

机床主轴旋转除实现车削的主运动外，还可完成分度运动（即定向停车）和圆周进给，并在数控装置的伺服控制下，实现 C 轴与 Z 轴联动，或 C 轴与 X 轴联动，以进行圆柱面上或端面上任意部位的钻削、铣削、攻螺纹及平面或曲面铣加工，图 2-25 所示为 C 轴功能示意图。

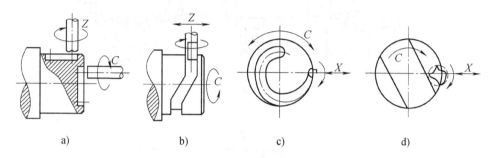

图 2-25　C 轴功能

a）C 轴定向时，在圆柱面或端面铣槽　b）C 轴、Z 轴进给插补，
在圆柱面铣螺旋槽　c）C 轴、X 轴进给插补，在端面铣槽
d）C 轴、X 轴进给插补，铣平面

车削中心在加工过程中，驱动刀具主轴的伺服电动机与驱动车削运动的主电动机是互锁的。即当进行分度和 C 轴控制时，脱开主电动机，接合伺服电动机；当进行车削时，脱开伺服电动机，接合主电动机。

2.4.3　车削中心的主传动系统

车削中心的主传动系统包括车削主传动和 C 轴控制传动，下面介绍几种典型的传动系统。

1. 精密蜗轮副 C 轴结构

图 2-26 为车削柔性加工单元的主传动系统结构和 C 轴传动及主传动系统简图。C 轴的分度和伺服控制采用可啮合和脱开的精密蜗轮副结构，它由一个伺服电动机驱动蜗杆 1 及主轴上的蜗轮 3，当机床处于铣削和钻削状态时，即主轴需要通过 C 轴分度或对圆周进给进行伺服控制时，蜗杆与蜗轮啮合，该蜗杆蜗轮副由一个可固定的精确调整滑块来调整，以消除啮合间隙。C 轴的分度精度由一个脉冲编码器来保证。

2. 经滑移齿轮控制的 C 轴传动

图 2-27 所示为车削中心的 C 轴传动系统图，由主轴箱和 C 轴控制箱两部分组成。当主轴在一般车削状态时，换位液压缸 6 使滑移齿轮 5 与主轴齿轮 7 脱开，制动液压缸 10 脱离制动，主轴电动机通过 V 带带动带轮 11 使主轴 8 旋转。

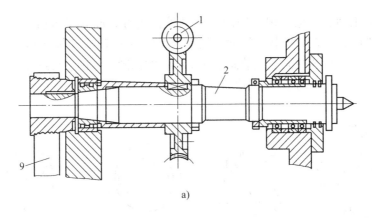

a)

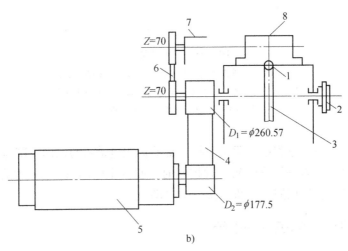

b)

图 2-26　C 轴传动系统之一

a）主轴结构简图　b）C 轴传动系统示意图

1—蜗杆　2—主轴　3—蜗轮　4、6—同步带　5—主轴电动机

7—脉冲编码器　8—C 轴伺服电动机　9—传动带

当主轴需要 C 轴控制作分度或回转时，主轴电动机处于停止状态，齿轮 5 与齿轮 7 啮合，在制动液压缸 10 未制动状态下，C 轴伺服电动机 15 根据指令脉冲值旋转，通过 C 轴变速箱变速，经齿轮 5、7 使主轴分度，然后制动液压缸 10 工作使主轴制动。当进行铣削时，除制动液压缸制动主轴外，其他动作与上述同，此时主轴按指令做缓慢的连续旋转进给运动。

3. 安装在伺服电动机轴上的经滑移齿轮控制的 C 轴传动

图 2-28 所示 C 轴传动也是通过安装在伺服电动机轴上的滑移齿轮带动主轴旋转的，可以实现主轴旋转进给和分度。当不用 C 轴传动时，伺服电动机上的

滑移齿轮脱开，主轴由电动机带动。为了防止主传动与 C 轴传动之间产生干涉，在伺服电动机上滑移齿轮的啮合位置装有检测开关，利用开关的检测信号来识别主轴的工作状态，当 C 轴工作时，主轴电动机就不能启动。

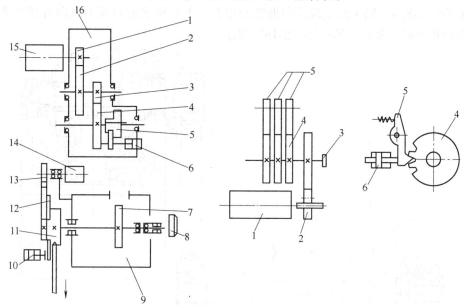

图 2-27 C 轴传动系统之二
1～4—传动齿轮 5—滑移齿轮 6—换位液压缸
7—主动齿轮 8—主轴 9—主轴箱 10—制动
液压缸 11—V 带 12—主轴制动盘
13—同步带轮 14—脉冲编码器
15—C 轴伺服电动机
16—C 轴控制箱

图 2-28 C 轴传动系统之三
1—C 轴伺服电动机 2—滑移齿轮
3—主轴 4—分度齿轮 5—插销
连杆 6—压紧液压缸

主轴分度是采用安装在主轴上的三个 120°齿的分度齿轮来实现的。三个齿轮分别错开 1/3 个齿距，以实现主轴的最小分度值 1°。主轴定位靠一个带齿的连杆来实现，定位后通过液压缸压紧。三个液压缸分别配合三个连杆协调动作，用电气实现自动控制。

C 轴坐标除了以上介绍的用伺服电动机通过机械结构实现外，还可以用带 C 轴功能的主轴电动机直接进行分度和定位。

2.4.4 车削中心自驱动力刀具典型结构

车削中心自驱动力刀具主要由三部分组成：动力源、变速装置和刀具附件（钻孔附件和铣削附件等）。

1. 变速传动装置

图 2-29 所示是动力刀具的传动装置。传动箱 2 装在转塔刀架体（图中未画出）的上方。变速电动机 3 经锥齿轮副和同步带，将动力传至位于转塔回转中心的空心轴 4。轴 4 的左端是中央锥齿轮 5 与下文所述的自驱刀具附件相联系。由图可见同步带轮与轴采用了锥环摩擦连接。

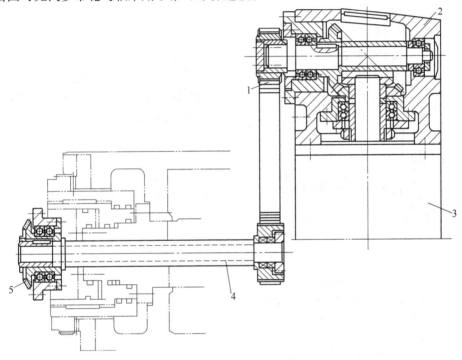

图 2-29　自驱动力刀具的传动装置

1—同步带　2—传动箱　3—变速电动机　4—空心轴　5—中央锥齿轮

2. 自驱动力刀具附件

自驱动力刀具附件有许多种，图 2-30 所示是高速钻孔附件。轴套的 A 部装入转塔刀架的刀具孔中。刀具主轴 3 的右端装有锥齿轮 1，与图 2-29 的中央锥齿轮 5 相啮合。主轴前端支承是三联角接触球轴承 4，后支承为滚针轴承 2。主轴头部有弹簧夹头 5。拧紧外面的套，就可靠锥面的收紧力夹持刀具。

图 2-31 所示是铣削附件，分为两部分。图 2-31a 所示是中间传动装置，仍由轴套的 A 部分装入转塔刀架的刀具孔中，齿轮 1 与图 2-29 中的中央锥齿轮 5 啮合。轴 2 经锥齿轮副 3、横轴 4 和圆柱齿轮 5，将运动传至图 2-31b 所示的铣主轴 7 上的齿轮 6。铣主轴 7 上装铣刀。中间传动装置可连同铣主轴一起转方向。如铣主轴水平，则如图 2-24c 所示的左图方式加工；如转成竖直，则如其右图所

示方式加工。铣主轴若换成钻孔、攻螺纹主轴，可进行如图 2-24e、f 所示等方
式加工。

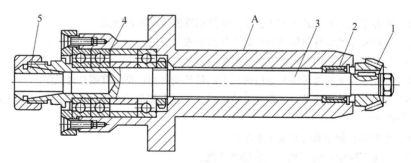

图 2-30　高速钻孔附件

1—锥齿轮　2—滚针轴承　3—主轴

4—角接触球轴承　5—弹簧夹头

A—轴套

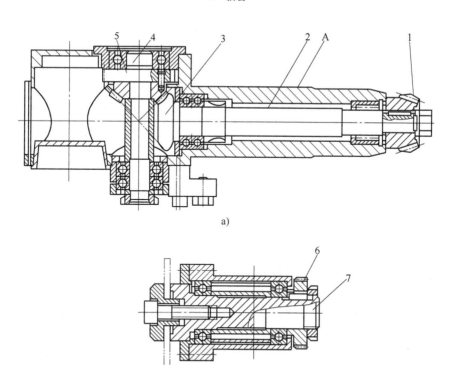

a)

b)

图 2-31　铣削附件

1、3—锥齿轮　2—轴　4—横轴　5、6—圆柱齿轮　7—铣主轴

A—轴套的 A 部分

练习与思考题 2 ●●●● -

2-1　数控车床与普通卧式车床相比，在使用性能方面有何特点？

2-2　数控车床的床身与导轨的布局为什么做成斜置的？

2-3　床身的焊接结构有何特点？适用范围是什么？

2-4　数控车床上的带传动与普通机床上的带传动有何区别？有哪几种类型？

2-5　数控车床的主传动，尤其是进给传动比普通车床简单得多，但它的转速范围反而更大了，为什么？

2-6　车削中心能完成哪些加工工序？

2-7　何为车削中心的 C 轴？它有哪些功能？

2-8　数控车床的刀架有何特点？

第 3 章

数 控 铣 床

3.1 概述

数控铣床适合于各种箱体类和板类零件的加工。它的机械结构，除基础部件外，还包括：主传动系统；进给传动系统；实现工件回转、定位的装置和附件；实现某些部件动作和辅助功能的系统和装置，如液压、气动、润滑、冷却等系统和排屑、防护等装置；特殊功能装置，如刀具破损监视、精度检测和监控装置；为完成自动化控制功能的各种反馈信号装置及元件。

铣床基础件称为铣床大件，它是床身、底座、立柱、横梁、滑座、工作台等的总称。铣床的其他零部件，或固定在基础件上，或工作时在它的导轨上运动。

铣床通常的分类方法是按主轴轴线方向来分，若主轴轴线垂直于水平面则称之为立式数控铣床；若平行于水平面则称之为卧式数控铣床；还有立卧两用的数控铣床，但较为少见。而立式数控铣床是数控铣床中数量最多的一种，应用范围最为广泛。小型数控铣床一般都采用工作台移动、升降及主轴转动方式，与普通立式升降台铣床机构相似；中型数控立式铣床一般采用纵向和横向工作台移动方式，且主轴沿垂直滑板上下运动；大型数控立式铣床，因要考虑到扩大行程，缩小占地面积及刚性等技术问题，往往采用龙门架移动式，其主轴可以在龙门架的横向和垂直溜板上运动，而龙门架则沿床身作纵向运动。

3.1.1 数控铣床的主要功能

在使用数控铣床加工工件时，应该充分考虑数控铣床的各个功能，它能够加工许多一般铣床很难加工的工件，通常可以完成对工件的钻、扩、铰、锪、镗以及攻螺纹等工序内容，但主要还是用来进行型面的铣削加工。其主要加工对象有以下几种：

1. 平面类零件

数控铣床加工的绝大多数零件属于平面类零件，如图 3-1 所示。其特点是其加工单元 M、P、N 面是平面或可以展开为平面。

2. 变斜角类零件

加工面与水平面的夹角呈连续变化的零件称为变斜角类零件，如图 3-2 所示。其特点是：加工面不能展开为平面，但在加工中，加工面与铣刀圆周接触的瞬间为一条直线。加工这类零件最好采用四坐标或五坐标数控铣床摆角加工。

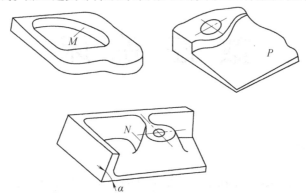

图 3-1　数控铣床加工零件基本轮廓类型

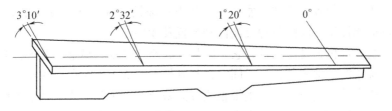

图 3-2　飞机上的变斜角梁缘条

3. 曲面类零件

加工面为空间曲面的零件称为曲面类零件，又称立体类零件，如图 3-3 所示。其特点是：加工面不能展开为平面；加工面始终与铣刀点接触。加工曲面类零件的数控铣床一般采用三坐标数控铣床。

3.1.2　数控铣床的分类

数控铣床可以分为以下三类：

1. 立式数控铣床

立式数控铣床一般可进行三坐标联动加工，目前三坐标数控立式铣床占大多数。此外，还有

图 3-3　带空间曲面的模具

的机床主轴可以绕 X、Y、Z 坐标轴中其中一个或两个作数控回转运动的四坐标和五坐标数控立式铣床。一般来说，机床控制的坐标轴越多，尤其是要求联动的坐标轴越多，机床的功能、加工范围及可选择的加工对象也越多。但随之而来的就是机床结构更加复杂，对数控系统的要求更高，编程难度更大，设备的价格也更高。

数控立式铣床也可以附加数控转盘、采用自动交换台、增加靠模装置等来扩大它的功能、加工范围及加工对象，进一步提高生产效率。

2. 卧式数控铣床

该类数控铣床与通用卧式铣床相同，其主轴轴线平行于水平面。为了扩大加工范围和扩充功能，卧式数控铣床通常采用增加数控转盘或万能数控转盘来实现四、五坐标加工，如图3-4所示。这样不但工件侧面上的连续回转轮廓可以加工出来，而且可以实现在一次安装中，通过转盘改变工位，进行"四面加工"。尤其是万能数控转盘可以把工件上各种不同的角度或空间角度的加工面摆成水平来加工。这样，可以省去很多专用夹具或专用角度的成形铣刀。对于箱体类零件或需要在一次安装中改变工位的工件来说，选择带数控转盘的卧式数控铣床进行加工是非常合适的。

图3-4 卧式数控铣床

由于卧式数控铣床在增加了数控转盘后很容易做到对工件进行"四面加工"，在许多方面胜过带数控转盘的立式数控铣床，所以目前已得到很多用户的重视。

3. 立、卧两用数控铣床

这类铣床的主轴方向可以进行立、卧变换，能实现在一台机床上既可以进行立式加工，又可以进行卧式加工，使其应用范围更广，功能更全，选择加工对象的余地更大，给用户带来了很大的方便。

图3-5所示为一台立、卧两用数控铣床的两种使用状态，图3-5a所示是机床处于卧式加工状态，图3-5b所示是机床处于立式加工状态。

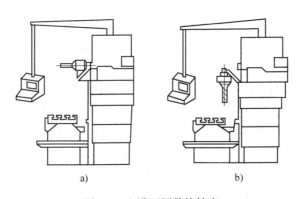

a)   b)

图3-5　立卧两用数控铣床

a）卧式加工状态　b）立式加工状态

立、卧两用数控铣床的主轴方向的变换有手动和自动两种方式，采用数控万能主轴头的立、卧两用数控铣床，其主轴头可以任意变换方向，可以加工出与水平面呈各种不同角度的工件表面。当立、卧两用数控铣床增加数控转盘后，就可以实现对工件的"五面加工"。即除了工件与转盘接触的定位面外，其他表面都可以在一次安装中进行加工。因此，其加工性能非常优越。

3.1.3　数控铣床的结构特点

1. 高刚度和高抗振性

铣床刚度是铣床的技术性能之一，它反映了铣床结构抵抗变形的能力。根据铣床所受载荷性质的不同，铣床在静态力作用下所表现的刚度称为铣床的静刚度；铣床在动态力作用下所表现的刚度称为铣床的动刚度。在铣床性能测试中常用铣床柔度来说明铣床的该项性能，柔度是刚度的倒数。为满足数控铣床高速度、高精度、高生产率、高可靠性和高自动化的要求，与普通铣床比较，数控铣床应有更高的静、动刚度，更好的抗振性。提高数控铣床结构刚度的措施主要有以下几种。

1）提高铣床构件的静刚度和固有频率。改善薄弱环节的结构或布局，以减少所承受的弯曲负载和转矩负载。例如，数控铣床的主轴箱或滑枕等部件，可采用卸荷装置来平衡载荷，以补偿部件引起的静力变形，改善构件间的接触刚度和铣床与地基连结处的刚度等。

2）改善数控铣床结构的阻尼特性。在大件内腔填充混凝土或泥芯等阻尼材料，在机床振动时因为增大摩擦力而耗散振动能量，达到减小机床振动的目的。也可采用阻尼涂层法，即在大件表面喷涂一层具有高内阻尼和较高弹性的粘滞弹性材料来增大阻尼比。

3）采用新材料和钢板焊接结构。

2. 减少铣床热变形的影响

铣床的热变形是影响铣床加工精度的重要因素之一。由于数控铣床主轴转速、进给速度远高于普通铣床，而大切削量产生的炽热切屑对工件和铣床部件的热传导影响远比普通铣床严重，而热变形对加工精度的影响往往难以修正。因此，操作者应特别重视减少数控铣床热变形的影响。可采用以下几种措施：

1）改进铣床布局和结构。采用热对称结构和采用热平衡措施等布局方式。热对称结构相对热源是对称的，在产生热变形时，其工件或者刀具回转中心对称线的位置基本保持不变，因而可以减少对加工件的精度影响。

2）控制温度。对铣床发热部位（如主轴箱等），采用散热、风冷和液冷等控制温升的办法来吸收热源发出的热量。

3）对切削部位采取强冷措施。在大切削量切削加工时，落在工作台、床身等部件上的炽热切屑是重要的热源。现在数控铣床普遍采用多喷嘴、大流量冷却液来冷却并排出这些炽热的切屑，并对冷却液用大容量循环装置散热或用冷却装置制冷以控制温升。

4）热位移补偿。预测热变形规律，建立数学模型存入计算机中进行实时补偿。

3. 传动系统机械结构简化

数控铣床的主轴驱动系统和进给驱动系统，分别采用交流、直流主轴电动机和伺服电动机驱动，这两类电动机调速范围大，并可无级调速，因此使主轴箱、进给变速箱及传动系统大为简化，箱体结构简单，齿轮、轴承和轴类零件数量大为减少甚至不用齿轮，由电动机直接带动主轴或进给滚珠丝杠。

4. 高传动效率和无间隙传动装置

数控铣床在高进给速度下，工作要求平稳，并有高定位精度。因此，对进给系统中的机械传动装置和元件要求具有高寿命、高刚度、无间隙、高灵敏度和低摩擦阻力的特点。目前，数控铣床进给驱动系统中常用的机械装置主要有三种：滚珠丝杠副、静压蜗杆-蜗轮条机构和预加载荷双齿轮-齿条。

5. 低摩擦因数的导轨

铣床导轨是铣床的基本结构之一。铣床加工精度和使用寿命在很大程度上决定于铣床导轨的质量。表现在高速进给时不振动，低速进给时不爬行，灵敏度高，能在重载下长期连续工作，耐磨性要高，精度保持性要好等。现代数控铣床使用的导轨，和普通铣床的导轨类似，主要采用滑动导轨、滚动导轨和静压导轨三种，但在材料和结构上已发生了质的变化。

3.2 数控铣床的结构及总体布局

数控铣床加工工件时，不同的工件表面，往往需要采用不同类型的刀具与工件一起作不同的表面成形运动，因而就产生了不同类型的数控铣床。机床的这些运动，必须由相应的执行部件（如主运动部件、直线或圆周进给部件）以及一些必要的辅助运动（如转位、夹紧、冷却及润滑）部件等来完成。

多数数控铣床的总体布局与和它类似的普通铣床的总布局是基本相同或相似的，并且已经形成了传统的、经过考验的固定形式，只是随着生产要求与科学技术的发展，还会不断有所改进。数控铣床的总体布局是铣床设计中带有全局性的问题，它的好坏对铣床的制造和使用都有很大的影响。然而，由于铣床的种类繁多，使用要求各异，加之对铣床有不同的认识，即使是同一用途的铣床，其结构形式与总布局的方案也可以多种多样。

3.2.1 总布局与工件的关系

加工工件所需要的运动仅仅是相对运动，因此，对部件的运动分配可以有多种方案。有的可以由工件来完成主运动而由刀具来完成进给运动，有的由刀具完成主运动而由工件完成进给运动。而铣削加工时，进给运动可以由工件运动也可以由刀具运动来完成，或者部分由工件运动，部分由刀具运动来完成，这样就影响到了部件的配置和总体关系。当然，这些都取决于被加工工件的尺寸、形状和重量。如图 3-6 所示，同是用于铣削加工的铣床，根据工件的重量和尺寸的不同，可以有四种不同的布局方案。图 3-6a 是加工件较轻的升降台铣床，由工件完成三个方向的进给运动，分别由工作台、滑鞍和升降台来实现。当加工件较重或者尺寸较高时，则不宜由升降台带着工件作垂直方向的进给运动，而是改由铣头带着刀具来完成垂直进给运动，如图 3-6b 所示。这种布局方案，铣床的尺寸参数即加工尺寸范围可以取得大一些。图 3-6c 所示的龙门式数控铣床，工作台载着工件作一个方向的进给运动，其他两个方向的进给运动由多个刀架即铣头部件在立柱与横梁上移动来完成。这样的布局不仅适用于重量大的工件加工，而且由于增多了铣头，使铣床的生产效率得到很大的提高。加工更大更重的工件时，由工件作进给运动，在结构上是难于实现的，因此，采用如图 3-6d 所示的布局方案，全部进给运动均由铣头运动来完成，这种布局形式可以减小铣床的结构尺寸和重量。

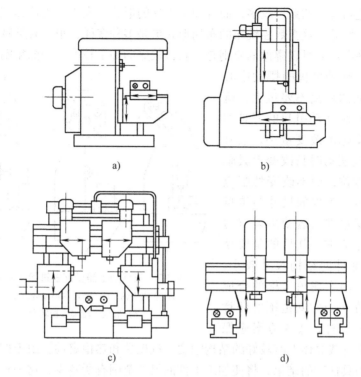

图 3-6　数控铣床总体布局示意图

a）升降台铣床　b）铣头垂直进给、工作台水平进给

c）铣头单坐标方向进给　d）铣头双坐标方向进给

3.2.2　运动分配与部件的布局

　　数控铣床的运动数目，尤其是进给运动数目的多少，直接与表面成形运动和铣床的加工功能有关。运动的分配与部件的布局是铣床总布局的中心问题。以数控镗铣床为例，一般都有四个进给运动的部件，要根据加工的需要来配置这四个进给运动部件。如果需要对工件的顶面进行加工，则铣床主轴应布局成立式的，如图 3-7a 所示。在三个直线进给坐标之外，再在工作台上加一个既可立式也可卧式安装的数控转台或分度工作台作为附件。如果需要对工件的多个侧面进行加工，则主轴应布局成卧式的，同样是在三个直线进给坐标之外再加一个数控转台，以便在一次装夹时集中完成多面的铣、镗、钻、铰、攻螺纹等多工序加工，如图 3-7b、3-7c 所示。

　　在数控铣床上用面铣刀加工空间曲面形工件，是一种最复杂的加工情况，除主运动以外，一般需要有三个直线进给坐标 X、Y、Z，以及两个回转进给坐标，以保证刀具轴线向量与被加工表面的法线重合，这就是所谓的五轴联动的数控铣床。由于进给运动的数目较多，而且加工工件的形状、大小、重量和工艺要求差异也很大。因此，这类数控铣床的布局形式更是多种多样，很难有某种固定的布局模式。在布局时可以遵循的原则是：获得较好的加工精度、表面粗糙度和较高的生产率；转动坐标的摆动中心到刀具端面的距离不要过大，这样可使坐标轴摆动引起的刀具切削点直角坐标的改变量小，最好是能布局成摆动时只改变刀具轴线向量的方位，而不改变切削点的坐标位置；工件的尺寸与重量较大时，摆角进给运动由装有刀具的部件来完成，其目的是要使摆动坐标部件的结构尺寸较小，重量较轻；两个摆角坐标的合成矢量应能在半个空间范围的任意方位变动；同样，布局方案应保

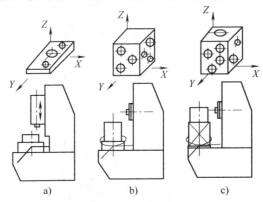

图 3-7　根据加工需要配置进给运动部件
a）立式主轴　b）卧式主轴加分度工作台
c）卧式主轴加数控转台

证铣床各部件或总体上有较好的结构刚度、抗振性和热稳定性；由于摆动坐标带着工件或刀具摆动的结果，将使加工工件的尺寸范围有所减少，这一点也是在总布局时需要考虑的问题。

3.2.3　总布局与铣床的结构性能

数控铣床的总体布局应能同时保证铣床具有良好的精度、刚度、抗振性和热稳定性等结构性能。图 3-8 所示的几种数控卧式铣床，其运动要求与加工功能是相同的，但是结构的总体布局却各不相同，因而其结构性能是有差异的。

图 3-8a 与 3-8b 的方案采用了 T 形床身布局，前床身横置与主轴轴线垂直，立柱带着主轴箱一起作 Z 坐标进给运动，主轴箱在立柱上作 Y 向进给运动。T 形床身布局的优点是：工作台沿前床身方向作 X 坐标进给运动，在全部行程范围内工作台均可支承在床身上，故刚性较好，提高了工作台的承载能力，易于保证加工精度，而且可用较长的工作行程，床身、工作台及数控转台为三层结构，在相同的台面高度下，比图 3-8c 和 3-8d 的十字形工作台的四层结构，更易保证大件的结构刚性，而且在图 3-8c 和 3-8d 的十字形工作台的布局方案中，当工作台带着数控转台在横向（即 X 向）作大距离移动和下滑板作 Z 向进给时，Z 向床身的一条导轨要承受很大的偏载，在图 3-8a、3-8b 的方案中就没有这一问题。

图 3-8a、3-8d 中，主轴箱装在框式立柱中间，设计成对称形结构，图 3-8b 和 3-8c 中，主轴箱悬挂在单立柱的一侧，从受力变形和热稳定性的角度分析，

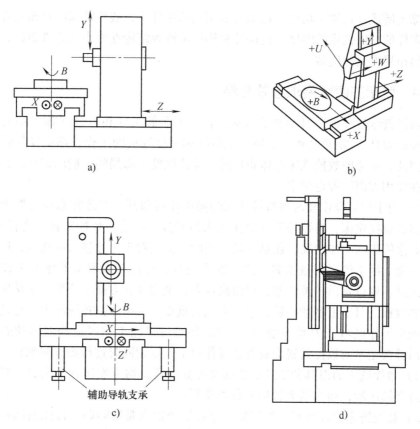

图 3-8   数控铣床布局与结构性能的关系

a)、b) T 形床身   c)、d) 十字形床身

这两种方案是不同的。框式立柱布局要比单立柱布局少承受一个扭转力矩和一个弯曲力矩，因而受力后变形小，有利于提高加工精度；框式立柱布局的受热与热变形是对称的，因此，热变形对加工精度的影响小。所以一般数控镗铣床和自动换刀数控镗铣床大都采用这种框式立柱的结构形式。在这四种总布局方案中，都应该使主轴中心线与 Z 向进给丝杠布置在同一个平面 YOZ 平面内，丝杠的进给驱动力与主切削抗力在同一平面内，因而扭曲力矩很小，容易保证铣削精度和镗孔加工的平行度。但是在图 3-8b、3-8c 中，立柱将偏在 Z 向滑板中心的一侧，而在图 3-8a、3-8d 中，立柱和 X 向横床身是对称的。

立柱带着主轴箱作 Z 向进给运动的方案其优点是能使数控转台、工作台和床身为三层结构。但是当铣床的尺寸规格较大，立柱较高较重，再加上主轴箱部件，将使 Z 轴进给的驱动功率增大，而且立柱过高时，部件移动的稳定性将变差。

综上所述，在加工功能与运动要求相同的条件下，数控铣床的总布局方案是多种多样的，以铣床的刚度、抗振性和热稳定性等结构性能作为评价指标，可以判别出布局方案的优劣。

3.2.4　铣床的使用要求与总布局

数控铣床是一种全自动化的铣床，但是如装卸工件和刀具（加工中心可以自动装卸刀具）、清理切屑、观察加工情况和调整等辅助工作，都由操作者来完成，因此，在考虑数控铣床总体布局时，除遵循铣床布局的一般原则外，还应该考虑在使用方面的特定要求：

1）便于同时操作和观察数控铣床的操作按钮和开关都放在数控装置上。对于小型的数控铣床，将数控装置放在铣床的近旁，一边在数控装置上进行操作，一边观察铣床的工作情况，还是比较方便的。但是对于尺寸较大的铣床，这样的布置方案，因工作区与数控装置之间距离较远，操作与观察会有顾此失彼的问题。因此，要设置吊挂按钮站，可由操作者移至需要和方便的位置，对铣床进行操作和观察。对于重型数控铣床这一点尤为重要，在重型数控铣床上，总是设有接近铣床工作区域（刀具切削加工区），并且可以随工作区变动而移动的操作台，吊挂按钮站或数控装置应放置在操作台上，以便同时进行操作和观察。

2）数控铣床的刀具和工件的装卸及夹紧松开，均由操作者来完成，要求易于接近装卸区域，而且装夹机构要省力简便。

3）数控铣床的效率高，切屑多，排屑是个很重要的问题，铣床的结构布局要便于排屑。

近年来，由于大规模集成电路、微处理机和微型计算机技术的发展，使数控装置和强电控制电路日趋小型化，不少数控装置将控制计算机、按键、开关、显示器等集中装在吊挂按钮站上，其他的电器部分则集中或分散与主机的机械部分装成一体，而且还采用气-液传动装置，省去液压油泵站，这样就实现了机、电、液一体化结构，从而减少铣床占地面积，又便于操作管理。

数控铣床一般都采用大流量、高压力的冷却和排屑措施，铣床的运动部件也采用自动润滑装置，为了防止切屑与切削液飞溅，避免润滑油外泄，将铣床为做成全封闭结构，只在工作区留有可以开闭的门窗，用于观察和装卸工件。

3.3　数控铣床的传动及其结构特点

3.3.1　数控铣床的主传动系统

数控铣床主传动系统是指将主轴电动机的原动力通过该传动系统变成可供

切削加工用的切削力矩和切削速度。为了适应各种不同材料的加工及各种不同的加工方法，要求数控铣床的主传动系统要有较宽的转速范围及相应的输出转矩。此外，由于主轴部件直接装夹刀具来对工件进行切削，因而对加工质量（包括加工粗糙度）及刀具寿命有很大的影响，所以对主传动系统的要求是很高的。为了能高效率地加工出高精度、低粗糙度的工件，必须要有一个具有良好性能的主传动系统和一个具有高精度、高刚度、振动小、热变形及噪声均能满足需要的主轴部件。

1. 主传动系统结构特点

数控铣床的主传动系统一般采用直流或交流主轴电动机，通过带传动和主轴箱的变速齿轮带动主轴旋转。由于这种电动机调速范围广，又可无级调速，使得主轴箱的结构大为简化。主轴电动机在额定转速时输出全部功率和最大转矩，随着转速的变化，功率和转矩将发生变化。在调压范围内（从额定转速调到最低转速）为恒转矩，功率随转速成正比例下降。在调速范围内（从额定转速调到最高转速）为恒功率，转矩随转速升高成正比例减小。这种变化规律是符合正常加工要求的，即低速切削所需转矩大，高速切削消耗功率大。同时也可以看出电动机的有效转速范围并不一定能完全满足主轴的工作需要。所以主轴箱一般仍需要设置几档变速（2~4档）。机械变档一般采用液压缸推动滑移齿轮实现，这种方法结构简单，性能可靠，变速时间短。有些小型或调速范围不需太大的数控铣床，也常采用由电动机直接带动主轴或用带传动使主轴旋转。

为了满足主传动系统的高精度、高刚度和低噪声的要求，主轴箱的传动齿轮都要经过高速滑移齿轮（一般都用花键传动），采用内径定心。侧面定心的花键对降低噪声更为有利，因为这种定心方式传动间隙小，接触面大，但加工需要专门的刀具和花键磨床。带传动容易产生振动，在传动带长度不一致的情况下更为严重。因此，在选择传动带时，应尽可能缩短带的长度。如因结构限制，带长度无法缩短时，可增设压紧轮，将带张紧，以减少振动。

2. 主传动系统的分类

为了适应不同的加工要求，目前主传动系统大致可以分为三类。

（1）二级以上变速的主传动系统

变速装置多采用齿轮变速结构。图 3-9a 所示是使用滑移齿轮实现二级变速的主传动系统。滑移齿轮的移位大都采用液压缸和拨叉或直接由液压缸带动齿轮来实现。因数控铣床使用可调无级变速交流、直流电动机，所以经齿轮变速后，实现分段无级变速，调速范围增加。其优点是能够满足各种切削运动的转矩输出，且具有大范围调节速度的能力。但由于结构复杂，需要增加润滑及温度控制装置，成本较高，此外制造和维修也比较困难。图 3-10 所示是一种典型的二级齿轮变速主轴结构。

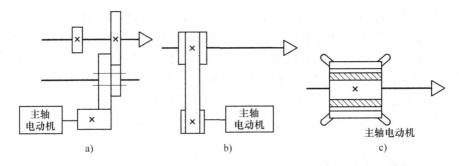

图 3-9　数控铣床主轴传动系统分类

a）齿轮变速传动系统　b）带传动系统　c）调速电动机直接驱动的传动系统

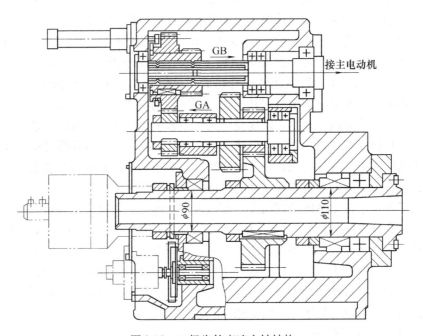

图 3-10　二级齿轮变速主轴结构

（2）一级变速器的主传动系统

目前多采用带（同步带）传动装置，如图 3-9b 所示。其优点是结构简单，安装调试方便，且在一定条件下能满足转速与转矩的输出要求。但系统的调速范围与电动机一样，受电动机调速范围的约束。这种传动方式可以避免齿轮传动时引起的振动与噪声，适用于低转矩特性要求的主轴。

（3）调速电动机直接驱动的主传动系统

如图 3-9c 所示。其优点是结构紧凑，占用空间少，转换频率高。但是主轴转速的变化及转矩的输出和电动机的输出特性完全一致，因而使用受到限制。

3. 主轴部件结构

（1）对数控铣床主轴部件的要求

数控铣床的主轴部件是铣床重要组成部分之一。除了与普通铣床一样要求其具有良好的旋转精度、静刚度、抗振性、热稳定性及耐磨性外，由于数控铣床在加工过程中不进行人工调整，且数控铣床要求的转速更高，功率更大，所以数控铣床的主轴部件在上述几方面要求更高、更严格。

（2）主轴轴承常用配置形式

1）采用双列圆柱滚子轴承和 60° 角接触球轴承组合，如图 3-11a 所示，此配置形式使主轴综合刚度大大提高，可满足强力切削的要求，普遍应用于各类数控铣床。

2）前轴承采用高精度调心球轴承，如图 3-11b 所示，具有较好的高速性能，主轴最高转速可达 4000r/min。但承载能力小，适用于高速、轻载和精密的主轴部件。

3）双列和单列圆锥滚子轴承作为主轴前后支承，如图 3-11c 所示，径向和轴向刚度高，可承受重载荷，安装与调整性能好。但限制了主轴的转速和精度的提高，适用于中等精度，低速与重载荷的数控铣床主轴。

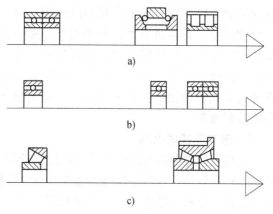

图 3-11　数控铣床主轴轴承配置形式
a）双列圆柱滚子轴承和 60° 角接触
球轴承组合　b）前轴承采用高精度
调心球轴承　c）单列和双列圆锥
滚子轴承作为主轴前后支承

另外对精密、超精密铣床主轴可采用液体静压轴承和动压轴承，对于要求更高转速的主轴，可以采用空气静压轴承，这种轴承可达每分钟几万转的转速，并有非常高的回转精度。

为提高主轴组件刚度，数控铣床经常采用三支承主轴组件，采用三支承可以有效减少主轴弯曲变形，辅助支承通常采用深沟球轴承，安装后在径向要保留好适当的游隙，避免由于主轴安装轴承处轴径和箱体安装轴承处孔的制造误差（主要是同轴度误差）造成干涉。

3.3.2　数控铣床的进给传动系统

1. 对进给传动系统的性能要求

进给系统即进给驱动装置，驱动装置是指将伺服电动机的旋转运动变为工作台直线运动的整个机械传动链。主要包括减速装置、丝杠螺母副及导向元件等。

数控铣床通常对进给系统的要求包含传动精度、系统的稳定性和动态响应特性（灵敏度）。

1）传动精度包括动态误差、稳态误差和静态误差，即伺服系统的输入量与驱动装置实际位移量的精确程度。

2）系统的稳定性是指系统在启动状态或受外界干扰作用下，经过几次衰减振荡后，能迅速地稳定在新的或原来的平衡状态的能力。

3）动态响应特性是指系统的响应时间以及驱动装置的加速能力。

为确保数控铣床进给系统的传动精度、系统的稳定性和动态响应特性，对驱动装置机械结构总的要求是消除间隙、减少摩擦、减少运动惯量、提高部件精度和刚度。具体措施通常是采用低摩擦的传动副，如减摩滑动导轨、滚动导轨及静压导轨、滚珠丝杠等；保证机械部件的精度，采用合理的预紧、合理的支承形式以提高传动系统的刚度；选用最佳降速比以提高铣床的分辨率，并使系统折算到驱动轴上的惯量减少；尽量消除传动间隙，减小反向死区误差，提高位移精度等。

2. 滚珠丝杠螺母副

滚珠丝杠螺母副是回转运动与直线运动相互转换的传动装置，在数控铣床上得到了广泛应用。它的结构特点是在具有螺旋槽的丝杠螺母间装有滚珠作为中间传动元件，以减少摩擦。工作原理如图3-12所示，图中丝杠和螺母上都加工有圆弧形的螺旋槽，当它们对合起来就形成了螺旋滚道，在滚道内装有滚珠。当丝杠与螺母相对运动时，滚珠沿螺旋槽向前滚动，在丝杠上滚过数圈以后通过回程引导装置，逐个地又滚回到丝杠和螺母之间，构成一个闭合的回路管道。

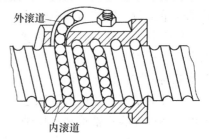

图3-12 滚珠丝杠副的原理

滚珠丝杠副的优点是摩擦因数小，传动效率高，η可达$0.92 \sim 0.96$；所需传动转矩小；灵敏度高，传动平稳，不易产生爬行，随动精度和定位精度高；磨损小，寿命长，精度保持性好；可通过预紧和间隙消除措施提高轴向刚度和反向精度；运动具有可逆性，不仅可以将旋转运动变为直线运动，也可将直线运动变为旋转运动。缺点是制造工艺复杂，成本高，在垂直安装时不能自锁，因而需附加制动机构。

（1）滚珠丝杠副的结构

滚珠丝杠的螺纹滚道法向截面有单圆弧和双圆弧两种不同的形状，如图3-13

所示。其中单圆弧加工工艺简单，双圆弧加工工艺较复杂，但性能较好。

滚珠的循环方式有外循环和内循环两种：滚珠在返回过程中与丝杠脱离接触的为外循环，滚珠在循环过程中与丝杠始终接触的为内循环。在内、外循环中，滚珠在同一个螺母上只有一个回路管道的叫单循环，有两个回路管道的叫双列循环。循环中的滚珠叫工作滚珠，工作滚珠所走过的滚道圈数叫工作圈数。

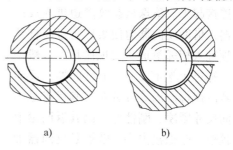

图 3-13　螺纹滚道法向截面
a) 单圆弧　b) 双圆弧

外循环滚珠丝杠副按滚珠循环时的返回方式主要有插管式和螺旋槽式。图 3-14a 所示为插管式，它用弯管作为返回管道，这种型式结构工艺性好，但由于管道突出于螺母体外，径向尺寸较大。图 3-14b 所示为螺旋槽式，它是在螺母外圆上铣出螺旋槽，槽的两端钻出通孔并与螺纹滚道相切，形成返回通道，这种型式的结构比插管式结构径向尺寸小，但制造上较为复杂。

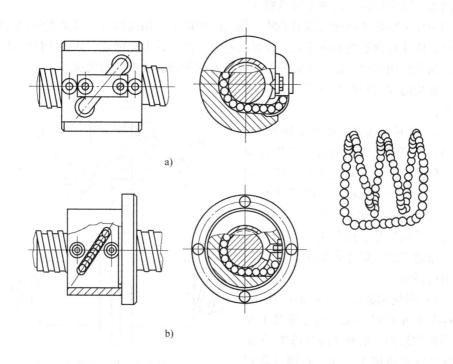

a)

b)

图 3-14　外循环滚珠丝杠
a) 插管式　b) 螺旋槽式

图 3-15 为内循环结构。在螺母的侧孔中装有圆柱凸键式反向器，反向器上铣有 S 形回珠槽，将相邻两螺纹滚道连接起来。滚珠从螺纹滚道进入反向器，借助反向器迫使滚珠越过丝杠牙顶进入相邻滚道，实现循环。一般一个螺母上装有 2～4 个反向器，反向器沿螺母圆周等分分布。其优点是径向尺寸紧凑，刚性好，因其返回滚道较短，摩擦损失小。缺点是反向器加工困难。

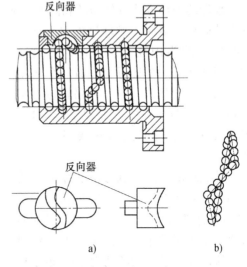

图 3-15　内循环滚珠丝杠

a）外循环　b）内循环

（2）滚珠丝杠副轴向间隙的调整

滚珠丝杠的传动间隙是轴向间隙，为了保证反向传动精度和轴向刚度，必须消除轴向间隙。消除间隙的方法常采用双螺母结构，利用两个螺母的相对轴向位移，使两个滚珠螺母中的滚珠分别贴紧在螺旋滚道的两个相反的侧面上。用这种方法预紧消除轴向间隙时，应注意预紧力不宜过大，预紧力过大会使空载力矩增加，从而降低传动效率，缩短使用寿命。此外还要消除丝杠安装部分和驱动部分的间隙。

常用的双螺母丝杠消除间隙方法如下：

1）垫片调隙式。如图 3-16 所示，调整垫片厚度使左右两螺母产生方向相反位移，使两个螺母中的滚珠分别贴紧在螺旋滚道的两个相反的侧面上，即可消除间隙和产生预紧力。这种方法结构简单，刚性好，但调整不便，滚道有磨损时不能随时消除间隙和进行预紧。

2）螺纹调隙式。如图 3-17 所示，右螺母 4 外端有凸缘，而左螺母 1 左端是螺纹结构，用两个圆螺母 2、3 把垫片压在螺母座上，左、右螺母和螺母座上加工有键槽，采用平键连接，使螺母在螺母座内可以轴向滑移而不能相对转动。调整时，只要拧紧圆螺母 3 使

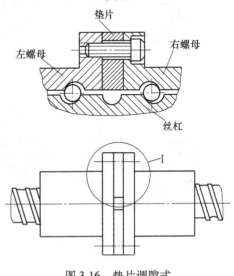

图 3-16　垫片调隙式

左螺母1向左滑动，就可以改变两螺母的间距，即可消除间隙并产生预紧力。螺母2是锁紧螺母，调整完毕后，将螺母2和螺母3并紧，可以防止在工作中螺母松动。这种调整方法具有结构简单、工作可靠、调整方便的优点，但调整预紧量不能控制。

3）齿差调隙式。如图3-18所示，在左、右两个螺母的凸缘上各加工有圆锥列、齿轮，分别与左、右内齿圈相啮合，内齿圈相啮合紧固在螺母座左、右端面上，故左、右螺母不能转动。两螺母凸缘齿轮的齿数不相等，相差一个齿。调整时，先取下内齿圈，让两个螺母相

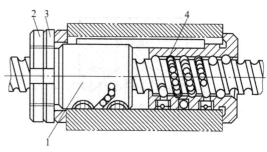

图3-17 螺纹调隙式

1、2、3、4—螺母

对于螺母座同方向都转动一个齿，然后再插入内齿圈并紧固在螺母座上，则两个螺母便产生相对角位移，使两螺母轴向间距改变，实现消除间隙和预紧。设两凸缘齿轮的齿数分别为z_1、z_2，滚珠丝杠的导程为t，两个螺母相对于螺母座同方向转动一个齿后，其轴向位移量$s = \left(\dfrac{1}{z_2} - \dfrac{1}{z_1} \right)t$。例如，$z_1 = 81$，$z_2 = 80$，滚珠丝杠的导程为$t = 6\text{mm}$时，则$s = \left(\dfrac{1}{80} - \dfrac{1}{81} \right) \times 6 = 0.000926\text{mm}$。这种调整方法能精确调整预紧量，调整方便、可靠，但结构尺寸较大，多用于高精度的传动。

4）单螺母变位螺距预加载荷。如图3-19所示，它是在滚珠螺母体内的两列循环滚珠链之间使内螺纹滚道在轴向产生一个ΔL_0的导程变量，从而使两列滚珠在轴向错位实现预紧。这种调隙方法结构简单，但导程变量需预先设定且不能改变。

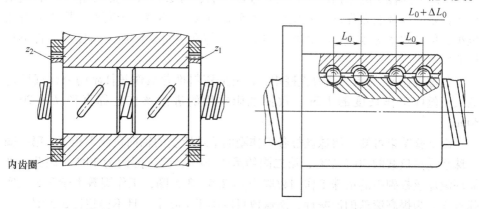

图3-18 齿差调隙式　　　　　　图3-19 单螺母变位螺距式

（3）滚珠丝杠副的参数及选择

滚珠丝杠副的参数（如图3-20所示）如下。

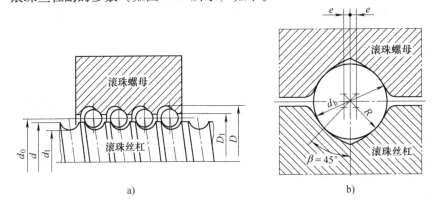

图3-20　滚珠丝杠的基本参数

a）滚珠丝杠螺母副的径向尺寸　b）滚珠与内外滚道的接触角度

1）公称直径 d_0。滚珠与螺纹滚道在理论接触角状态时包络滚珠球心的圆柱直径，它是滚珠丝杠副的特性尺寸。

2）基本导程 L_0。丝杠相对于螺母旋转 2π 弧度时，螺母上的基准点的轴向位移。

3）接触角 β。滚珠与滚道在接触点处的公法线与螺纹轴线的垂直线间的夹角，理想接触角 $\beta = 45°$。

此外，还有丝杠螺纹大径 d、丝杠螺纹小径 d_1，螺纹全长 l，滚珠直径 d_b，螺母螺纹大径 D，螺母螺纹小径 D_1，滚道圆弧半径 R 等参数。

导程的大小根据铣床的加工精度要求确定，精度要求高时，应将导程取小些，可减小丝杠上的摩擦阻力，但导程取小后，势必将滚珠直径 d_b 取小，使滚珠丝杠副的承载能力降低。若丝杠副的公称直径 d_0 不变，导程小，则螺旋升角也小，传动效率 η 也变小。因此，导程的数值在满足铣床加工精度的条件下尽可能取大些。

公称直径 d_0 与承载能力直接相关，有的资料推荐滚珠丝杠副的公称直径 d_0 应大于丝杠工作长度的 1/30。数控铣床常用的进给丝杠公称直径 $d_0 = 20 \sim 80\text{mm}$。

由试验结果可知，滚珠丝杠各工作圈的滚珠所受的轴向负载不相等，第一圈滚珠承受总负载的50%左右，第二圈约承受30%，第三圈约为20%。因此，外循环滚珠丝杠副中的滚珠工作圈数取为 $j = 2.5 \sim 3.5$ 圈，工作圈数大于 3.5 无实际意义。为提高滚珠的流畅性，滚珠数目应小于150个，且不得超过3.5圈。

（4）滚珠丝杠副的标记方法

根据机械工业部标准 JB/T3162.1—1991 规定，滚珠丝杠副的型号根据其结构、规格、精度、螺纹旋向等特征按下列格式编写。

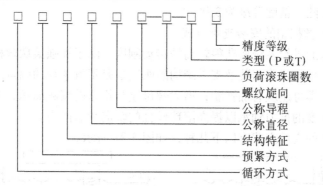

滚珠丝杠副的循环方式见表 3-1，它的预紧方式见表 3-2，结构特征见表 3-3，精度等级标号及选择见表 3-4。螺纹旋向为右旋时不标，为左旋时标记代号为"LH"。P 类为定位滚珠丝杠副，即通过旋转角度和导程控制轴向位移量的滚珠丝杠副；T 类为传动滚珠丝杠副，它是与旋转角度无关，用于传递动力的滚珠丝杠副。

表3-1 循 环 方 式

循环方式		标记代号
内循环	浮动式	F
	固定式	G
外循环	插管式	C

表3-2 预 紧 方 式

预紧方式	标记代号
单螺母变位导程预紧	B
双螺母垫片预紧	D
双螺母齿差预紧	C
双螺母螺纹预紧	L
单螺母无预紧	W

表3-3 结 构 特 征

结构特征	代号
导珠管埋入式	M
导珠管凸出式	T

表3-4 精度等级标号及选择

精度等级	分1、2、3、4、5、7和10级，1级精度最高，依次递减
精度等级标号	应用范围
5	普通机床
4, 3	数控钻床、数控车床、数控铣床、机床改造
2, 1	数控磨床、数控线切割机床、数控镗床、坐标镗床、MC、仪表机床

例如：CDM5010-3-P3 表示为外循环插管式，双螺母垫片预紧，导珠管埋入式的滚珠丝杠副，公称直径为 50mm，基本导程为 10mm，螺纹旋向为右旋，载荷总圈数为 3 圈，精度等级为 3 级。

（5）滚珠丝杠副的安装支承方式

数控铣床的进给系统要获得较高的传动刚度，除了加强滚珠丝杠副本身的刚度外，滚珠丝杠的正确安装及支承结构的刚度也是不可忽视的因素。如为减少受力后的变形，螺母座应有加强肋；增大螺母座与铣床的接触面积，并且要连接可靠；采用高刚度的推力轴承以提高滚珠丝杠的轴向承载能力。

滚珠丝杠的支承方式有以下几种，如图 3-21 所示。

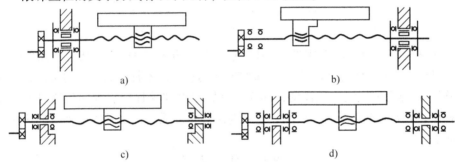

图 3-21　滚珠丝杠在铣床上的支承方式
a）仅一端装推力轴承　b）一端装推力轴承，另一端装向心球轴承
c）两端装推力轴承　d）两端装推力轴承和向心球轴承

图 3-21a 为一端装推力轴承。这种安装方式只适用于行程小的短丝杠，它的承载能力小，轴向刚度低，一般用于数控铣床的调节环节或升降台式铣床的垂直坐标进给传动结构。

图 3-21b 为一端装推力轴承，另一端装向心球轴承。此种方式用于丝杠较长的情况，当热变形造成丝杠伸长时，其一端固定，另一端能作微量的轴向浮动。为减少丝杠热变形的影响，安装时应使电动机热源和丝杠工作时的常用端远离止推端。

图 3-21c 为两端装推力轴承。把推力轴承装在滚珠丝杠的两端，并施加预紧力，可以提高轴向刚度，但这种安装方式对丝杠的热变形较为敏感。

图 3-21d 为两端装推力轴承及向心球轴承。它的两端均采用双重支承并施加预紧，使丝杠具有较大的刚度，这种方式还可使丝杠的温度变形转化为推力轴承的预紧力，但设计时要求提高推力轴承的承载能力和支架刚度。

（6）滚珠丝杠的防护

滚珠丝杠副也可用润滑剂来提高耐磨性及传动效率。润滑剂可分为润滑油和润滑脂两大类。润滑油一般为机械油或 90～180 号透平油或 140 号主轴油。润滑脂可采用锂基润滑脂。润滑脂一般加在螺纹滚道和安装螺母的壳体空间内，而润滑油则经过壳体上的油孔注入螺母的空间内。

滚珠丝杠副和其他滚动摩擦的传动元件一样，应避免灰尘或切屑污物进入，因此，必须有防护装置。如果滚珠丝杠副在铣床上外露，应采取封闭的防护罩，如采用螺旋弹簧钢带套管、伸缩套管以及折叠式套管等。安装时将防护罩的一端连接在滚珠螺母的端面，另一端固定在滚珠丝杠的支承座上。如果处于隐蔽的位置，则可采用密封圈防护。密封圈装在滚珠螺母的两端。接触式的弹性密封圈用耐油橡胶或尼龙制成，其内孔做成与丝杠螺纹滚道相配合的形状。接触式密封圈的防尘效果好，但因有接触压力，使摩擦力矩略有增加。非接触式的密封圈又称迷宫式密封圈，是用硬质塑料制成，其内孔与丝杠螺纹滚道的形状相反，并稍有间隙，这样可避免摩擦力矩，但防尘效果差。

3. 进给系统传动齿轮间隙的消除

数控铣床在加工过程中，经常变换移动方向。当铣床的进给方向改变时，由于齿侧存在间隙会造成指令脉冲丢失，并产生反向死区从而影响加工精度，因此必须采取措施消除齿轮传动中的间隙。

（1）直齿圆柱齿轮传动

图 3-22 所示是最简单的偏心轴套式消除间隙结构。电动机 2 通过偏心套 1 安装在壳体上。转动偏心套使电动机中心轴线的位置向上，而从动齿轮轴线位置固定不变，所以两啮合齿轮的中心距减小，从而消除了齿侧间隙。

图 3-23 是用轴向垫片来消除间隙的结构。两个啮合着的齿轮 1 和 2 的节圆直径沿齿宽方向制成略带锥度形式，使其齿厚沿轴线方向逐渐变厚。装配时，两齿轮按齿厚相反变化走向啮合。改变调整垫片 3 的厚度，使两齿轮沿轴线方向产生相对位移，从而消除间隙。

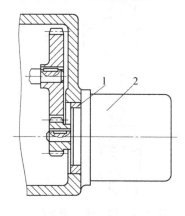

图 3-22　偏心套调整
1—偏心套　2—电动机

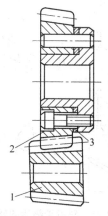

图 3-23　轴向垫片调整
1、2—齿轮　3—垫片

上述两方法的特点是结构简单，能传递较大的动力，但齿轮磨损后不能自动消除间隙。图3-24为双片薄齿轮错齿调整法。在一对啮合的齿轮中，其中一个是宽齿轮（图中未示出），另一个由两薄片齿轮组成。薄片齿轮1和2上各开有周向圆弧槽，并在两齿轮的槽内各压配有安装弹簧4的短圆柱3。在弹簧4的作用下使齿轮1和2错位，分别与宽齿轮的齿槽左、右侧贴紧，消除了齿侧间隙。但弹簧4的张力必须足以克服驱动转矩。由于齿轮1和2的周向圆弧槽及弹簧的尺寸都不能太大，故这种结构不宜传递转矩，仅用于读数装置。

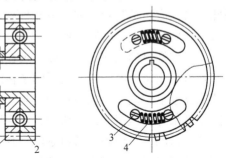

图3-24　双片薄齿轮错齿调整
1、2—薄片齿轮　3—短圆柱　4—弹簧

（2）斜齿圆柱齿轮传动

图3-25为斜齿轮垫片调整法，其原理与错齿调整法相同。斜齿轮1和2的齿形拼装在一起加工，装配时在两薄片齿轮间装入已知厚度为 t 的垫片3，这样它的螺旋线便错开了，使两薄片齿轮分别与宽齿轮4的左、右齿面贴紧，消除了间隙。垫片3的厚度 t 与齿侧间隙 Δ 的关系可用下式表示

$$t = \Delta \cot\beta t$$

式中　β——螺旋角。

图3-26为轴向压簧错齿调整法，原理同上。其特点是齿侧隙可以自动补偿，但轴向尺寸较大，结构不紧凑。

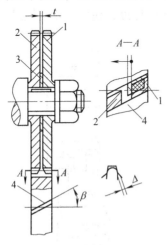

图3-25　斜齿轮垫片调整法
1、2—薄片齿轮　3—垫片
4—宽齿轮

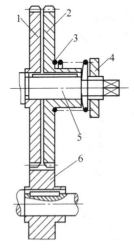

图3-26　斜齿轮压簧调整法
1、2—薄片齿轮　3—弹簧
4—螺母　5—轴　6—宽齿轮

（3）锥齿轮传动

锥齿轮同圆柱齿轮一样可用上述类似的方法来消除齿侧间隙。

图 3-27 为轴向压簧调整法。两个啮合的锥齿轮 1 和 2，其中在装锥齿轮 1 的传动轴 5 上装有压簧 3，锥齿轮在弹簧力的作用下可稍做轴向移动，从而消除间隙。弹簧力的大小由螺母 4 调节。

图 3-28 为周向弹簧调整法。将一对啮合锥齿轮中的一个齿轮做成大小两片 1 和 2，在大片上制有三个圆弧槽，而在小片的端面上制有三个凸爪 6，凸爪 6 伸入大片的圆弧槽中。弹簧 4 一端顶在凸爪 6 上，而另一端顶在镶块 3 上。为了安装的方便，用螺钉 5 将大小片齿圈相对固定，安装完毕之后将螺钉卸去，利用弹簧力使大小片锥齿轮稍微错开，从而达到消除间隙的目的。

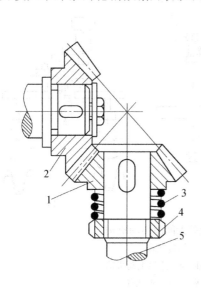

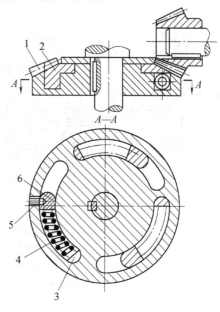

图 3-27　锥齿轮轴向压簧调整法
1、2—锥齿轮　3—压簧
4—螺母　5—传动轴

图 3-28　锥齿轮周向弹簧调整法
1、2—锥齿轮　3—镶块　4—弹簧
5—螺钉　6—凸爪

（4）预加负载双齿轮-齿条传动

在大型数控铣床（如大型数控龙门铣床）中，工作台的行程很长，因此它的进给运动不宜采用滚珠丝杠副传动。一般的齿轮-齿条结构是铣床上常用的直线运动机构之一，它的效率高，结构简单，从动件易于获得高的移动速度和长行程，适合在工作台行程长的大型铣床上用作直线运动机构。但一般齿轮-齿条传动机构的位移精度和运动平稳性较差，为了利用其结构上的优点，除提高齿条本身的精度或采用精度补偿措施外，还应采取措施消除传动间隙。

当负载小时，可用双片薄齿轮错齿调整法，分别与齿条齿槽左、右侧贴紧，从而消除齿侧隙。但双片薄齿轮错齿调整法不能满足大型铣床的重负载工作要求。预加负载双齿轮-齿条无间隙传动机构能较好地解决这个问题。

图3-29a所示是预加负载双齿轮-齿条无间隙传动机构示意图。进给电动机经两对减速齿轮传递到轴3，轴3上有两个螺旋方向相反的斜齿轮5和7，分别经两级减速传至与床身齿条2相啮合的两个小齿轮1。轴3端部有加载弹簧6，调整螺母，可使轴3上下移动。由于轴3上两个齿轮的螺旋方向相反，因而两个与床身齿条啮合的小齿轮1产生相反方向的微量转动，以改变间隙。当螺母将轴3往上调时，将间隙调小或预紧力加大，反之则将间隙调大或预紧力减小。传动间隙的调整也可以靠液压加负载，如图3-29b所示。

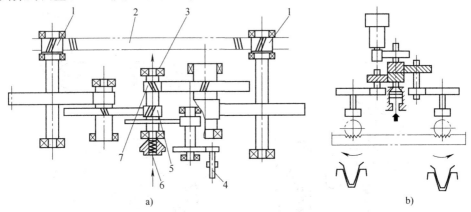

图3-29 预加负载双齿轮-齿条无间隙传动机构
a）工作原理 b）液压预加负载式
1—双齿轮 2—齿条 3—调整轴 4—进给电动机轴
5—右弹簧齿轮 6—加载弹簧 7—左旋齿轮

（5）静压蜗杆-蜗轮条传动

蜗杆-蜗轮条机构是丝杠螺母机构的一种特殊形式。如图3-30所示，蜗杆可看作长度很短的丝杠，其长径比很小。蜗轮条则可以看作一个很长的螺母沿轴向剖开后的一部分，其包容角常在90°~120°之间。

液体静压蜗杆-蜗轮条机构是在蜗杆蜗轮条的啮合面间注入压力油，以形成一定厚度的油膜，使两啮合面间成为液体摩擦，其工作原理如图3-31所示。图中油腔开在蜗轮上，用毛细管节流的定压供油方式给静压蜗杆-蜗轮条供压力油。从液压泵输出的压力油，经过蜗杆螺纹内的毛细管节流器10，分别进入蜗轮条齿的两侧面油腔内，然后经过啮合面之间的间隙，再进入齿顶与齿根之间的间隙，压力降为零，流回油箱。

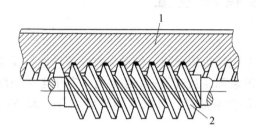

图 3-30 蜗杆-蜗轮传动机构

1—蜗轮条 2—蜗杆

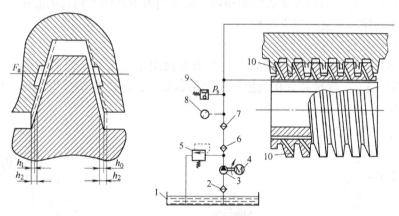

图 3-31 蜗杆-蜗轮工作原理

1—油箱 2—滤油器 3—液压泵 4—电动机

5—溢流阀 6—粗滤油器 7—精滤油器

8—压力表 9—压力继电器 10—节流器

　　静压蜗杆-蜗轮条传动由于既有纯液体摩擦的特点，又有蜗杆蜗轮条机构结构的特点，因此特别适合在重型铣床的进给传动系统上应用。其优点如下：

　　1）摩擦阻力小，启动摩擦因数小于 0.0005，功率消耗少，传动效率高，可达 0.94～0.98，在很低的速度下运动也很平稳。

　　2）使用寿命长。齿面不直接接触，不易磨损，能长期保持精度。

　　3）抗振性能好。油腔内的压力油层有良好的吸振能力。

　　4）有足够的轴向刚度。

　　5）蜗轮条能无限接长，因此，运动部件的行程可以很长，不像滚珠丝杠受结构的限制。

3.4 数控铣床的辅助装置

1. 润滑系统

数控铣床的润滑系统主要包括机床导轨、传动齿轮、滚珠丝杠及主轴箱等的润滑，其形式有电动间歇润滑泵和定量式集中润滑泵等。其中电动间歇润滑泵用得较多，其自动润滑时间和每次泵油量，可根据润滑要求进行调整或用参数设定。

2. 排屑装置

为了数控机床的自动加工顺利进行和减少数控机床的发热，数控机床应具有合适的排屑装置。在数控机床的切屑中往往混合着切削液，排屑装置应从其中分离出切屑，并将它们送入切屑收集箱内，而切削液则被回收到切削液箱。

常见的排屑装置有以下几种。

（1）平板链式排屑装置

该装置以滚动链轮牵引钢质平板链带在封闭箱中运转，切屑用链带带出机床，如图 3-32a。这种装置在数控机床使用时要与机床冷却箱合为一体，以简化机床结构。

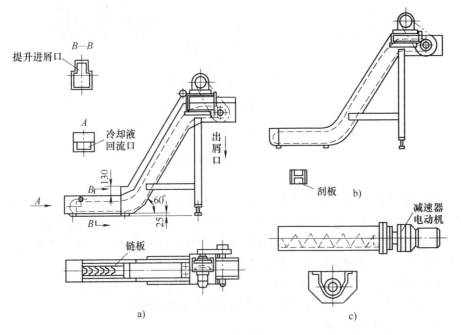

图 3-32 排屑装置
a）平板链式 b）刮板式 c）螺旋式

（2）刮板式排屑装置

该装置的传动原理与平板链式基本相同，只是链板不同，带有刮板链板，如图 3-32b。这种装置常用于输送各种材料的短小切屑，排屑能力较强。

（3）螺旋式排屑装置　该装置是利用电动机经减速装置驱动安装在沟槽中的一根绞笼式螺旋杆进行工作的，如图 3-32c。螺旋杆工作时沟槽中的切屑由螺旋杆推动连续向前运动，最终排入切屑收集箱。这种装置占据空间小，适用于安装在机床与立柱间间隙狭小的位置上。螺旋槽排屑结构简单、性能良好，但只适合沿水平或小角度倾斜的直线运动排运切屑，不能大角度倾斜、提升和转向排屑。

练习与思考题 3

3-1　试述数控铣床的主要功能及加工对象。

3-2　数控铣床在结构上的主要特征有哪些？

3-3　数控铣床加工前应做哪些准备工作？

3-4　数控机床对机械结构的基本要求是什么？提高数控机床性能的措施主要有哪些？

3-5　卧式数控镗铣床或加工中心采用 T 形床身和框架结构双立柱各有什么优点？

3-6　数控机床对主传动系统的基本要求是什么？在数控机床上实现主传动的无级变速方式主要有哪几种？

3-7　数控机床的主传动增加辅助机械变速装置的作用是什么？

3-8　什么叫电主轴？数控机床采用电主轴有哪些优点？

3-9　常用的主轴轴承有哪几种？它们在性能上有何区别？

3-10　数控机床主轴的支承形式主要有哪几种？各自适用于何种场所？

3-11　数控铣床对进给传动系统的性能要求是什么？

3-12　滚珠丝杠螺母副的工作原理和结构特点是什么？

3-13　试叙述滚珠丝杠副消除轴向间隙和预加载荷的方法？

3-14　滚珠丝杠螺母副的循环方式有哪几种？怎样实现滚珠丝杠螺母副的预紧？

3-15　滚珠丝杠螺母副的支承型式有哪几种？它们各有什么特点？

3-16　滚珠丝杠螺母副与电动机间的连接形式有哪几种？它们各有什么优点？

3-17　塑料导轨、滚动导轨、静压导轨各有何特点？

3-18　滚动导轨具有哪些优点？

第 4 章

加工中心（MC）

4.1　概述

4.1.1　加工中心的特点

1958 年世界上第一台加工中心在美国由卡尼·特雷克（Kearney&Trecker）公司制造出来。加工中心与普通数控机床在结构上的主要区别是：加工中心包含有自动换刀功能的刀库系统，它能在一台机床上完成由多台机床才能完成的工作。加工中心包括以下内容：

1）加工中心是在数控镗床、数控铣床或数控车床的基础上增加自动换刀装置，使工件在机床工作台上装夹后，可以连续完成对工件表面自动进行钻孔、扩孔、铰孔、镗孔、攻螺纹、铣削等多工步的加工，工序高度集中。

2）加工中心一般带有回转工作台或主轴箱可旋转一定角度，从而使工件一次装夹后，自动完成多个平面或多个角度位置的多工序加工。

3）加工中心能自动改变机床主轴转速、进给量和刀具相对工件的运动轨迹及其他辅助机能。

4）加工中心如果带有交换工作台，工件在工作位置的工作台进行加工的同时，另外的工件在装卸位置的工作台上进行装卸，不影响正常的加工工件，工作效率高。

由于加工中心具有上述机能，因而可以大大减少工件装夹、测量和机床的调整时间，减少工件的周转、搬运和存放时间，使机床的切削时间利用率高于普通机床 3～4 倍，具有较好的加工一致性，它与单机、人工操作方式比较，能排除工艺流程中人为干扰因素；高的生产率和质量稳定性，尤其是加工形状比较复杂、精度要求较高、品种更换频繁的工件时，更具有良好的经济性。所以说，加工中心不仅提高了工件的加工精度，而且是数控机床中生产率和自动化程度最高的综合性机床。

由于电子技术的迅速发展，各种性能良好的传感器的出现和运用，使加工中心的功能日趋完善，这些功能包括：刀具寿命的监测功能，刀具磨损和损伤的监测功能，切削状态的监测功能，切削异常的监测、报警和自动停机功能，自动检测和自我诊断功能及自适应控制功能等。加工中心还与载有随行夹具的自动托板有机连接，并能进行切屑自动处理，使得加工中心已成为柔性制造系统、计算机集成制造系统和自动化工厂的关键设备和基本单元。

4.1.2　加工中心的工作原理

加工中心的工作原理是根据零件图纸，制定工艺方案，采用手工或计算机自动编制零件加工程序，把零件所需的机床各种动作及全部工艺参数变成数控程序，并将程序代码通过输入装置存储到机床数控系统。进入数控系统的信息，经过一系列处理和运算转变为脉冲信号。一部分信号送到机床的伺服系统，通过伺服机构进行转换和放大，再经过传动机构，驱动机床有关零部件，使刀具和工件严格执行零件程序所规定的相应运动。另一部分信号送到可编程序控制器中用以顺序控制机床的其他辅助动作，实现刀具自动更换。

4.1.3　加工中心的组成及系列型谱

加工中心的组成随机床的类别、功能、参数的不同而有所不同。机床本身分基本部件和选择部件，数控系统有基本功能和选用功能，机床参数有主参数和其他参数。机床制造厂可根据用户提出的要求进行生产，但同类机床产品的基本功能和部件组成一般差别不大。图 4-1 为卧式加工中心组成部件示意图。

加工中心的系列尺寸有优先数系。对于卧式加工中心来说，一般以分度工作台的边长尺寸为其主参数，如 320×320，400×400，500×500，630×630，800×800，1000×1000，1250×1250 等，单位：mm。对于立式加工中心，工作台宽度一般取优先数系，长度按实际要求而定。如 320×1000，400×1000，500×1000，630×1200，800×1500，单位为 mm。

型谱一般按生产厂家的习惯或特长来选取。如铣床生产厂家，一般套用铣床型谱，取名为 XH×××，如 XH754，XH716 等；而镗床生产厂家则套用镗床型谱，取名为 TH××××，如 TH6350；与国外合作生产或供出口的加工中心，则直接采用国外厂家规定的名称，如 SALON—3，RE5020 等。

尽管出现了各种类型加工中心，外形结构各异，但从总体来看大体上由以下几大部分组成。

（1）基础部件

由床身、立柱和工作台等大件组成，是加工中心的基础构件，它们可以是铸铁件，也可以是焊接钢结构件，均要承受加工中心的静载荷以及在加工时的切削载荷。故必须是刚度很高的部件，也是加工中心质量和体积最大的部件。

（2）主轴组件

它由主轴箱、主轴电机、主轴和主轴轴承等零件组成。其启动、停止和转动等动作均由数控系统控制，并通过装在主轴上的刀具参与切削运动，是切削加工的功率输出部件。主轴是加工中心的关键部件，其结构优劣对加工中心的性能有很大的影响。

（3）控制系统

单台加工中心的数控部分是由 CNC 装置、可编程序控制器、伺服驱动装置以及电动机等部分组成。它们是加工中心执行顺序控制动作和完成加工过程中的控制中心。CNC 系统一般由中央处理器、存储器和输入、输出接口组成。中央处理器又由存储器、运算器、控制器和总线组成。CNC 系统主要特点是输入存储、数据处理、插补运算以及机床各种控制功能都通过计算机软件来完成，能增加很多逻辑电路中难以实现的功能。计算机与其他装置之间可通过接口设备连接。当控制对象改变时，只需改变软件与接口。

（4）伺服系统

伺服系统的作用是把来自数控装置的信号转换为机床移动部件的运动，其性能是决定机床的加工精度、表面质量和生产效率的主要因素之一。加工中心普遍采用半闭环、闭环和混合环三种控制方式。

（5）自动换刀装置

它由刀库、机械手和驱动机构等部件组成。刀库是存放加工过程中所使用的全部刀具的装置。刀库有盘式、鼓式和链式等多种形式，容量从几把到几百

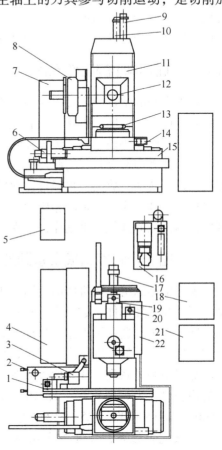

图 4-1　卧式加工中心组成部件

1—排屑器　2—冷却水箱　3、8—机械手
4、7—刀库　5—油温自动控制箱
6—X 轴伺服电动机　9—Y 轴伺
服电动机　10—平衡液压缸　11—立柱
12—主轴箱　13—分度工作台　14—工作
台驱动电动机　15—床身　16—液压油箱
17—Z 轴伺服电动机　18—强电柜
19—主轴电动机　20—间歇润滑装置
21—数控柜　22—立柱滑座

把。当需换刀时，根据数控系统指令，由机械手（或通过别的方式）将刀具从刀库取出装入主轴中，机械手的结构根据刀库与主轴的相对位置及结构的不同也有多种形式，如单臂式、双臂式、回转式和轨道式等。有的加工中心不用机械手而利用主轴箱或刀库的移动来实现换刀。尽管换刀过程、选刀方式、刀库结构、机械手类型等各不相同，但都是在数控装置及可编程序控制器控制下，由电动机和液压或气动机构驱动刀库和机械手实现刀具的选择与交换。当机构中装入接触式传感器，还可实现对刀具和工件误差的测量。

（6）辅助系统

包括润滑、冷却、排屑、防护、液压和随机检测系统等。辅助系统虽不直接参加切削运动，但对加工中心的加工效率、加工精度和可靠性起到保障作用，因此，也是加工中心不可缺少的部分。

（7）自动托盘更换系统

有的加工中心为进一步缩短非切削时间，配有两个自动交换工件托盘，一个安装在工作台上进行加工，另一个则位于工作台外进行装卸工件。当完成一个托盘上的工件加工后，便自动交换托盘，进行新零件的加工，这样可减少辅助时间，提高加工工效。

4.1.4　加工中心的分类

1. 按照机床形态分类

可分为卧式、立式、龙门式和万能加工中心等。

1）卧式加工中心是指主轴轴线水平设置的加工中心。卧式加工中心有多种形式，如固定立柱式或固定工作台式。固定立柱式的卧式加工中心的立柱不动，其主轴箱在立柱上做上下移动，而工作台可在两个水平方向移动。固定工作台式的卧式加工中心的三个坐标方向的运动由立柱和主轴箱的移动来定位，安装工件的工作台是固定不动的(指直线运动)。卧式加工中心一般具有 3～5 个运动坐标轴，常见的是三个直线运动坐标轴和一个回转运动坐标轴(回转工作台)，它能在工件一次装夹后完成除安装面和顶面以外的其余四个面的加工，最适合加工箱体类工件。它与立式加工中心相比，结构复杂、占地面积大、质量大、价格亦高。

2）立式加工中心主轴的轴线为垂直设置，其结构多为固定立柱式，工作台为十字滑台，适合加工盘类零件，一般具有三个直线运动坐标轴，并可在工作台上安置一个水平轴的数控转台（第四轴）来加工螺旋线类零件。立式加工中心结构简单，占地面积小，价格低，配备各种附件后，可进行大部分工件的加工。

3）龙门式加工中心形状与龙门铣床相似，主轴多为垂直设置，带有自动换刀装置，带有可换的主轴头附件，数控装置的软件功能也较齐全，能够一机多用，尤其适用于大型或形状复杂的工件，如航天工业及大型汽轮机上的某些零件的加工。大型龙门式加工中心的主轴多为垂直设置，尤其适用于大型或形状复杂的工件，像航空、航天工业及大型汽轮机上的某些零件的加工都需要用这类多坐标龙门式加工中心。

4）五面加工中心具有立式和卧式加工中心的功能，在工件一次装夹后，能完成除安装面外的所有五个面的加工，这种加工方式可以使工件的形状误差降到最低，省去二次装夹工件，从而提高生产效率，降低加工成本。

常见的五面加工中心有两种形式，一种是主轴可做90°旋转，既可像卧式加工中心那样切削，也可像立式加工中心那样切削；另一种是工作台可带着工件作90°旋转，而主轴不改变方向来完成五面加工。但是，无论哪种形式的五面加工中心都存在结构复杂、造价高的缺点。这类加工中心由于加工方式转换时，受机械结构的限制，使可加工空间受到一定限制，故其加工范围比同规格的加工中心要小，而机床的占地面积却大。正是由于五面加工中心的制造技术复杂，成本高，所以它的使用和生产在数量上远不如其他类型的加工中心。目前已有立、卧两个主轴的加工中心，主轴或工作台可连续旋转的5坐标、6坐标或多坐标加工中心，工件一次装卡能完成除安装面外的全方位加工。5轴加工中心如图4-2所示。

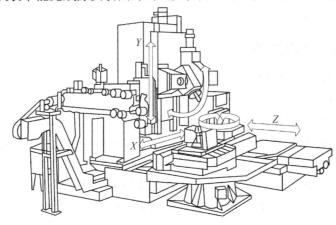

图4-2　5轴加工中心示意图

5）虚轴加工中心如图4-3所示。虚轴加工中心改变了以往传统机床的结构，通过连杆运动，实现主轴多自由度的运动，完成对工件复杂曲面的加工。

2. 按加工中心机床的功用分类

1）镗铣加工中心机床。主要用于镗削、铣削、钻孔、扩孔、铰孔及攻螺纹等工序，特别适合于加工箱体类及形面复杂、工序集中的零件，一般将此类机床简称为加工中心。

2）钻削加工中心机床。主要用于钻孔，也可进行小面积的端铣。

3）车削加工中心机床。除用于加工轴类零件外，还进行铣（如铣扁、铣六角等）、钻（如钻横向孔）等工序。

3. 按换刀形式分类

1）带刀库、机械手的加工中心。加工中心的换刀装置（Automatic Tool Changer 简称 ATC）是由刀库和机械手组成，换机械手完成换刀工作。这是加工中心采用最普遍的形式，JCS-018A 型立式加工中心就属此类。

2）无机械手的加工中心。这种加工中心的换刀是通过刀库和主轴箱的配合动作来完成。一般是采用把刀库放在主轴箱可以运动到的位置，或整个刀库或某一刀位能移动到主轴箱可以达到的位置。刀库中刀具的存放位置方向与主轴装刀方向一致。换刀时，主轴运动到刀位上的换刀位置，由主轴直接取走或放回刀具，多用于采用 40 号以下刀柄的小型加工中心，如 XH754 型卧式加工中心就是这样。

3）转塔刀库式加工中心。一般在小型立式加工中心上采用转塔刀库形式，主要以孔加工为主。如 ZH5120 型立式钻削加工中心就是转塔刀库式加工中心。

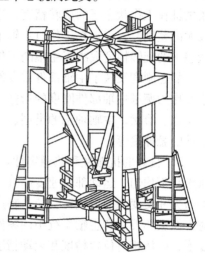

图 4-3　虚轴加工中心

按功能特殊分类有：单工作台、双工作台和多工作台加工中心；单轴、双轴、三轴及可换主轴箱的加工中心；立式转塔加工中心和卧式转塔加工中心；刀库加主轴换刀加工中心；刀库加机械手加主轴换刀加工中心；刀库加机械手加双主轴转塔加工中心等。

4.2　加工中心的传动系统

4.2.1　主传动系统

1. 对加工中心主轴系统的要求

加工中心主轴系统是加工中心成形运动的重要执行部件之一，它由主轴动力、主轴传动、主轴组件等部分组成。由于加工中心具有更高的加工效率，更宽的使用范围，更高的加工精度，因此，它的主轴系统必须满足如下要求：

1）具有更大的调速范围并实现无级变速。加工中心为了保证加工时能选用合理的切削用量，从而获得最高的生产率、加工精度和表面质量，同时还要适应各种工序和各种加工材料的加工要求，加工中心主轴系统必须具有更大的调速范围，目前加工中心主轴系统基本实现无级变速。

2）具有较高的精度与刚度，传动平稳，噪声低。加工中心加工精度与主轴系统精度密切相关。主轴部件的精度包括旋转精度和运动精度。旋转精度指装配后，在无载和低速转动条件下主轴前段工作部位的径向和轴向跳动值。主轴部件的旋转精度取决于部件中各个零件的几何精度、装配精度和调整精度。运动精度指主轴在工作状态下的旋转精度，这个精度通常和静止或低速状态的旋转精度有较大的差别，它表现在工作时主轴中心位置的不断变化，即主轴轴心漂移。运动状态下的旋转精度取决于主轴的工作速度、轴承性能和主轴部件的平衡。

静态刚度反映了主轴部件或零件抵抗静态外载的能力。加工中心多采用抗弯刚度作为衡量主轴部件刚度的指标。影响主轴部件弯曲刚度的因素很多，如主轴的尺寸、形状，主轴轴承的类型、数量、配置形式、预紧情况、支承跨距和主轴前端的悬伸量等。

3）良好的抗振性和热稳定性。加工中心在加工时，由于断续切削、加工余量大且不均匀、运动部件速度高且不平衡，以及切削过程中的自振等原因引起的冲击力和交变力的干扰，会使主轴产生振动，影响加工精度和表面粗糙度，严重时甚至破坏刀具和主轴系统中的零件。主轴系统的发热使其中所有零部件产生热变形，破坏相对位置精度和运动精度，造成加工误差。为此，主轴组件要由较高的固有频率，保持合适的配合间隙并进行循环润滑等。

4）具有刀具的自动夹紧功能。加工中心突出的特点是自动换刀功能。为保证加工过程的连续实施，加工中心主轴系统与其他主轴系统相比，必须具有刀具自动夹紧功能。

2. 主轴电动机与传动

（1）主轴电动机

加工中心上常用的主轴电动机为交流调速电动机和交流伺服电动机。

交流调速电动机通过改变电动机的供电频率可以调整电动机的转速。加工中心使用该类电动机时，大多数为专用电动机与调速装置配套使用，电动机的电参数（工作电流、过载电流、过载时间、起动时间、保护范围等）与调速装置一一对应。主轴驱动电动机的工作原理与普通交流电动机相同。为便于安装，其结构与普通的交流电动机不完全相同。交流调速电动机制造成本较低，但不能实现电动机轴在圆周任意方向的准确定位。

交流伺服主轴电动机是近几年发展起来的一种高效能的主轴驱动电动机，其工作原理与交流伺服进给电动机相同，但其工作转速比一般的交流伺服电动机要高。交流伺服电动机可以实现主轴在任意方向上的定位，并且以很大转矩实现微小位移。用于主轴驱动的交流伺服电动机的电功率通常在十几千瓦至几十千瓦之间，其成本比交流调速电动机高出数倍。

（2）主传动系统

低速主轴常采用齿轮变速机构或同步带构成主轴的传动系统，从而达到增强主轴的驱动力矩，适应主轴传动系统性能与结构的目的。

图 4-4 为 VP1050 加工中心的主轴传动结构。主轴转速范围为 10～4000r/

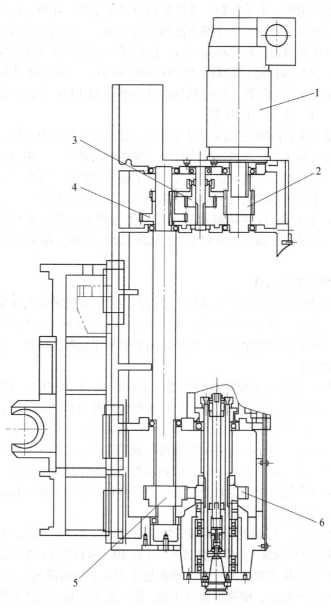

图 4-4　VP1050 加工中心的主轴传动机构
1—主轴驱动电动机　2、5—主轴齿轮　3—滑移齿轮　4、6—从动齿轮

min。当滑移齿轮 3 处于下位时，主轴在 10～1200r/min 间实现无级变速。当数控加工程序要求较高的主轴转速时，PLC 根据数控系统的指令，主轴电动机自动实现快速降速，在主轴转速低于 10r/min 时，滑移齿轮 3 开始向上滑移，当达到上位时，主轴电动机开始升速，使主轴转速达到程序要求的转速。反之亦然。

主轴变速箱由液压系统控制，变速箱的滑移齿轮的位置由液压缸驱动，通过改变三位四通换向阀的位置改变液压缸的运动方向。三位四通换向阀具备中位锁定机能。当变速箱滑移齿轮移动完成后，由行程开关发出变速动作完成信号，数控系统 PLC 发出控制信号，切断相应的电磁铁电源，三位四通换向阀恢复为中间状态，锁定变速齿轮位置，同时机床操作面板上以 LED 指示灯显示机床主轴处于"高速"或"低速"的状态。

高速主轴要求在极短时间内实现升降速，在指定位置快速准停，这就要求主轴具有很高的角加速度。通过齿轮或传动带这些中间环节，常常会引起较大振动和较大噪声，而且增加了转动惯量。为此将主轴电动机与主轴合二为一，制成电主轴，实现无中间环节的直接传动，是主轴高速单元的理想结构。目前高速主轴已商品化，如瑞士 IBAG 主轴制造厂生产的主轴单元，其转速可达到 12000～80000r/min；美国 Precise 公司研制的 SC40/120 主轴，最高主轴转速达到 120000r/min。

3. 加工中心主轴组件

主轴组件是加工中心的关键部件，它包括主轴、主轴轴承及安装在主轴上的传动件、密封件等。对于加工中心，为了实现刀具在主轴上的自动装卸与夹持，还必须具有刀具的自动夹紧装置、主轴定向装置和主轴锥孔清理装置等结构。

（1）主轴部件

图 4-5 为 JCS-018A 主轴箱结构简图。如图所示，1 为主轴，主轴的前支承 4 配置了三个高精度的角接触球轴承，用以承受径向载荷和轴向载荷，前两个轴承大口朝下，后面一个轴承大口朝上。前支承按预加载荷计算的预紧量由螺母 5 来调整。后支承 6 为一对小口相对配置的角接触球轴承，它们只承受径向载荷，因此轴承外圈不需要定位。该主轴选择的轴承类型和配置形式，满足主轴高转速和承受较大轴向载荷的要求。主轴受热变形向后伸长，不影响加工精度。

（2）刀具的自动夹紧机构

如图 4-5 所示，主轴内部和后端安装的是刀具自动夹紧机构，它主要由拉杆 7、拉杆端部的四个钢球 3、碟形弹簧 8、活塞 10、液压缸 11 等组成。机床执行换刀指令，机械手从主轴拔刀时，主轴需松开刀具。这时液压缸上腔通压力油，活塞推动拉杆向下移动，使碟形弹簧压缩，钢球进入主轴锥孔上端的槽内，刀柄尾部的拉钉（拉紧刀具用）2 被松开，机械手拔刀。之后，压缩空气进入活塞和拉杆的中孔，吹净主轴锥孔，为装入新刀具做好准备。当机械手将下一把刀具插入主轴后，液压缸上腔无油压，在碟形弹簧和弹簧9的恢复力作用下，使拉杆、钢球和活塞退回到图示的位置，即碟形弹簧通过拉杆和钢球拉紧刀柄尾部的拉钉，使刀具被夹紧。

（3）切屑清除装置

自动清除主轴孔内的灰尘和切屑是换刀过程的一个不容忽视的问题。如果主轴锥孔中落入了切屑、灰尘或其他污物，在拉紧刀杆时，锥孔表面和刀杆锥柄会被划伤，甚至会使刀杆发生偏斜，破坏刀杆的正确定位，影响零件的加工精度，甚至会使零件超差报废。为了保持主轴锥孔的清洁，常采用的方法是使用压缩空气吹屑。图4-5所示活塞10的心部钻有压缩空气通道，当活塞向右移动时，压缩空气经过活塞由孔内的空气嘴喷出，将锥孔清理干净。为了提高吹屑效率，喷气小孔要有合理的喷射角度，并均匀布置。

（4）主轴准停装置

机床的切削转矩由主轴上的端面键来传递，每次机械手自动装取刀具时，必须保证刀柄上的键槽对准主轴的端面键，这就要求主轴具有准确定位的功能。为满足主轴这一功能而设计的装置称为主轴准停装置或称为主轴定向装置。主轴准停的另一原因是便于在镗完内孔后能正确的退刀。

目前主轴准停装置很多，主要分为机械方式和电气方式两种。

机械准停方式中较典型的V形槽定位盘准停机构如图4-6所示。其工作过程是，带有V形槽的定位盘与主轴连接，当要执行主轴准停指令时，

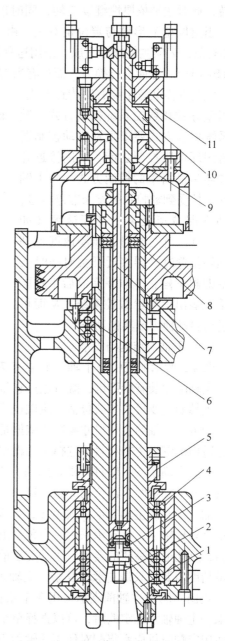

图4-5 JCS-018A 主轴箱结构简图
1—主轴 2—拉钉 3—钢球 4、6—角接触球轴承 5—预紧螺母 7—拉杆 8—碟形弹簧 9—圆柱螺旋弹簧 10—活塞 11—液压缸

75

首先主轴降速至已设定的低速，当无触点开关有效信号被检测到后，主轴电动机停转，此时主轴依惯性继续空转，同时准停液压缸定位销伸出并压向接触定位盘。当定位盘 V 形槽与定位销对正，由于液压缸的压力，定位销插入 V 形槽，LS2 有效，表明主轴准停完成。采用这种准停方式，必须有一定的逻辑互锁，即当 LS2 有效，才能进行换刀，而只有当 LS1 有效，主轴电动机才能起动运转。

电气准停装置主要有磁传感器式、编码型方式和数控系统控制方式。数控系统控制方式要求主轴驱动控制器具有闭环伺服控制功能，采用接近开关准停是最简单的控制方式。当主轴转动中接受到数控系统发来准停信号，主轴立即减速至某一准停速度（如 10r/min），当主轴到达准停速度且到达准停位置时（即接近开关对准时），主轴即刹车停止。准停完成后主轴驱动系统输出信号给数控系统，从而可以进行自动换刀或其他动作。

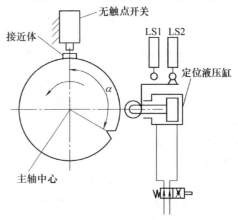

图 4-6　机械准停原理示意图

（5）主轴的结构与支承

图 4-5 所示加工中心主轴，前端有 7:24 的锥孔，用于装夹 BT40 刀柄或刀杆。主轴端面装有端面键，既可通过它传递刀具的扭矩，又可用于刀具的周向定位。主轴的主要尺寸参数包括：主轴的直径、内孔直径、悬伸长度和支承跨距。评价和考虑主轴的主要尺寸参数的依据是主轴的刚度、结构工艺性和主轴组件的工艺适用范围。主轴材料的选择主要根据刚度、载荷特点、耐磨性和热处理变形大小等因素确定，主轴材料常采用的有 38CrMoAlA、9Mn2V、GCr15 等。主轴锥孔及与支承轴承配合部位均应经渗氮和感应加热淬火。

加工中心的主轴支承形式很多，如 VP1050 主轴（见图 4-4）前支承采用四个角接触球轴承，后支承采用一个角接触球轴承，这种支承结构主轴的承载能力较高，且能适应高速的要求。主轴支承前端定位，主轴受热向后伸长，能较好地满足精度需要，只是支承较复杂，主轴轴承调整困难。又如 JCS-018A 型加工中心（见图 4-5），主轴前支承采用 3 个角接触球轴承，后支承采用 2 个角接触球轴承。主轴轴承在定购时，可以选择单个使用定购和配对使用定购两种方式。配对使用定购时供应商将配对使用的轴承内、外环配磨，使之在主轴上安装预紧后具有规定的轴向过盈量。配对使用轴承在主轴圆周方向的最佳安装位置，供应商也应一并标出，以满足主轴安装后的工作性能要求。主轴轴承采用特殊润滑油脂润滑，油脂封在主轴套内，用户一般不许更换。

（6）自动夹紧刀具结构

加工中心主轴系统应具备自动松开和夹紧刀具功能。图 4-5 中为一种常见的刀具自动夹紧机构，由拉杆 7 和头部的四个钢球 3、碟形弹簧 8、活塞 10 和螺旋弹簧 9 组成。夹紧时，活塞 10 的上端无油压，弹簧 9 使活塞 10 上移到图示位置。碟形弹簧 8 使拉杆 7 上移至图示位置，钢球进入刀杆尾部拉钉 2 的环形槽内，将刀杆拉紧。当需松开刀柄时，液压缸的上腔进油，活塞 10 向下移动压缩螺旋弹簧 9，并推拉杆 7 向下移动。与此同时，碟形弹簧 8 被压缩。钢球随拉杆一起向下移动。移至主轴孔径较大处时，便松开了刀杆，刀具连同刀杆一起被机械手拔出。

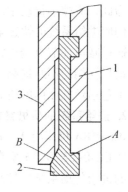

图 4-7　改进后的
刀柄拉紧机构
1—拉杆　2—卡爪　3—套
A—接合面　B—锥面

刀杆尾部的拉紧机构，除上述的钢球拉紧机构外，常见的还有卡爪式。钢球拉紧刀柄时，接触应力太大，易将主轴孔和刀柄压出坑痕，而卡爪式则相对较好，如图 4-7 所示。

4.2.2　直线进给传动系统

1. 对进给传动系统的要求

进给运动是机床成形运动的一个重要部分，其传动质量直接关系到机床的加工性能。加工中心机床对进给系统的要求如下：

（1）高的传动精度与定位精度

加工中心进给系统的传动精度和定位精度，是机床最重要的性能指标。普通精度级的定位精度目前已从 0.012mm/300mm 提高到 0.005 ~ 0.008mm/300mm，精密级的定位精度已从 0.005mm/全行程提高到 0.0015 ~ 0.003mm/全行程，重复定位精度也提高到 0.001mm。传动精度直接影响机床加工轮廓面的精度，定位精度直接关系到加工的尺寸精度。影响传动精度与定位精度的因素很多，具体实施中经常通过提高进给系统机械机构的传动刚度，提高传动件精度，消除传动间隙来实现。

（2）宽的进给调速范围

为保证加工中心在不同工况下对进给速度的选择，进给系统应该有较大的调速范围。普通加工中心进给速度一般为 3 ~ 10000mm/min；低速定位要求速度能保证在 0.1mm/min 左右；快速移动，速度则高达 40m/min。

宽的调速范围，是加工中心实现高效精加工的基本条件，也是进给伺服系统设计上的难题。

（3）快的响应速度

所谓快速响应，是指进给系统对指令信号的变化跟踪要快，并能迅速趋于稳定。为此，应减小传动中的间隙和摩擦，减小系统转动惯量，增大传动刚度，以提高伺服进给系统的快速响应能力。目前，加工中心已较普遍地采用了伺服电动机不通过减速环节直接连接丝杠带动运动部件实现运动的方案。随着直线伺服驱动电动机性能的不断提高，由电动机直接带动工作台运动已成为可能。直接驱动取消了包括丝杠在内的所有传动元件，实现了加工中心的"零传动"。

2. 进给系统的机械结构及典型元件

JCS-018A 机床沿 X、Y、Z 三个坐标轴的进给运动分别由三台功率为 1.4kW 的 FANUC-BESK DC15 型直流伺服电动机直接带动滚珠丝杠旋转实现。为了保证各轴的进给传动系统有较高的传动精度，电动机轴和滚珠丝杠之间均采用锥环无键联接和高精度十字联轴器。以 Z 轴进给装置为例，分析电动机与滚珠丝杠之间的连接结构。图 4-8 为 Z 轴进给装置中电动机与丝杠连接的局部视图。如图所示，1 为直流伺服电动机，2 为电动机轴，7 为滚珠丝杠。电动机轴与轴套 3 之间采用锥环无键联接结构，4 为相互配合的锥环。该连接结构可以实现无间隙传动，使两连接

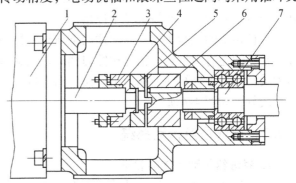

图 4-8　电动机轴与滚珠丝杠的连接结构
1—直流伺服电动机　2—电动机轴　3、6—轴套
4—锥环　5—联轴器　7—滚珠丝杠

件的同心性好，传递动力平稳，而且加工工艺性好，安装与维修方便。高精度十字联轴器由三件组成，其中与电动机轴连接的轴套 3 的端面有与中心对称的凸键，与丝杠连接的轴套 6 上开有与中心对称的端键槽，中间一件联轴器 5 的两端上分别有与中心对称且互相垂直的凸键和键槽，它们分别与件 3 和件 6 相配合，用来传递运动和转矩。为了保证十字联轴器的传动精度，在装配时凸键与凹键的径向配合面要经过配研，以便消除反向间隙和传递动力平稳。

该立式加工中心 X、Y 轴的快速移动速度为 14m/min，Z 轴快移速度为 10m/min。由于主轴箱垂直运动，为防止滚珠丝杠因不能自锁而使主轴箱下滑，Z 轴电动机带有制动器。

由于机床基础件刚度高，且采用贴塑导轨，因此，机床在高速移动时振动小，低速移动时无爬行，并有高的精度稳定性。

X、Y 两方向滚珠丝杠均采用一端固定一端浮动的连接方式。

4.2.3 回转工作台

加工中心常用的回转工作台有分度工作台和数控回转工作台。分度工作台通常又有插销式和鼠齿盘式两种。分度工作台的功用只是将工件转位换面，和自动换刀装置配合使用，工件一次安装能实现几面加工。而数控回转工作台除了分度和转位的功能之外，还能实现圆周进给运动。

1. 分度工作台

分度工作台的分度、转位和定位工作是按照控制系统的指令自动地进行。分度工作台只能完成分度运动，而不能实现圆周进给运动。由于结构上的原因，通常分度工作台的分度运动只限于完成规定的角度（如45°、60°或90°等），即在需要分度时，按照数控系统的指令，将工作台及其工件回转规定的角度，以改变工件相对于主轴的位置，完成工件各个表面的加工。为满足分度精度的要求，需要使用专门的定位元件。常用的定位方式有定位销式、鼠齿盘定位和钢球定位几种。

（1）定位销式分度工作台

图 4-9 所示为卧式镗铣床加工中心的定位销式分度工作台。这种工作台的定位分度主要靠定位销、定位孔来实现。分度工作台 1 嵌在长方形工作台 10 之中。在不单独使用分度工作台时，两个工作台可以作为一个整体使用。

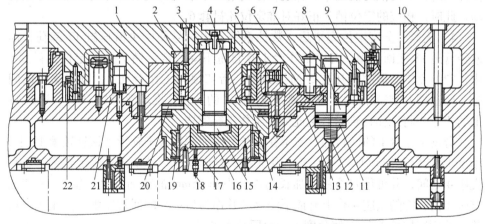

图 4-9 定位销式分度工作台的结构

1—分度工作台 2—锥套 3—螺钉 4—支座 5—消隙液压缸 6—定位孔衬套
7—定位销 8—锁紧液压缸 9—大齿轮 10—长方形工作台 11—活塞
12—弹簧 13—油槽 14、19、20—轴承 15—螺栓 16—活塞
17—中央液压缸 18—油管 21—底座 22—挡块

回转分度时，工作台须经过松开、回转、分度定位、夹紧四个过程。在分度工作台 1 的底部均匀分布着八个圆柱定位销 7，在底座 21 上有一个定位孔衬套 6

及供定位销移动的环形槽。其中只有一个定位销 7 进入定位孔衬套 6 中，其他 7 个定位销则都在环形槽中。因为定位销之间的分布角度为 45°，因此工作台只能作 2、4、8 等分的分度运动。

1）松开。分度时机床的数控系统发出指令，由电器控制的液压缸使六个均布的锁紧液压缸 8 中的压力油，经环形油槽 13 流回油箱，活塞 11 被弹簧 12 顶起，工作台 1 处于松开状态。同时消隙液压缸 5 卸荷，液压缸中的压力油经回油路流回油箱。油管 18 中的压力油进如中央液压缸 17，使活塞 16 上升，并通过螺栓 15、支座 4 把推力轴承 20 向上抬起 15mm，顶在底座 21 上。分度工作台 1 用四个螺钉与锥套 2 相连，而锥套 2 用六角头螺钉 3 固定在支座 4 上，所以当支座 4 上移时，通过锥套 2 使工作台 1 抬高 15mm，固定在工作台面上的定位销 7 从定位孔衬套 6 中拔出，做好回转准备。

2）回转。当工作台抬起之后发出信号，使液压马达驱动减速齿轮（图中未示出），带动固定在工作台 1 下面的大齿轮 9 转动，进行分度运动。

3）定位。分度工作台的回转速度由液压马达和液压系统中的单向节流阀来调节，分度初作快速转动，在将要到达规定位置前减速，减速信号由固定在大齿轮 9 上的挡块 22（共八个周向均布）碰撞限位开关发出。当挡块碰到第一个限位开关时，发出信号使工作台降速，碰到第二个限位开关时，分度工作台停止转动。此时，相应的定位销 7 正好对准定位孔衬套 6。

4）夹紧。分度定位完毕后，数控系统发出信号使中央液压缸 17 卸荷，油液经管道 18 流回油箱，分度工作台 1 靠自重下降，定位销 7 插入定位孔衬套 6 中。定位完毕后消隙液压缸 5 通压力油，活塞顶向工作台面 1，以消除径向间隙。经油槽 13 来的压力油进入锁紧液压缸 8 的上腔，推动活塞 11 下降，通过 11 上的 T 形头将工作台锁紧。至此分度工作进行完毕。

分度工作台 1 的回转部分支承在加长型双列圆柱滚子轴承和滚针轴承 19 上，轴承 14 的内孔带有 1:12 的锥度，用来调整径向间隙。轴承内环固定在锥套 2 和支座 4 之间，并可带着滚柱在加长的外环内作 15mm 的轴向移动。轴承 19 装在支座 4 内，能随支座 4 作上升或下降移动并作为另一端的回转支承。支座 4 内还装有端面滚柱轴承 20，使分度工作台回转很平稳。

定位销式分度工作台的定位精度取决于定位销和定位孔的精度，最高可达 ±5″。定位销和定位孔衬套的制造和装配精度要求都很高，硬度的要求也很高，而且耐磨性要好。

（2）鼠牙盘式分度工作台

鼠牙盘式分度工作台主要由工作台面、底座、夹紧液压缸、分度液压缸及鼠牙盘等零件组成，如图 4-10 所示。

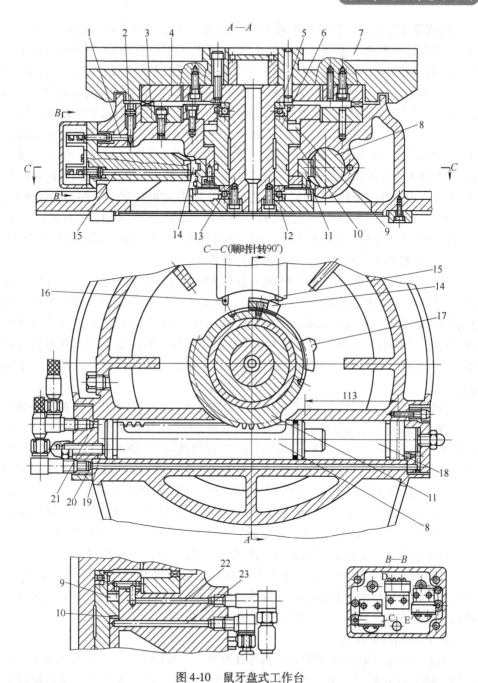

图 4-10 鼠牙盘式工作台

1、2、15、16—推杆 3—下鼠牙盘 4—上鼠牙盘 5、13—推力轴承 6—活塞 7—工作台
8—齿条活塞 9—夹紧液压缸上腔 10—夹紧液压缸下腔 11—齿轮 12—内齿圈
14、17—挡块 18—分度液压缸右腔 19—分度液压缸左腔 20、21—分度
液压缸进回油管道 22、23—升降液压缸进回油管道

　　机床需要分度时，数控系统就发出分度指令（也可用手压按钮进行手动分度），由电磁铁控制液压阀（图中未示出），使压力油经管道 23 至分度工作台 7 中央的夹紧液压缸下腔 10，推动活塞 6 上移（液压缸上腔 9 的回油经管道 22 排出），经推力轴承 5 使工作台 7 抬起，上鼠牙盘 4 和下鼠牙盘 3 脱离啮合。工作台上移的同时带动内齿圈 12 上移并与齿轮 11 啮合，完成了分度前的准备工作。

　　当工作台 7 向上抬起时，推杆 2 在弹簧作用下向上移动，使推杆 1 在弹簧的作用下右移，松开微动开关 D 的触头，控制电磁阀（图中未示出）使压力油经管道 21 进入分度液压缸的左腔 19 内，推动齿条活塞 8 右移（右腔 18 的油经管道 20 及节流阀流回油箱），与它相啮合的齿轮 11 作逆时针转动。根据设计要求，当齿条活塞 8 移动 113mm 时，齿轮 11 回转 90°，因此时内齿圈 12 已与齿轮 11 相啮合，故分度工作台 7 也回转 90°。分度运动的速度快慢可通过进回油管道 20 中的节流阀控制齿条活塞 8 的运动速度进行调整。

　　齿轮 11 开始回转时，挡块 14 放开推杆 15，使微动开关 C 复位。当齿轮 11 转过 90° 时，它上面的挡块 17 压推杆 16，使微动开关 E 被压下，控制电磁铁使夹紧液压缸上腔 9 通入压力油，活塞 6 下移（下腔 10 的油经管道 23 及节流阀流回油箱），工作台 7 下降。鼠牙盘 4 和 3 又重新啮合，并定位夹紧，这时分度运动已进行完毕。管道 23 中有节流阀用来限制工作台 7 的下降速度，避免产生冲击。

　　当分度工作台下降时，推杆 2 被压下，推杆 1 左移，微动开关 D 的触头被压下，通过电磁铁控制液压阀，使压力油从管道 20 进入分度液压缸的右腔 18，推动齿条活塞 8 左移（左腔 19 的油经管道 21 流回油箱），使齿轮 11 顺时针回转。它上面的挡块 17 离开推杆 16，微动开关正的触头被放松。因工作台面下降夹紧后齿轮 11 下部的轮齿已与内齿圈 12 脱开，故分度工作台面不转动。当活塞齿条 8 向左移动 113mm 时，齿轮 11 就顺时针转 90°，齿轮 11 上的挡块 14 压下推杆 15，微动开关 C 的触头又被压紧，齿轮 11 停在原始位置，为下次分度做好准备。

　　鼠牙盘式分度工作台的优点是分度和定心精度高，分度精度可达 ±0.5″~±3″。由于采用多齿重复定位，从而可使重复定位精度稳定，而且定位刚性好，只要分度数能除尽鼠牙盘的齿数，都能分度，适用于多工位分度。缺点是鼠牙盘的制造比较困难，此外，它不能进行任意角度的分度。

　　2. 数控回转工作台

　　加工中心是高效率加工设备，当零件安装于工作台上后，为了完成更多工艺内容，除了要求 X、Y、Z 三个坐标轴的直线运动外，还要求工作台具备圆周进给运动。圆周进给运动一般由数控回转工作台来实现，它除了可以完成圆周进给运动外，还可以完成分度运动。数控转台能实现进给运动，所以在结构上和数控机床的进给驱动机构有许多共同之处，同样可分为开环和闭环两种。

图4-11 给出了 JCS-018 型自动换刀数控卧式镗铣床的数控回转工作台。该数控回转台由传动系统、间隙消除装置及蜗轮夹紧装置等组成。

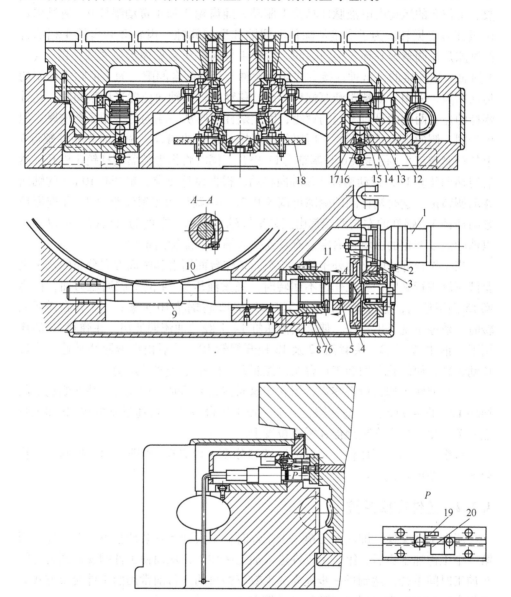

图 4-11 数控回转工作台

1—电液脉冲马达 2、4—齿轮 3—偏心环 5—楔形拉紧销 6—压块 7—螺母

8—锁紧螺钉 9—蜗杆 10—蜗轮 11—调整套 12、13—夹紧瓦

14—夹紧液压缸 15—活塞 16—弹簧 17—钢球

18—光栅 19—撞块 20—感应块

当数控工作台接到数控系统的指令后，首先把蜗轮 10 松开，然后启动电液脉冲马达 1，按指令脉冲来确定工作台的回转方向、回转速度及回转角度等参数。工作台的运动由电液脉冲马达 1 驱动，经齿轮 2 和 4 带动蜗杆 9，通过蜗轮 10 使工作台回转。为了尽量消除传动间隙和反向间隙，齿轮 2 和齿轮 4 相啮合的侧隙是靠调整偏心环 3 来消除的。齿轮 4 与蜗杆 9 是靠楔形拉紧圆柱销 5（A-A 剖面）来连接的，这种连接方式能消除轴与套的配合间隙。为了消除蜗杆副的传动间隙，采用了双螺距渐厚蜗杆，通过移动蜗杆的轴向位置来调整间隙。这种蜗杆的左右两侧面具有不同的螺距，因此蜗杆齿厚从一端向另一端逐渐增厚。但由于同一侧的螺距是相同的，所以仍然保持着正常的啮合。调整时先松开螺母 7 上的锁紧螺钉 8，使压块 6 与调整套 11 松开，同时将楔形拉紧圆柱销 5 松开。然后转动调整套 11，带动蜗杆 9 作轴向移动。根据设计要求，蜗杆有 10mm 的轴向移动调整量，这时蜗杆副的侧隙可调整 0.2mm。调整后锁紧调整套 11 和楔形拉紧圆柱销 5。蜗杆的左右两端都由双列滚针轴承支承。左端为自由端，可以伸长以消除温度变化的影响，右端装有双列推力轴承，能轴向定位。

当工作台静止时必须处于锁紧状态，工作台面用沿其圆周方向分布的八个夹紧液压缸进行夹紧；当工作台不回转时，夹紧液压缸 14 的上腔通压力油，使活塞 15 向下运动，通过钢球 17、夹紧瓦 13 及 12 将蜗轮 10 夹紧；当工作台需要回转时，数控系统发出指令，使夹紧液压缸 14 上腔的油流回油箱，在弹簧 16 的作用下，钢球 17 抬起，夹紧瓦 12 及 13 松开蜗轮 10，然后由电液脉冲马达 1 通过传动装置，使蜗轮和回转工作台按照控制系统的指令作回转运动。

数控回转工作台设有零点，当它作返回零点运动时，首先由安装在蜗轮上的撞块 19（图 4-11P 向）碰撞限位开关，使工作台减速，再通过感应块 20 和无触点开关，使工作台准确地停在零点位置上。

该数控工作台可作任意角度的回转和分度，由光栅 18 进行读数控制，工作台的分度精度可达 ±10″。

4.2.4　工件交换系统

所谓工件交换，即在加工第一个工件时，工人开始安装调整第二个工件，当第一个工件加工完后，第二个工件进入加工区加工，从而使工件的安装调整时间与加工时间重合，达到进一步提高加工效率的目的。目前常用的工件交换方式为工作台直接交换和采用自动随行夹具等方式。

图 4-12 为 H400 加工中心工作台交换系统。整个交换过程可分为工作台抬起、交换、夹紧三个过程。一个零件加工完成后，根据控制系统指令，升降缸下腔通气，活塞带动工作台托叉向上移动，同时插销拔出。当托叉上位感应开关产生信号，表明托叉升起到位。然后，起动转位电动机，通过同步带、蜗轮蜗杆副

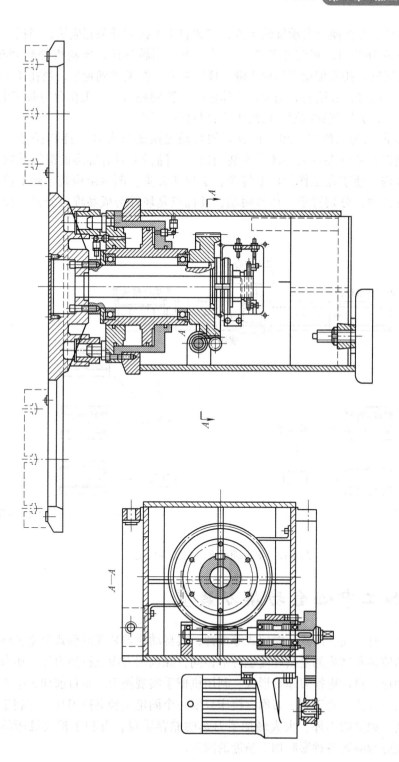

图4-12 H400教学型加工中心工作台交换系统

带动托叉回转。在交换台支承轴的下方，安装着4个接近开关感应块，当托叉带动工作台回转180°时，感应开关产生信号，表明回转到位，电动机停转刹车。升降缸下缸回气，托叉带动工作台下降，插销插入，托叉准确定位，当托叉下位感应开关产生信号，表明托叉到位，工作台已放置到鞍座上。工作台与鞍座由4个定位锥定位，通过气缸拉紧拉钉使工作台与鞍座固连。

图4-13所示为工件装、卸工位分开的自动更换随行夹具（亦称托盘）的方案。可预先在随行夹具上将坯件安装调试好，随行夹具有标准的滑行导轨和定位夹紧机构，便于在工作台面上传送、定位和夹紧。图示结构装、卸工位和工作台串行排列，分别置于工作台两端，其优点是坯件与成品堆栈分开，便于管理。

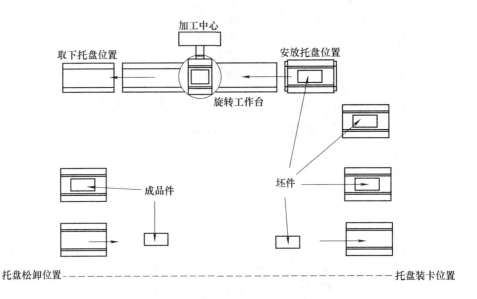

图4-13　更换随行夹具的交换系统

4.3　加工中心自动换刀装置

加工中心有立式、卧式、龙门式等多种，其自动换刀装置的形式更是多种多样，换刀的原理及结构的复杂程度也各不相同，除利用刀库进行换刀外，还有自动更换主轴箱、自动更换刀库等形式。利用机械手实现换刀，是目前加工中心大量使用的换刀方式。由于有了刀库，机床只要一个固定主轴夹持刀具，有利于提高主轴刚度。独立的刀库，大大增加了刀具的储存数量，有利于扩大机床的功能，并能较好地隔离各种影响加工精度的因素。

4.3.1 加工中心刀库形式

刀库形式及刀库相对加工中心主轴位置的不同决定了换刀方式的不同。加工
中心刀库形式很多，结构也各不相同，最常用的有鼓盘式刀库、链式刀库和格子盒式刀库。

1. 鼓盘式刀库

鼓盘式刀库结构紧凑、简单，在钻削中心上应用较多，一般存放刀具不超过 32 把。图 4-14 为刀具轴线与鼓盘轴线平行布置的刀库，其中图 a 为径向取刀形式，图 b 为轴向取刀形式。

图 4-15a 为刀具径向安装在刀库上的结构，图 4-15b 为刀具轴线与鼓盘轴线成一定角度布置的结构。

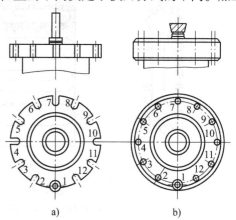

图 4-14　鼓盘式刀库（一）
a）径向取刀　b）轴向取刀

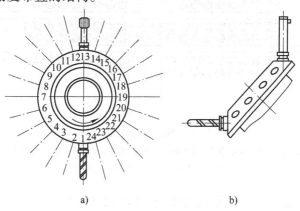

图 4-15　鼓盘式刀库（二）
a）刀具径向安装在刀库上　b）刀具轴线与鼓盘轴线成一定角度

2. 链式刀库

在环形链条上装有许多刀座，刀座的孔中装夹各种刀具，链条由链轮驱动。链式刀库适用于刀库容量较大的场合，且多为轴向取刀。链式刀库有单环链式和多环链式等几种，如图 4-16a、b 所示。当链条较长时，可以增加支承链轮的数目，使链条折叠回绕，提高空间利用率，如图 4-16c 所示。

3. 格子盒式刀库

图 4-17 所示为固定型格子盒式刀库。刀具分几排直线排列，由纵、横向移

动的取刀机械手完成选刀动作，将选取的刀具送到固定的换刀位置刀座上，由换刀机械手交换刀具。由于刀具排列密集，因此空间利用率高，刀库容量大。

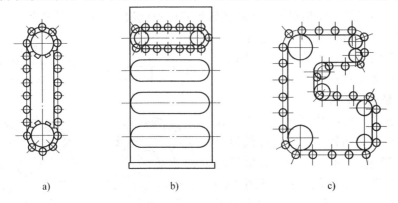

a)   b)   c)

图 4-16   几种链式刀库

a）单环链式   b）多环链式   c）链条折叠式

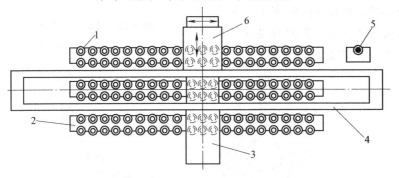

图 4-17   固定型格子盒式刀库

1—刀座   2—刀具固定板架   3—取刀机械手横向导轨   4—取刀机械手纵向导轨
5—换刀位置刀座   6—换刀机械手

除上面介绍的三种刀库形式之外，还有直线式刀库、多盘式刀库等。

4.3.2   加工中心刀库结构

图 4-18 是 JCS-018A 型加工中心的盘式刀库的结构简图。当数控系统发出换刀指令后，直流伺服电动机 1 接通，其运动经过十字联轴器 2、蜗杆 4、蜗轮 3 传到刀盘 14，刀盘带动其上面的 16 个刀套 13 转动，完成选刀工作。每个刀套尾部有一个滚子 11，当待换刀具转到换刀位置时，滚子 11 进入拨叉 7 的槽内。同时气缸 5 的下腔通压缩空气，活塞杆 6 带动拨叉 7 上升，放开位置开关 9，用以断开相关的电路，防止刀库、主轴等有误动作。拨叉 7 在上升的过程中，带动刀套绕着销轴 12 逆时针向下翻转 90°，从而使刀具轴线与主轴轴线平行。

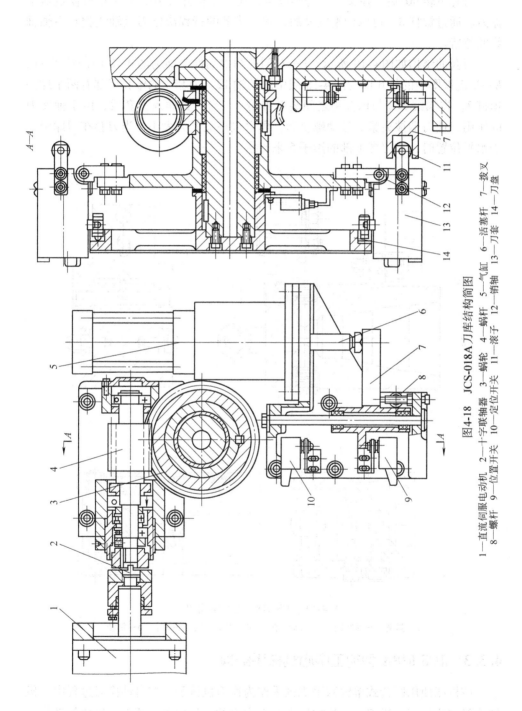

A—A

图4-18 JCS-018A刀库结构简图

1—直流伺服电动机 2—十字联轴器 3—蜗杆 4—蜗轮 5—蜗杆 6—活塞杆 7—拨叉
8—螺杆 9—位置开关 10—定位开关 11—滚子 12—销轴 13—刀套 14—刀盘

刀套下转90°后，拨叉7上升到终点，压住定位开关10，发出信号使机械手抓刀。通过螺杆8，可以调整拨叉的行程。拨叉的行程决定刀具轴线相对主轴轴线的位置。

刀套的结构如图4-19所示，*F—F*剖视图中的件7即为图4-18中的滚子11，*E—E*剖视图中的件6即为图4-18图中的销轴12。刀套4的锥孔尾部有两个球头销钉3。在螺纹套2与球头销之间装有弹簧1，当刀具插入刀套后，由于弹簧力的作用，使刀柄被夹紧。拧动螺纹套，可以调整夹紧力大小，当刀套在刀库中处于水平位置时，靠刀套上部的滚子5来支承。

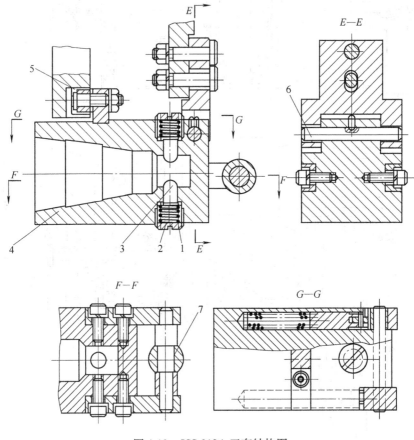

图4-19　JCS-018A 刀套结构图

1—弹簧　2—螺纹套　3—球头销钉　4—刀套　5、7—滚子　6—销轴

4.3.3　JCS-018A 型加工中心机械手结构

该机床使用回转式单臂双手机械手作为换刀机械手。在自动换刀过程中，机械手要完成抓刀、拔刀、交换主轴上和刀库上的刀具位置、插刀、复位等动作。

1. 机械手的结构及动作过程

图 4-20 为 JCS-018A 型加工中心机械手传动结构示意图。当前面所述刀库中的刀套逆时针旋转 90°后，压下上行程位置开关，发出机械手抓刀信号。此时，机械手 21 正处在如图所示的上面位置，液压缸 18 右腔通压力油，活塞杆推着齿条 17 向左移动，使得齿轮 11 转动。如图 4-21 所示，8 为液压缸 15 的活塞杆，齿轮 1、齿条 7 和轴 2 即为图 4-20 中的齿轮 11、齿条 17 和轴 16。连接盘 3 与齿轮 1 用螺钉连接，它们空套在机械手臂轴 2 上，传动盘 5 与机械手臂轴 2 用花键联接，它上端的销子 4 插入连接盘 3 的销孔中，因此齿轮转动时带动机械手臂轴转动，使机械手回转 75°抓刀。抓刀动作结束时，齿条 17 上的挡环 12 压下位置开关 14，发出拔刀信号，于是液压缸 15 的上腔通压力油，活塞杆推动机械手臂轴 16 下降拔刀。在轴 16 下降时，传动盘 10 随之下降，其下端的销子 8（图 4-21 中的销子 6）插入连接盘 5 的销孔中，连接盘 5 和其下面的齿轮 4 也是用螺钉连接的，它们空套在轴 16 上。当拔刀动作完

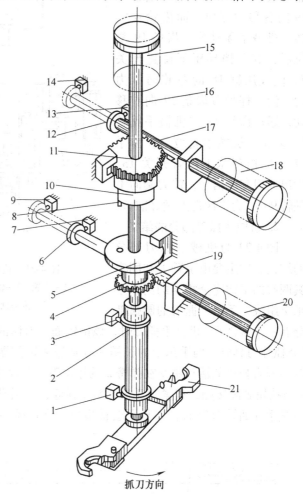

图 4-20　JCS-018A 机械手传动结构示意图

1、3、7、9、13、14—位置开关　2、6、12—挡环　4、11—齿轮
5—连接盘　8—销子　10—传动盘　15、18、20—液压缸
16—轴　17、19—齿条　21—机械手

成后，轴 16 上的挡环 2 压下位置开关 1，发出换刀信号。这时液压缸 20 的右腔通压力油，活塞杆推着齿条 19 向左移动，使齿轮 4 和连接盘 5 转动，通过销子 8，由传动盘带动机械手转 180°，交换主轴上和刀库上的刀具位置。换刀动作完成后，齿条 19 上的挡环 6 压下位置开关 9，发出插刀信号，使液压缸 15 下腔通

压力油，活塞杆带着机械手臂轴上升插刀，同时传动盘下面的销子 8 从连接盘 5 的销孔中移出。插刀动作完成后，16 上的挡环压下位置开关 3，使液压缸 20 的左腔通压力油，活塞杆带着齿条 19 向右移动复位，而齿轮 4 空转，机械手无动作。齿条 19 复位后，其上挡环压下位置开关 7，使液压缸 18 的左腔通压力油，活塞杆带着齿条 17 向右移动，通过齿轮 11 使机械手反转 75°复位。机械手复位后，齿条 17 上的挡环压下位置开关 13，发出换刀完成信号，使刀套向上翻转 90°，为下次选刀做好准备。

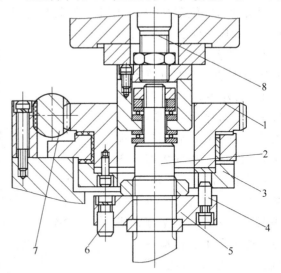

图 4-21 机械手传动结构局部视图
1—齿轮 2—轴 3—连接盘 4、6—销子
5—传动盘 7—齿条 8—活塞杆

2. 机械手抓刀部分的结构

图 4-22 为机械手抓刀部分的结构，它主要由手臂 1 和固定其两端的结构完全相同的两个手爪 7 组成。手爪上握刀的圆弧部分有一个锥销 6，机械手抓刀时，该锥销插入刀柄的键槽中。当机械手由原位转 75°抓住刀具时，两手爪上的长销 8 分别被主轴前端面和刀库上的挡块压下，使轴向开有长槽的活动销 5 在弹簧 2 的作用下右移顶住刀具。机械手拔刀时，长销 8 与挡块脱离接触，锁紧销 3 被弹簧 4 弹起，使活动销顶住刀具不能后退，这样机械手在回转 180°时，刀具不会被甩出。当机械手上升插刀时，两长销 8 又分

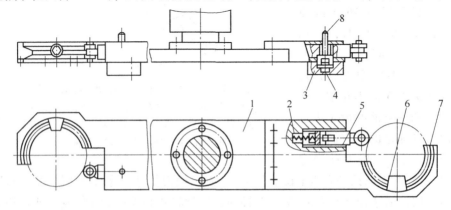

图 4-22 机械手臂和手爪
1—手臂 2、4—弹簧 3—锁紧销 5—活动销 6—锥销 7—手爪 8—长销

别被两挡块压下，锁紧销从活动销的孔中退出，松开刀具，机械手便可反转 75°
复位。

4.3.4 其他类型机械手

在自动换刀数控机床中，换刀机械手的形式是多种多样的，常见的有以下几
种。

1. 两手呈 180°的回转式单臂双手机械手

（1）两手不伸缩的回转式单臂双手机械手

如图 4-23 所示，这种机械手适用于刀库中刀座轴线与主轴轴线平行的自动
换刀装置，机械手回转时不得与换刀位置刀座相邻的刀具干涉。手臂的回转由蜗
杆凸轮机构传动，快速可靠，换刀时间在 2s 以内。

（2）两手伸缩的回转式单臂双手机械手

如图 4-24 所示，这种机械手也适用于刀库中刀座轴线与主轴轴线平行的自
动换刀装置。由于两手可伸缩，缩回后回转，可避免与刀库中其他刀具干涉。由
于增加了两手的伸缩动作，因此换刀时间相对较长。

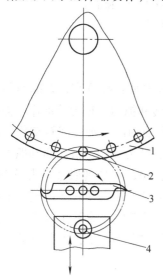

图 4-23 两手不伸缩的回转式
单臂双手机械手
1—刀库 2—换刀位置的刀座
3—机械手 4—机床主轴

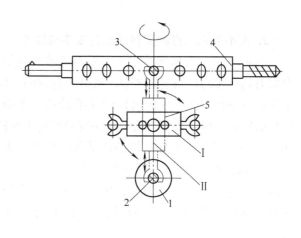

图 4-24 两手伸缩的回转式
单臂双手机械手
1—机床主轴 2—主轴中刀具 3—刀库
中刀具 4—刀库 5—机械手

（3）剪式手爪的回转式单臂双手机械手

其特点是用两组剪式手爪夹持刀柄，故又称剪式机械手。图 4-25a 为刀库刀

座轴线与机床主轴轴线平行时用的剪式机械手示意图。图 4-25b 为刀库刀座轴线与机床主轴轴线垂直时用的剪式机械手示意图。

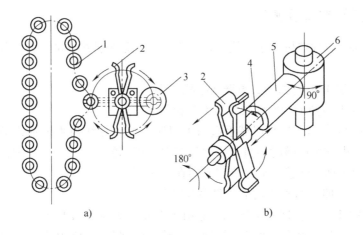

图 4-25　剪式机械手

1—刀库　2—剪式手爪　3—机床主轴　4—伸缩臂　5—伸缩与
回转机构　6—手臂摆动机构

2. 两手互相垂直的回转式单臂双手机械手

图 4-26 所示的机械手用于刀库刀座轴线与机床主轴轴线垂直，刀库为径向存取刀具形式的自动换刀装置。机械手有伸缩、回转和抓刀、松刀等动作。伸缩动作：液压缸（图中未示出）带动手臂托架 5 沿主轴轴向移动；回转动作：液压缸活塞驱动齿条 2 使与机械手相连的齿轮 3 旋转；抓刀动作：液压驱动抓刀活塞 4 移动，通过活塞杆末端的齿条传动两个小齿轮 10，再分别通过小齿条 14、小齿轮 12、小齿条 13，移动两个手部中的抓刀动块 7，抓刀动块上的销子 8 插入刀具颈部后法兰上的对应孔中，抓刀动块 7 与抓刀定块 9 撑紧在刀具颈部两法兰之间；松刀动作：换刀后在弹簧 11 的作用下，抓刀动块松开及销子 8 退出。

3. 两手平行的回转式单臂双手机械手

如图 4-27 所示，由于刀库中刀具的轴线与机床主轴轴线方向垂直，故机械手须有三个动作：沿主轴轴线移动（Z 向），进行主轴的插、拔刀；绕垂直轴作 90° 摆动（S_1 向），完成主轴与刀库间的刀具传递；绕水平轴作 180° 回转（S_2 向），完成刀具交换。换刀的分解动作如图 4-28 所示，机械手有两对手爪，由液压缸 1 驱动夹紧和松开。液压缸 1 驱动手爪外伸时（见图中上部手爪），支架上的导向槽 2 拨动销子 3，使该对手爪绕销轴 4 摆动，手爪合拢实现抓刀动作。液

压缸驱动手爪回缩时（见图中下部手爪），支架上的导向槽 2 使该对手爪放开，
实现松刀动作。

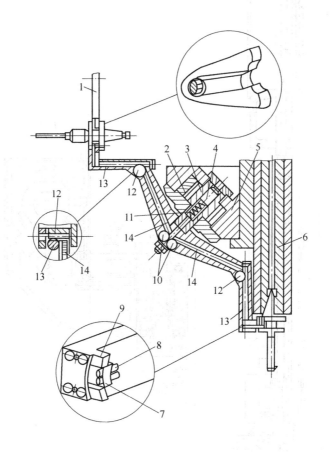

图 4-26 两手互相垂直的回转式单臂双手机械手
1—刀库 2—齿条 3—齿轮 4—抓刀活塞 5—手臂托架 6—机床主轴
7—抓刀动块 8—销子 9—抓刀定块 10、12—小齿轮 11—弹簧
13、14—小齿条

4. 双手交叉式机械手

图 4-29 所示为手臂座移动的双手交叉式机械手，其换刀动作过程如下：

1）机械手移动到机床主轴处，卸、装刀具。卸刀手 7 伸出，抓住主轴 1 中
的刀具 3，手臂座 4 沿主轴轴向前移，拔出刀具 3，卸刀手 7 缩回；装刀手 6 带
着刀具 2 前伸到对准主轴；手臂座 4 沿主轴轴向后退，装刀手 6 把刀具 2 插入主
轴；装刀手缩回。

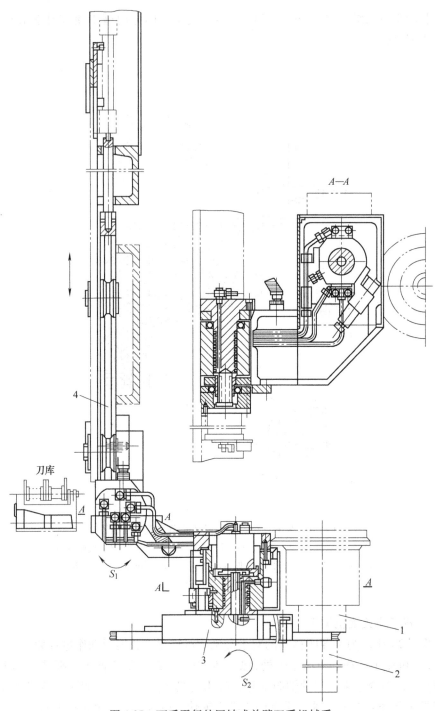

图 4-27　两手平行的回转式单臂双手机械手
1—主轴　2—刀具　3—机械手　4—刀库链

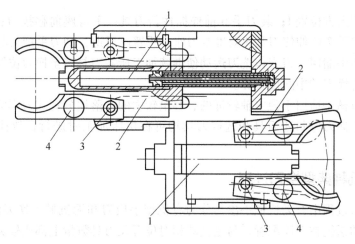

图 4-28　机械手手爪结构
1—液压缸　2—导向槽　3—销子　4—销轴

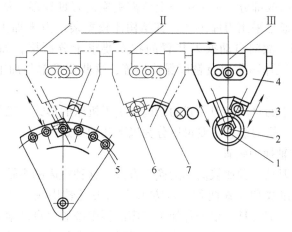

图 4-29　双手交叉式机械手换刀示意图
Ⅰ—向刀库归还用过的刀具并选取下一工序要使用的刀具
Ⅱ—等待与主轴交换刀具　Ⅲ—完成主轴的刀具交换
1—主轴　2—装上的刀具　3—卸下的刀具　4—臂座　5—刀库
6—装刀手　7—卸刀手

2）机械手移动到刀库处送回卸下的刀具，并选取继续加工所需的刀具。这些动作可在机床加工时进行，手臂座 4 横移至刀库上方位置Ⅰ并轴向前移；卸刀手 7 前伸使刀具 3 对准刀库空刀座；手臂座后退，卸刀手 7 把刀具 3 插入空刀座；卸刀手缩回。刀库的选刀运动与上述动作相同，选刀后，横移到等待换刀的中间位置Ⅱ。如果采用跟踪记忆任选刀具的方式，则上述动作应改为：手臂座 4

横移至刀库上方位置Ⅰ；装刀手 6 前伸抓住新刀具；手臂座前移拔刀；装刀手 6 缩回；卸刀手 7 前伸使刀具 3 对准空刀座；手臂座后退，卸刀手把刀具 3 插入空刀座；卸刀手缩回，刀库作选刀运动使继续加工所需刀具转至换刀位置，手臂座横移到等待换刀的中间位置Ⅱ。

这类机械手适用于距主轴较远的、容量较大的、落地分置式刀库的自动换刀装置。由于向刀库归还刀具和选取刀具均可在机床加工时进行，故换刀时间较短。

4.3.5 几种典型换刀过程

按换刀过程中有无机械手参与分为有机械手换刀和无机械手换刀两种情况。有机械手的系统在刀库配置、与主轴的相对位置及刀具数量上都比较灵活，换刀时间短。无机械手方式结构简单，只是换刀时间较长。

由刀库和机械手组成的自动换刀装置（Automatic Tool Changer 简称 ATC）是加工中心的重要组成部分。加工中心上所需更换的刀具较多，从几把到几十把，甚至上百把，故通常采用刀库形式，其结构比较复杂。由于加工中心上自动换刀次数比较频繁，故对自动换刀装置的技术要求十分严格，如要求定位精度高、动作平稳、工作可靠以及精度保持性等，这些要求都与加工中心的性能息息相关。

各种加工中心的自动换刀装置的结构取决于机床的形式、工艺范围以及刀具的种类和数量等。换刀装置主要可以分为以下几种形式：

（1）更换主轴换刀装置

更换主轴换刀是一种比较简单的换刀方式。这种机床的主轴头就是一个转塔刀库，主轴头有卧式和立式两种。八方形主轴头（转塔头）上装有 8 根主轴，每根主轴上装有一把刀具。根据各加工工序的要求按顺序自动地将所需要的刀具由其主轴转到工作位置，实现自动换刀，同时接通主传动。不处在工作位置的主轴便与主传动脱开。转塔头的转位由槽轮机构来实现，其结构如图 4-30 所示，转塔头径向分布着 8 根结构完全相同的主轴，每次转位包括下列动作。

1）脱开主轴传动。液压缸 4 卸压，弹簧推动齿轮 1 与主轴上的齿轮 12 脱开。

2）转塔头抬起。当齿轮 1 脱开后，固定在其上的支板接通行程开关 3，控制电磁阀，使液压油进入液压缸 5 的左腔，液压缸活塞带动转塔头向右移动，直至活塞与液压缸端部相接触，固定在转塔头体上的鼠牙盘 10 便脱开。

3）转塔头转位。当鼠牙盘脱开后，行程开关发出信号启动转位电动机，经蜗杆 8 和蜗轮 6 带动槽轮机构的主动曲拐使槽轮 11 转过 45°，并由槽轮机构的圆弧槽来完成主轴头的分度位置粗定位。主轴号的选定是通过行程开关组来实现，若处于加工位置的主轴不是所需要的，转位电动机继续回转，带动转塔头间歇地再转 45°，直至选中主轴为止。主轴选好后，由行程开关 7 关停转位电动机。

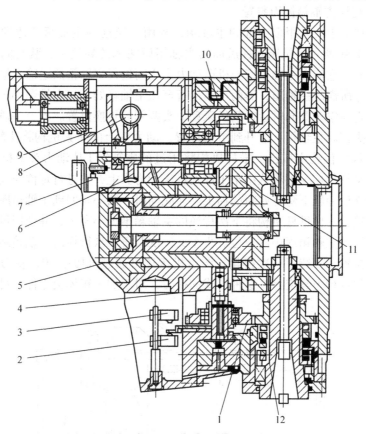

图 4-30 八轴转塔头结构

1、12—齿轮 2、3、7—行程开关 4、5—液压缸
6—蜗轮 8—蜗杆 9—盘 10—鼠牙盘 11—槽轮

4）转塔头定位夹紧。通过电磁阀使压力油进入液压缸 5 的右腔，转塔头向左返回，由鼠牙盘 10 精定位，并利用液压缸 5 右腔的油压作用，将转塔头可靠地压紧。

5）主轴传动重新接通。由电磁阀控制压力油进入液压缸 4，压缩弹簧使齿轮 1 与主轴上的齿轮 12 啮合。此时转塔头转位、定位动作全部完成。

这种换刀装置优点是省去了自动松、夹、卸刀、装刀以及刀具搬运等一系列的复杂操作，从而缩短了换刀时间，并提高了换刀的可靠性。但是由于空间位置的限制，使主轴部件结构不能设计得十分坚实，因而影响了主轴系统的刚度。为保证主轴的刚度，必须限制主轴数目，否则将使结构尺寸大大增加。由于这些结构上的原因，所以转塔主轴头通常只适应于工序较少、精度要求不太高的机床，如数控钻镗铣床。

（2）更换主轴箱换刀装置

有的加工中心采用多主轴的主轴箱，利用更换这种主轴箱来达到换刀的目的，如图4-31所示。机床立柱后面的主轴箱库两侧的导轨上，装有同步运行的小车Ⅰ和Ⅱ，它们在主轴箱库与机床动力头之间进行主轴箱的运输。根据加工要求，先选好所需的主轴箱，等两小车运行至该主轴箱处，将它推到小车Ⅰ上，小车Ⅰ载着它与空车Ⅱ同时运行到机床动力头两侧的更换位置。当上一道工序完成后，动力头带着主轴箱1上升到更换位置，动力头上的夹紧机构将主轴箱松开，定位销也从定位孔中拔出，推杆机构将用过的主轴箱1从动力头上推到小车Ⅱ上。同时又将待用主轴箱从小车Ⅰ推到机床动力头上，并进行定位与夹紧。然后动力头沿立柱导轨下降开始新的加工。与此同时，两小车回到主轴箱库，停在待换的主轴箱旁。由推杆机构将下次待换的主轴箱推上小车Ⅰ，并把用过的主轴箱从小车Ⅱ推入主轴箱库中的空位。小车又一次载着下次待换的主轴箱运行到动力头的更换位置，等待下一次换箱。图示机床还可通过机械手10，在刀库9与主轴箱1之间进行刀具交换。这种形式的换刀，对于加工箱体类零件，可以提高生产率。

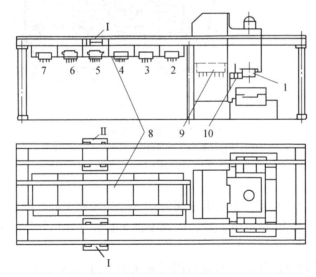

图4-31　更换主轴箱换刀装置

1—主轴箱　2~7—备用主轴箱　8—主轴箱库　9—刀库　10—机械手　Ⅰ、Ⅱ—小车

（3）带刀库的无机械手换刀

无机械手换刀的方式是利用刀库与机床主轴的相对运动实现刀具交换，如图

4-32。

图4-32a：当本工步工作结束后执行换刀指令，主轴准停，主轴箱沿 Y 轴上升。这时刀库上刀位的空档位置正好处在交换位置，装夹刀具的卡爪打开。

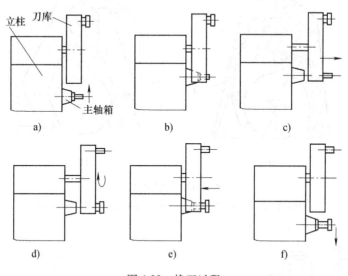

图4-32 换刀过程

图4-32b：主轴箱上升到极限位置，被更换的刀具刀杆进入刀库空刀位，即被刀具定位卡爪钳住，与此同时，主轴内刀杆自动夹紧装置放松刀具。

图4-32c：刀库伸出，从主轴锥孔中将刀拔出。

图4-32d：刀库转位，按照程序指令要求将选好的刀具转到最下面的位置，同时，压缩空气将主轴锥孔吹净。

图4-32e：刀库退回，同时将新刀插入主轴锥孔。主轴内刀具夹紧装置将刀杆拉紧。

图4-32f：主轴下降到加工位置后起动，开始下一工步的加工。

这种换刀机构不需要机械手，结构简单、紧凑。由于交换刀具时机床不工作，所以不会影响加工精度，但会影响机床的生产率。其次受刀库尺寸限制，装刀数量不能太多。这种换刀方式常用于小型加工中心。

无机械手换刀方式中，刀库夹爪既起着刀套的作用，又起着手爪的作用，图4-33所示为无机械手换刀方式的刀库夹爪图。

（4）带刀库的有机械手自动换刀系统

这类换刀装置由刀库、选刀机构、刀具交换机构及刀具在主轴上的自动装卸机构等四部分组成，应用广泛。如图4-34和图4-35所示，刀库可装在机床的立柱上、主轴箱上或工作台上。当刀库容量大及刀具较重时，也可装在机床之外，作为一个独立部件，如图 4-36 所示。如刀库远离主轴，常常要附加运输装置，来完成刀库与主轴之间刀具的运输，如图 4-37 所示。

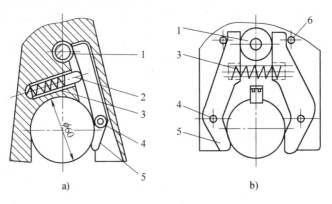

图 4-33　刀库夹爪
1—锁销　2—顶销　3—弹簧　4—支点轴　5—手爪　6—挡销

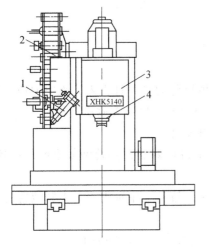

图 4-34　刀库装在机床立柱一侧
1—机械手　2—刀库　3—主轴箱　4—主轴

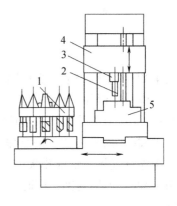

图 4-35　刀库装在机床工作台上
1—刀库　2—刀具　3—主轴
4—主轴箱　5—工件

　　带刀库的自动换刀系统，整个换刀过程比较复杂，首先要把加工过程中要用的全部刀具分别安装在标准的刀柄上，在机外进行尺寸预调整后，插入刀库中。换刀时，根据选刀指令先在刀库上选刀，由刀具交换装置从刀库和主轴上分别取出刀具，进行刀具交换，然后将新刀具装入主轴，将用过的刀具放回刀库。这种换刀装置和转塔主轴头相比，由于机床主轴箱内只有一根主轴在结构上可以增强主轴的刚性，有利于精密加工和重切削加工；可采用大容量的刀库，以实现复杂零件的多工序加工，从而提高了机床的适应性和加工效率。但换刀过程的动作较多，换刀时间长，同时影响换刀工作可靠性的因素也较多。

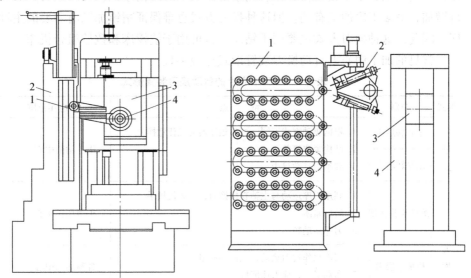

图 4-36　刀库装在机床之外
1—机械手　2—刀库　3—主轴箱　4—主轴

图 4-37　刀库远离机床主轴
1—刀库　2—机械手　3—主轴箱　4—主轴

　　为缩短换刀时间，可采用带刀库的双主轴或多主轴换刀系统，如图 4-38 所示。该机床转塔轴上待更换刀具的主轴与转塔刀库回转轴线成 45°，当水平方向的主轴在加工位置时，待更换刀具的主轴处于换刀位置，由刀具交换装置预先换刀，待本工序加工完毕后，转塔头回转并交换主轴（即换刀）。这种换刀方式，

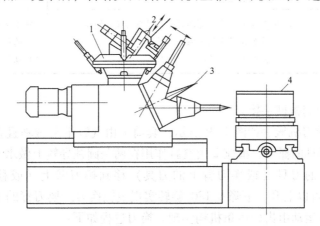

图 4-38　带刀库的双主轴换刀系统
1—刀库　2—机械手　3—转塔头　4—工件

换刀时间大部分和机床加工时间重合，只需要转塔头转位的时间，所以换刀时间短；转塔头上的主轴数目较少，有利于提高主轴的结构刚性；刀库上刀具数目也可增加，对多工序加工有利。但这种换刀方式也难保证精镗加工所需要的主轴刚度。因此，这种换刀方式主要用于钻床，也可用于铣镗床和数控组合机床。

常见的加工中心上自动换刀装置形式见表4-1。

表4-1 加工中心上的自动换刀装置形式

形式	类别	特　点	应用范围
转塔式	垂直转塔头	1. 根据驱动方式不同，可为顺序换刀或任意换刀 2. 结构紧凑简单 3. 容纳刀具数目少	用于钻削中心
	水平转塔头		
刀库式	无机械手换刀	1. 利用刀库运动与主轴直接换刀，省去机械手 2. 结构紧凑 3. 刀库运动较多	小型加工中心
	机械手换刀	1. 刀库只作选刀运动，机械手换刀 2. 布局灵活，换刀速度快	各种加工中心
	机械手和刀具运送器	1. 刀库距机床主轴较远时，用刀具运送器将刀具送至机械手 2. 结构上复杂	大型加工中心
成套更换方式	更换转塔	1. 利用更换转塔头，增加换刀数目 2. 换刀时间基本不变	扩大工艺范围的钻削中心
	更换主轴箱	1. 利用更换主轴箱，扩大组合机床加工工艺范围 2. 结构比较复杂	扩大柔性的组合机床
	更换刀库	1. 扩大加工工艺，更换刀库，另有刀库存储器 2. 充分提高机床利用率和自动化程度 3. 扩大加工中心的加工工艺范围	加工复杂零件，需刀具很多的加工中心或组成高度自动化的生产系统

（5）带刀套机械手换刀

VPl050换刀机械手如图4-39所示。套筒1由气缸带动做垂直方向运动，实现对刀库中刀具的抓刀，滑座2由气缸作用在两条圆柱导轨上做水平移动，用于将刀库刀夹上的刀具（或换刀臂上的刀具）移到换刀臂上（或移到刀库刀夹上）。换刀臂可以上升、下降及180°旋转实现主轴换刀。换刀臂的上下运动由气缸实现，回转运动由齿轮齿条机构实现。换刀过程如下：

1）取刀。套筒1下降（套进刀把）→滑座2前移至换刀臂（将刀具从刀库中移到换刀臂）→换刀臂3刀号更新（换刀臂的刀号登记为刀链的刀号，此过程在数控系统内部由 PLC 程序完成，用于刀库的自动管理）→套筒 1 上升（套筒脱离刀把）→滑座 2 移进刀库（恢复初始预备状态）。

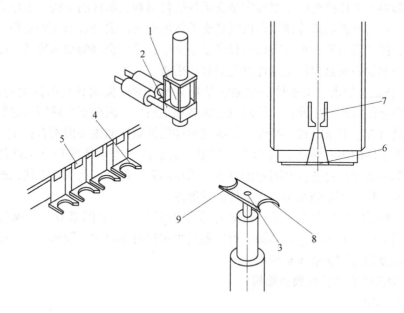

图 4-39　VP1050 换刀机械手原理

1—套筒　2—滑座　3—换刀臂　4—弹簧刀夹　5—刀号　6—主轴

7—主轴抓刀爪　8—换刀臂外侧爪　9—换刀臂内侧爪

2）换刀。主轴 6 运动至换（还）刀参考点（运动顺序为先 Z 轴，后 X 轴，将刀柄送入换刀臂外侧爪）→主轴抓刀爪 7 松开→换刀臂 3 下降（从主轴上取下刀具）→换刀臂 3 旋转（刀具转至刀库侧）→换刀臂 3 上升（换刀臂刀爪与刀库刀爪对齐）→滑座 2 前移（套筒 1 对正刀柄）→套筒 1 下降（套进刀柄）→滑座 2 移进刀库（刀具从换刀臂移进刀库）→换刀臂 3 刀号设置为 0（换刀臂刀号为空白，由数控系统 PLC 完成）→套筒上升（脱离刀把）→换刀完成。

4.4　加工中心支承系统

1. 支承件的功用和要求

加工中心的支承件主要指床身、立柱、横梁、底座等大件，它的作用是支承零部件，承受作用力并保证它们的相互位置。虽然支承件的形态、几何尺寸和材料是多种多样的，但它们都应满足下列要求：

1）刚度要求。支承件刚度是指支承件在恒定载荷和交变载荷作用下抵抗变形的能力。前者称为静刚度，后者为动刚度。静刚度取决于支承件本身的结构刚度和接触刚度。动刚度不仅与静刚度有关，而且与支承件系统的阻尼和固有频率有关。影响支承件刚度的主要因素是支承件的材料和支承件的结构。采用高刚性的材料，提高材料的弹性模量可以提高支承件的刚度；提高表面接触面积、加大预紧力、提高表面质量可以有效地提高接触刚度；采用合理的截面形状、配置好加强肋板和加强肋是提高支承件刚度的有效措施。

2）抗振性要求。支承件的抗振性是指其抵抗受迫振动和自激振动的能力。振动不仅会使机床产生噪声，同时也会影响加工质量，因此支承件应有足够的抗振性，具有合乎要求的动态特性。影响支承件的抗振性的主要因素有：支承件的刚度、支承件的固有频率、支承件的阻尼、支承件的支承情况和支承件的材料等。实际中常常通过选择高阻尼的材料、采用高阻尼部件、增加消振垫以改善支承件的支承情况等措施来增加支承件的抗振性。

3）热变形和内应力要求。影响支承件热变形的主要因素有：支承件的结构，运动部件的发热及外部热源。可以通过采用热对称结构、隔离热源、强制冷却、快速排屑等措施减少热变形。

2. 加工中心支承件典型结构

（1）床身

床身是机床的基础件，要求具有足够高的静、动刚度和精度保持性。在满足总体设计要求的前提下，应尽可能做到既要结构合理、肋板布置恰当，又要保证良好的冷、热加工工艺性。

V400 加工中心采用移动立柱式床身，床身结构呈 T 形，由横置的前床身和与它垂直的后床身组成。由于该加工中心整体尺寸较小，因此采用整体床身结构。这种结构的刚度和精度保持性都比较好，但焊接和加工比较困难，该床身的加工是在五面体加工中心上完成的。对于较大的床身，可采用分离式 T 形结构，焊接（铸造）和加工工艺性大大改善，但前后床身连接处要配对刮研，连接时用定位键或特别的专用定位销（按现场铰刀的锥角，配磨圆柱销的锥角）定位，然后沿截面四周用大螺栓紧固。图 4-40 为 V400 加工中心床身结构图。整个床身采用 Q235-A 钢焊接实现，前床身采用箱形结构，结合斜直组合布置肋板以提高床身的抗弯、抗扭能力。这种移动立柱、T 形床身结构，由于工作台只具备一个方向的运动，从而使底座得以加厚。较厚的底座不仅能大大提高其刚性，同时也可大大减少热变形量。

（2）立柱

加工中心立柱主要是对主轴箱起到支承作用，满足主轴的 Z 向运动，因此，立柱应具有较好的刚性和热稳定性。V400 加工中心采用封闭的箱形结构，内部采用斜向肋板提高立柱的抗弯、抗扭能力，整个结构采用焊接实现。H400 卧式加工中心立柱采用框架封闭结构，主轴箱装在立柱中间，沿立柱导轨上下运动，如图 4-41 所示。这种结构的特点是：①由于力的作用点在立柱的中央，因此立柱受扭矩的因素少；②热对称性好，主轴箱是机床的主要热源，而它正好处于框形中间，使立柱结构成为热对称结构，这就减少了热变形的影响；③稳定性好，由于立柱结构采用框架结构箱式布置，立柱的抗弯、抗扭刚度以及构件的固有频率都能得到提高。

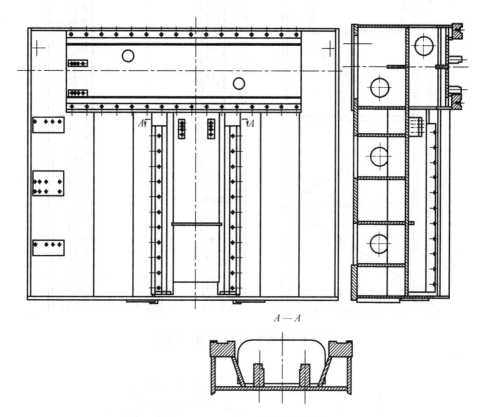

图 4-40　V400 加工中心床身结构

（3）床身的三点支承

加工中心的导轨大都采用直线滚动导轨，滚动导轨摩擦因数很低，动、静摩擦因数差别小，低速运动平稳、无爬行，因此可以获得较高的定位精度。但是这些精度的实现，必须建立在底座处于正确的状态，否则垂直方向的支承高低误差会造成结构侧向扭曲，进而造成全行程内摩擦阻力的变化，导致定位精度的误差。以前采用滑动导轨时，导轨的配合面要刮研精修，在装配过程中可发现导轨扭曲现象，并通过修配实现校正。改用滚动导轨，不存在修正过程，很难避免床身扭曲或安装所造成的轨道扭曲，因此底座通常采用三点支承，如图 4-42 所示。

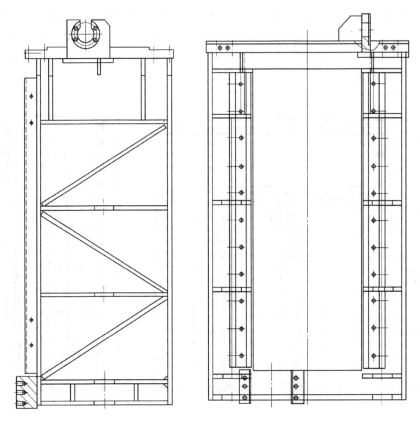

图 4-41　卧式加工中心框架立柱结构

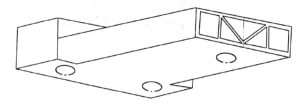

图 4-42　三点支承的底座

4.5　对刀装置

1. 对刀装置的种类

加工中心所使用的对刀装置种类很多，从其功用上可划分为以下几种类型。

1）测量类。包括百分表、千分表、杠杆表，主要用于确定工具及夹具定位基准面的方位。

2）目测类。包括电子感应器、偏心轴、验棒等，主要用于确定工件及夹具在机床工作台的坐标位置。

3）自动测量类。主要包括机床的自动测量系统。

2. 对刀装置的使用

在机械加工中测量类普遍使用，在此不再叙述。下面介绍目测类对刀装置的原理及使用。

（1）电子感应器

电子感应器的结构如图 4-43 所示。使用时将其夹持在主轴上，其轴线与主轴轴线重合，采用手动进给，缓慢地将标准钢球与工件靠近，在钢球与工件定位基准面接触的瞬间，由机床、工件、电子感应器组成的电路接通，指示灯亮，从而确定其基准的位置。使用电子感应器时，是人为目测定位，随机误差较大，需重复操作几次，以确定其正确位置，其重复定位精度在 2μm 以内。

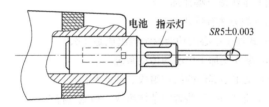

电池　指示灯

$SR5\pm0.003$

图 4-43　电子感应器对刀装置

注意：电子感应器在使用时必须小心，让其钢球部位与工件接触，同时被加工工件必须是良导体，定位基准面有较好的表面粗糙度。

（2）偏心轴

偏心轴是采用离心力的原理来确定工件位置的，主要用于确定工作坐标系及测量工件长度、孔径、槽宽等。使用过程如下：

如图 4-44a 所示，将偏心轴夹持在机床主轴上，测定端处于下方。将主轴转速设定在 400~600r/min 的范围内，测定端保持偏心距 0.5mm 左右。将测定端与工件端面相接触且逐渐逼近工件端面，测定端由摆动逐步变为相对静止，如图 4-44b、c 所示。此时采用微动进给，直到测定端重新产生偏心为止，如图 4-44d 所示。重复操作几次，可使定位精度在 3μm 以内。这时考虑测定端的直径，就能确定工件的位置。在使用偏心轴时，主轴转速不宜过高，超过 600r/min 时，受自身结构影响误差较大。定位基准面应有较好的表面粗糙度和直线度，以确保定位精度。

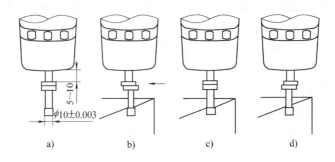

图 4-44　偏心轴对刀装置

练习与思考题 4

4-1　加工中心的定义是什么? 它应具有哪些功能?

4-2　加工中心的工作原理是什么?

4-3　加工中心的基本组成有哪几部分?

4-4　加工中心的分类方法有哪几种?

4-5　JCS-018 型立式加工中心的功能及结构组成是什么?

4-6　说明 JCS-018 型立式加工中心的传动系统。

4-7　说明 JCS-018 型主轴部件的结构组成、功能及特点。

4-8　说明 JCS-018 型自动换刀装置的结构组成、功能及特点。

4-9　说明 JCS-018 型自动换刀的过程及 PC 控制器的控制过程。

4-10　简述 JCS-018 型立柱、床身、滑座及工作台的结构特点。

4-11　简述 JCS-018 型伺服进给系统的组成及传动路线。

4-12　试述加工中心机床自动换刀装置的工作过程。

4-13　主传动方式有哪几种? 各有何特点?

4-14　试说明加工中心的主轴结构。

4-15　加工中心主轴轴承有哪几种? 各有何特点? 各适用于什么场合?

4-16　加工中心主轴轴承配置形式有几种? 各适用于什么场合?

4-17　试述加工中心主轴轴承的配合量及其影响。

4-18　主轴轴承的润滑方式有哪几种? 各有何特点?

4-19　试述加工中心刀具自动夹紧装置的组成及夹紧与松开的动作。

4-20　试述主轴定向的原理及定向的方式。

4-21　主轴电动机有何特点?

4-22　试述伺服电动机与进给丝杠的连接方法。

4-23　消除齿隙的方法有哪几种? 各有何特点?

4-24　滚珠丝杠螺母副的工作原理及特点是什么? 何为内循环和外循环方式?

4-25　试述滚珠丝杠螺母副消除间隙及预加载荷的方法。

4-26　试述静压蜗杆蜗母条传动副工作原理。

4-27　简述丝杠专用角接触球轴承的特点及配置。

4-28　加工中心机床与一般数控机床有何异同？

4-29　何谓分度工作台和数控转台？试举例说明。

4-30　简述机械手类型、特点及适用范围。

4-31　自动换刀装置有哪几种形式？各有何特点？

4-32　刀库有哪几种形式？各适用于什么场合？

4-33　刀具交换装置有哪几种？

4-34　刀具的选择方式有几种？各适用于何种场合？

第 5 章

数控机床的典型结构

数控机床是按照预先编好的程序进行加工的，在加工过程中不需要人工干预，故对数控机床的结构要求精密、完善且能长时间稳定可靠地工作，以满足重复加工的需要。随着数控机床的发展，对数控机床的生产率、加工精度和寿命提出了更高的要求。因此，传统机床设计的一些弱点就体现出来了，它的某些基本结构限制着数控机床技术性能的发挥，因此，现代数控机床在机械结构上有许多地方与普通机床存在着显著区别。

现今的数控机床有着独特的机械结构，除机床基础件外，主要由以下各部分组成：主传动系统、伺服系统、进给系统、工件回转定位装置、自动换刀装置、实现某些动作和辅助功能的系统和装置（如液压、气动、润滑、冷却等系统及排屑、防护装置）、实现其他特殊功能的装置（如监控装置、加工过程图形显示、精度检测）等。

5.1 主传动系统

5.1.1 对主传动系统的基本要求

1. 数控机床主传动的特点

数控机床与普通机床相比，具有以下特点：

1）转速高，功率大，能使数控机床进行大功率切削和高速切削，实现高效率加工。

2）主轴转速变换迅速可靠，并能自动无级变速，使切削始终处于最佳状态下进行。

3）为实现刀具的自动快速装卸，镗铣类数控机床的主轴还必须设计有刀具自动装卸、主轴定向停止和主轴孔内的切屑清除装置。

2. 对主轴系统的要求

数控机床的主传动系统除了应满足普通机床主传动要求外，还应满足如下要求：

1）具有更大的调速范围并实现无级变速。为了保证数控机床加工时能选用合理的切削用量，充分发挥刀具的切削性能，获得最高的生产率、加工精度和表面质量，必须具有更高的转速和更大的调速范围。对于自动换刀的数控机床，工序集中，工件一次装夹，可完成多道工序，所以，为了适应各种工序和材质的要求，主运动的调速范围还应进一步扩大。

2）具有较高的精度与刚度，传动平稳，噪声低。数控机床加工精度的提高，与主传动系统的刚度密切相关。主轴部件的精度包括回转精度和运动精度。回转精度指装配后，在低速、零载转动条件下主轴前端工作部位的径向和轴向跳动值。主轴部件的回转精度取决于部件中各零件的几何精度、装配精度和调整精度。运动精度指主轴在工作状态下的回转精度，这个精度通常和静止或低速状态的回转精度有较大的差别，它表现在工作时主轴中心位置的不断变化，即主轴轴心漂移。运动状态下的回转精度取决于主轴的工作速度、轴承性能和主轴部件的平衡。通过对齿轮齿面进行高频感应加热淬火增加耐磨性；最后一级采用斜齿轮传动，使传动平稳；采用高精度轴承及合理的支承跨距等，以提高主轴组件的刚性。

静态刚度反映了主轴部件抵抗静态外载的能力。数控机床多采用抗弯刚度作为衡量主轴部件刚度的指标。影响主轴部件弯曲刚度的因素很多，包括主轴的尺寸形状，主轴轴承的类型、数量、配置形式、预紧情况，主轴的支承跨距和前端的悬伸量等。

3）良好的抗振性、热稳定性。数控机床上一般既要进行粗加工，又要精加工；加工时可能由于断续切削、加工余量不均匀、运动部件不平衡以及切削过程中的自激振动等原因造成的冲击力或交变力引起主轴振动，从而影响加工精度和表面粗糙度，严重时甚至破坏刀具和零件，使加工无法正常进行。因此在主传动系统中的各主要零部件不但要具有一定的静刚度，而且要求具有足够的抑制各种干扰引起振动的能力——抗振性。

机床在切削加工中，主传动系统的发热使其中所有零部件产生热变形，破坏了零部件之间的相对位置精度和运动精度而造成加工误差，且热变形限制切削用量的提高，降低传动效率，影响生产率。为此，要求主轴部件具有较高的热稳定性，需要通过保持合适的配合间隙，并进行循环润滑保持热平衡等措施来实现。

5.1.2 主轴部件

机床的主轴部件是机床的重要部件之一，它带动工件或刀具执行机床的切削运动。因此数控机床主轴部件的精度、抗振性和热变形对加工质量有直接的影响。

数控车床的主轴在结构上要处理好卡盘或刀具的装夹、主轴的卸荷、主轴轴承的定位和间隙调整、主轴部件的润滑和密封等一系列问题。对于数控镗铣床的主轴，为实现刀具的快速或自动装卸，主轴上还必须设计有刀具的自动装卸、主轴定向停止和主轴孔内切屑清除装置。

1. 对主轴组件的性能要求

主轴的传动件，可位于前后支承之间，也可以位于后支承之后的主轴后悬伸端，目前传动件位于后悬伸端的越来越多。这样可以实现分离传动和模块化设计：主轴组件（也称为主轴单元）和变速箱可以做成独立的功能部件。变速箱和主轴间可用齿轮副或带传动连接，如图5-1所示。如果后悬伸端太长，可在主轴尾部加辅助支承。辅助支承可为深沟球轴承，以保持游隙。传动件位于后悬伸端还有利于使跨距保持最佳值。

主轴组件的性能，对整机性能影响很大。主轴直接承受切削力，转速范围又很大，所以对主轴组件的主要性能特提出如下要求：

1）旋转精度。主轴的旋转精度是指装配后，在无载荷、低速转动的条件下，主轴安装工件或刀具部位的定心表面（如车床轴端的定心短锥、锥孔，铣床轴端的7∶24锥孔）的径向和轴向跳动。旋转精度取决于各主要件如主轴、轴承、壳体孔等的制造、装配和调整精度。工件转速下的旋转精度还取决于主轴的转速、轴承的性能、润滑剂和主轴组件的平衡。

2）刚度。刚度主要反映机床或部件抵抗外载荷的能力。影响刚度的因素很多，如主轴的尺

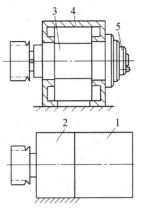

图5-1　变速箱和主轴单元
1—电动机　2—变速箱　3—主轴单元　4—主轴箱　5—主轴

寸形状，滚动轴承的型号、数量和配置形式，前后支承的跨距和主轴前悬伸，传动件的布置方式等。数控机床既要完成粗加工，又要完成精加工，因此对其主轴组件的刚度应提出更高的要求。

3）温升。温升引起的热变形会使主轴伸长，轴承间隙发生变化，导致加工精度降低；温升还会降低润滑剂的粘度，恶化润滑条件。因此，对高精度机床应该研究如何减少主轴组件的发热、如何控温等。

4）可靠性。数控机床是高度自动化机床，所以必须保证工作可靠性，可喜的是这方面的研究正在开展。

5）精度保持性。数控机床的主轴组件必须有足够的耐磨性，以便长期保持精度。

以上这些要求，有些相互是矛盾的，例如高刚度与高速，高速与低温升，高

速与高精度等。这就要具体问题具体分析，例如设计高效数控机床的主轴组件时，主轴应满足高速和高刚度的要求；设计高精度数控机床时，主轴应满足高刚度、低温升的要求。

2. 主轴轴承选型

研究主轴组件，主要是研究主轴的支承部分。主轴支承分径向和推力（轴向）支承。角接触轴承（包括角接触球轴承和圆锥滚子轴承）兼起径向和推力支承的作用。推力支承应位于前支承内，原因是数控机床的坐标原点，常设定在主轴前端。为了减少热膨胀造成的坐标原点位移，应尽量缩短坐标原点至推力支承之间的距离。

主轴轴承，可选用圆柱滚子轴承、圆锥滚子轴承或角接触球轴承。圆锥滚子轴承由于滚子大端面与内圈挡边之间为滑动摩擦，发热较多，故转速受到限制。为了降低温升，提高转速，可以使用空心滚子轴承。这种轴承用整体保持架，把滚子之间的空隙占满，润滑油被迫从滚子的中孔通过，冷却滚子，从而可以降低温升，提高转速。但是这种轴承必须用油润滑，而不能采用脂润滑。用油循环润滑带来了回油和漏油问题，特别是立式主轴和装在套筒内的主轴这个问题更难解决，因此，限制了它的使用。

在数控机床上常见的主轴轴承如图 5-2 所示。由于滚动轴承有许多优点，加之制造精度的提高，所以，一般情况下数控机床应尽量采用滚动轴承。只有要求加工表面粗糙度数值很小，主轴又是水平的机床才用滑动轴承，或者主轴前支承用滑动轴承，后支承和推力轴承用滚动轴承。

主轴轴承，主要应根据精度、刚度和转速来选择。为了提高精度和刚度，主轴轴承的间隙应该是可调的。线接触的滚子轴承比点接触的球轴承

图 5-2　常用的主轴轴承

刚度高，但在一定温升下允许的转速较低。下面简述几种常用的数控机床主轴轴承的结构特点及适用范围。

（1）双列圆柱滚子轴承

图 5-3 为双列圆柱滚子轴承。它的特点是内孔为 1:12 的锥孔，与主轴的锥形轴颈相配合。轴向移动内圈，可把内圈胀大，以消除间隙或预紧，这种轴承只能承受径向载荷。

图 5-3b 为另一种双列圆柱滚子轴承。与图 5-3a 的差别是：①图 5-3a 的滚道挡边开在内圈上，滚动体、保持架与内圈成为一体，外圈可分离；而图 5-3b 则相反，滚道挡边开在外围上，滚动体、保持架与外圈成为一体，内圈可分离，可将内圈装上主轴后再精磨滚道，以便进一步提高精度。②图 5-3a 为特轻型，图 5-3b 为超轻型。同样孔径，图 5-3b 的外径比图 5-3a 小些。图 5-3a 编号为

NN3000K（旧编号为3182100）系列，图5-3b为NNU4900K（旧编号4482900）系列。超轻型只有大型，最小内径100mm。双列圆柱滚子轴承多用于载荷较大、刚度要求较高、中等转速的地方。

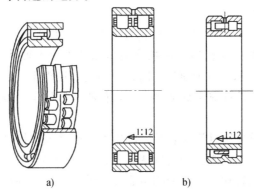

图5-3　双列圆柱滚子轴承
a）特轻型双列圆柱滚子轴承　b）超轻型双列圆柱滚子轴承

（2）双向推力角接触球轴承

这种轴承与双列圆柱滚子轴承相配套，用于承受轴向载荷，如图5-4所示。轴承由左、右内圈1和5、外圈3、左右两列滚珠2和4及保持架、隔套6组成。修磨隔套6的厚度就能消除间隙和预紧。它的公称外径与同孔径的双列圆柱滚子轴承相同，但外径公差带在零线的下方，与壳体之间有间隙，故不承受径向载荷，专作推力轴承使用。接触角有$\alpha = 60°$的，编号为234400。瑞典SKF公司还有$\alpha = 40°$的，编号为246800，形状与234400相同。

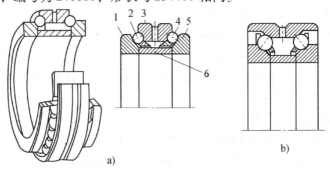

图5-4　双向推力角接触球轴承
1—左内圈　2、4—滚珠　3—外圈　5—右内圈　6—隔套

（3）角接触球轴承

这种轴承既可以承受径向载荷，又可承受轴向载荷。常用的接触角有两种：$\alpha = 15°$和$\alpha = 25°$。其中$\alpha = 25°$的编号为7000AC型，属特轻型；或编号为7190AC型，属超轻型。$\alpha = 15°$的编号为7000C型，属特轻型；或编号为7190C

型，属超轻型。如图 5-5 所示。

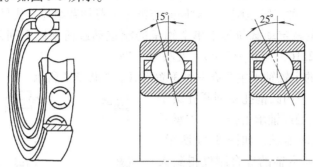

图 5-5　角接触球轴承

角接触球轴承多用于高速主轴。随接触角的不同有所区别，$\alpha = 25°$ 的轴向刚度较高，但径向刚度和允许的转速略低，多用于车、镗、铣加工中心等主轴；$\alpha = 15°$ 的转速可更高些，但轴向刚度较低，常用于轴向载荷较小、转速较高的磨床主轴或不承受轴向载荷的车、镗、铣主轴后轴承。这种球轴承为点接触，刚度较低。为了提高刚度和承载能力，常用多联组配的办法。如图 5-6a、b、c 所示为三种基本组配方式，分别为背靠背、面对面和同向组配，代号分别为 DB、DF 和 DT。这三种组配方式的两个轴承都能共同承受径向载荷。背靠背和面对面组配都能承受双向轴向载荷；同向组配则只能承受单向轴向载荷。背靠背与面对面相比，前者的支承点（接触线与轴线的交点）间的距离（AB 两点间距离）比后者大，因而能产生一个较大的抗弯力矩，即支承刚度较大。运转时，轴承外圈的散热条件比内圈好，因此，内圈的温度将高于外圈，径向膨胀的结果将使轴承的过盈加大。轴向膨胀对背靠背组配将使过盈减小，于是，可以补偿一部分径向膨胀；而对于面对面组配，将使过盈进一步增加。基于上述分析，主轴受有弯矩，又属高速运转，因此主轴轴承必须采用背靠背组配，而面对面组配常用于丝杠轴承。

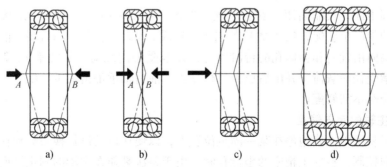

图 5-6　角接触球轴承的组配

a）背靠背　b）面对面　c）同向　d）三联组配

在上述三类基本组配的基础上，可派生出各种三联、四联甚至五联组配。如图 5-6d 所示为一种三联组配：一对同向与第三个背靠背组配，代号为 TBT。

多联组配的额定动载荷等于单个轴承的额定动载荷乘以下列系数：双联为 1.62，三联为 2.16，四联为 2.64，五联为 3.08。

数控机床的主轴轴承主要有三种配置形式，如图 5-7 所示。

1）前支承采用圆锥孔双列圆柱滚子轴承和 60°角接触球轴承组合，后支承采用成对角接触球轴承，如图 5-7a 所示。这种配置形式使主轴的综合刚度得到大幅度提高，可以满足强力切削的要求，所以目前各类数控机床的主轴普遍采用这种配置形式。

2）前轴承采用高精度双列（或三列）向心推力球轴承，后支承采用单列（或双列）角接触球轴承，如图 5-7b 所示。角接触球轴承具有较好的高速性能，主轴最高转速可达 4000r/min，但是这种轴承的承载能力小，因而适用于高速、轻载和精密的数控机床主轴。

3）前、后轴承分别采用双列和单列圆锥滚子轴承，如图 5-7c 所示。这种轴承径向和轴向刚度高，能承受重载荷，尤其能承受较大的动载荷，安装与调试性能好，但这种轴承配置形式限制了主轴的最高转速和精度，故适用于中等精度、低速、重载的数控机床主轴。

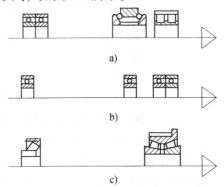

图 5-7 数控机床主轴轴承配置形式

a）前端双列圆柱滚子轴承和双向角接触球轴承支承，后端两列角接触球轴承组合支承 b）前端三列角接触球轴承组合支承，后端单列角接触球轴承支承 c）前端双列向心圆锥滚子轴承支承，后端圆锥滚子轴承支承

图 5-8 所示为 TND360 型数控车床主轴部件结构。其主轴为空心主轴，内孔直径为 ϕ60mm，用于通过长棒料，也可用于通过气动、液压夹紧装置。主轴前端的短圆锥面以及端面用于安装卡盘或拨盘。主轴前后支承都采用角接触球轴承，前轴承三个组配，4、5 大口朝向主轴前端，3 大口朝向主轴后端。前轴承的内外圈轴向由轴肩和箱体孔的台阶固定，以承受轴向载荷。后轴承 1、2 小口相对，只承受径向载荷，并由后压套进行预紧。前后轴承都由轴承厂配好，成套供应，装配时不需修配。

3. 主轴的定向停止

为了将主轴准确地停在某一固定位置上，以便在该处进行换刀等动作，要求主轴定向控制。在加工精密的坐标孔时，由于每次都能在主轴的固定周向位置换刀，故能保证刀尖与主轴相对位置的一致性，从而减少被加工孔的尺寸分散度，这是主轴定向准停装置带来的好处之一。在自动换刀的数控机床上，每次自动装卸刀时，都必须使刀柄上的键槽对准主轴的端面键，这就要求主轴具有准确定位的功能。传统的做法是采用机械挡块等来定向。而现代的数控机床一般都采用电气式主轴定向，只要数控系统发出指令信号，主轴就可以准确的定向。

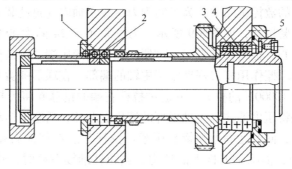

图 5-8　TND360 型数控车床主轴

主轴的准停装置设置在主轴的尾端（如图 5-9 所示）。交流调速电动机 11 通过多联 V 带 9 和带轮 10 带动主轴旋转，当主轴需要停车换刀时，发出降速信号，主轴箱自动改变传动路线，使主轴换到最低转速运转。在时间继电器延时数秒后，开始接通无触点开关。在凸轮上的感应片对准无触点开关时，发出准停信号，立即切断主轴电动机电源，脱开与主轴的传动联系，以排除传动系统中大部分回转零件的惯性对主轴准停的影响，使主轴作低速惯性空转。位于图中带轮 5 左侧的永久磁铁 4 对准传感器 3 时，主轴准确停止，同时限位开关发出信号，表示已完成。

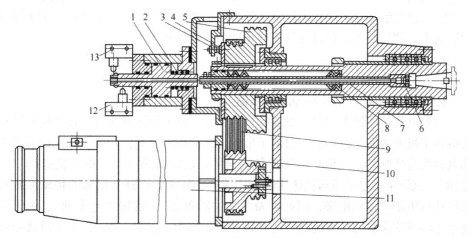

图 5-9　自动换刀机床主轴及准停机构

1—活塞　2—螺旋弹簧　3—磁传感器　4—永久磁铁　5、10—带轮

6—钢球　7—拉杆　8—碟形弹簧　9—V 带　11—电动机　12、13—限位开关

电气式主轴定向控制的特点是：无需机械部件，定向时间短，可靠性高，只需要简单的强电顺序控制，精度和刚度高。

4. 主轴内刀具的自动夹紧和切屑清除装置

在自动换刀的数控机床中，为了实现刀具在主轴内的自动装卸，其主轴必须设计刀具自动夹紧机构，如图5-9所示。刀杆采用7∶24的大锥度锥柄，这种锥柄不但有利于定心，也为松夹带来了方便。在锥柄的尾端轴颈被拉紧的同时，通过锥柄的定心和摩擦作用将刀杆夹紧于主轴的端部。在蝶形弹簧8的作用下，拉杆7始终保持约10000N的拉力，并通过拉杆右端的钢球6将刀杆的尾部轴颈拉紧。换刀时首先将压力油注入主轴尾部的液压缸左腔，活塞1推动拉杆7向右移动，将刀柄松开，同时使蝶形弹簧8压紧。拉杆7的右移使右端的钢球6位于套筒的喇叭口处，消除了刀杆上的拉力。当拉杆继续右移时，喷气嘴的端部把刀具顶松，使机械手方便地取出刀杆。机械手将应换刀具装入后，电磁换向阀动作使压力油注入液压缸右腔，活塞1向左退回原位，蝶形弹簧复原又将刀杆拉紧。螺旋弹簧2使活塞1在液压缸右腔无高压油时也始终能退到最左端。当活塞处于左、右两个极限位置时，相应限位开关12、13发出松开和夹紧的信号。

自动清除主轴孔内的灰尘和切屑是换刀过程中的一个不容忽视的问题。如果主轴锥孔中落入了切屑、灰尘或其他污物，在拉紧刀杆时，锥孔表面和刀杆的锥柄就会被划伤，甚至会使刀杆发生偏斜，破坏刀杆的正确定位，影响零件的加工精度，甚至会使零件超差报废。为了保持主轴锥孔的清洁，常采用的方法是使用压缩空气吹屑。图5-9所示活塞1的心部有压缩空气通道，当活塞向左移动时，压缩空气经过活塞由主轴孔内的空气嘴喷出，清理锥孔内的细微杂物。为了提高吹屑效率，喷气小孔要有合理的喷射角度，并均匀布置。

5.1.3 电主轴

1. 电主轴（Motorized Spindle）**概述**

随着电气传动技术的迅速发展和日趋完善，高速数控机床主传动的机械结构已得到了极大的简化，基本上取消了带轮传动和齿轮传动。机床主轴由内装式主轴电动机直接驱动，从而把机床主传动链的长度缩短为零，实现了机床的"零传动"。这种主轴电动机与机床主轴合二为一，使主轴部件从机床的传动系统和整体结构中相对独立出来，因此可做成"主轴单元"，俗称"电主轴"。由于当前电主轴主要采用的是交流高频电动机，故也称为"高频主轴"；由于没有中间传动环节，有时又称它为"直接传动主轴"。电主轴是一种智能型功能部件，不但转速高、功率大，还有一系列控制主轴温升与振动等机床运行参数的功能，以确保其高速运转的可靠与安全，其剖面图如图5-10所示。

在高速加工时，电动机内置几乎是唯一的选择，也是最佳的选择。这是因为：

1）若仍采用电动机通过带轮或齿轮等方式传动，则在高速运转时，产生的振动和噪声等问题很难解决，势必影响高速加工的精度、表面粗糙度，并导致环境质量的恶化。

2）高速加工的最终目的是为了提高生产率，相应地要求在最短时间内实现高转速的速度变化，也即要求主轴回转时具有极大的角加、减速度。达到这个苛刻要求的最经济的办法，是将主轴传动系统的转动惯量尽可能地减至最小。而只有将电动机内置，省掉齿轮、带轮等一系列中间环节，才有可能达到这一目的。

图 5-10　瑞士 IBAG 公司
电主轴的剖面图

3）电动机内置于主轴两支承之间，与用带轮、齿轮等作末端传动的结构相比，可提高主轴系统的刚度，也就提高了系统的固有频率，从而提高了其临界转速值。这样，电主轴即使在最高转速运转时，仍可确保低于其临界转速，保证高速回转时的安全。

4）由于没有中间传动环节的外力作用和冲击，因而传动更为平稳，轴承寿命延长。

此外，电主轴与传统的主轴传动系统相比结构简单、紧凑，这样也便于把它用在内圆磨床、多轴联动机床、多面体加工机床和并联（虚拟轴）机床上。电主轴还应用于螺纹磨床、齿轮磨床、拉刀磨床等机床上。近来为了简化结构，方便维修，一些平面磨床、万能外圆磨床等也采用了电主轴。

当前，国内外专业的电主轴制造厂已可供应几百种规格的电主轴。其套筒直径从 32mm 至 320mm，转速从 10000r/min 到 150000r/min，功率从 0.5kW 到 80kW，转矩从 0.1N·m 到几百 N·m，除可满足各类高速切削的要求外，还可供应各种规格锥柄、用于普通加工中心、铣床、钻床作增速用的电主轴。最近还出现轴承寿命更长的液体静压轴承、磁悬浮轴承电主轴以及交流永磁同步电动机电主轴。

2. 电主轴的基本参数与结构

（1）电主轴的基本参数

电主轴的基本参数和主要规格包括：套筒直径、最高转速、输出功率、计算转速、计算转速转矩和刀具接口等。一般电主轴型号中含有套筒直径、最高转速和输出功率这 3 项参数。表 5-1 列出了德国 GMN 公司用于加工中心和铣床的电主轴的型号和主要规格。

表5-1 德国GMN公司用于加工中心和铣床的电主轴的型号和主要规格

主要型号	套筒直径 /mm	最高转速 /(r/min)	输出功率 /kW	计算转速 /(r/min)	计算转速转矩 /N·m	润滑	刀具接口
HC120_42000/11	120	42000	11	30000	3.5	OL	SK30
HC120_50000/11	110	50000	11	30000	3.5	OL	HSK_E25
HC120_60000/5.5	120	60000	5.5	60000	0.9	OL	HSK_E25
HCS150g_1800/9	150	18000	9	7500	11	G	HSK_A50
HCS170_24000/27	170	24000	27	18000	14	OL	HSK_A63
HC170_40000/60	170	40000	60	40000	14	OL	HSK_A50/E50
HCS170g_15000/15	170	15000	15	6000	24	G	HSK_A63
HCS170g_20000/18	170	20000	18	11000	14	G	HSK_F63
HCS180_30000/16	180	30000	16	15000	10	OL	HSK_A50/E50
HCS185g_8000/11	185	8000	11	2130	53	G	HSK A63
HCS200_18000/15	200	18000	15	1800	80	OL	HSK A63
HCS200_30000/15	200	30000	15	12000	12	OL	HSK_A50/E50
HCS200_36000/16	200	36000	16	6000	29	OL	HSK_A50/E50
HCS200_36000/76	200	36000	76	21000	29	OL	HSK_A50/E50
HCS200_182000/15	200	12000	15	1800	80	G	SK40
HCS230_18000/15	230	18000	15	1800	80	OL	HSK_A63
HCS230_18000/25	230	18000	25	3000	80	OL	HSK_A63
HCS230_24000/18	230	24000	18	3150	57	OL	HSK_A63
HCS230_24000/45	230	24000	45	7500	58	OL	HSK_A63
HCS230_182000/22	230	12000	22	2400	87	G	HSK_A63
HCS230_182000/25	230	12000	25	3000	80	G	HSK_A63
HCS232_185000/9	230	15000	9	1220	70	G	HSK_A63
HCS275_20000/60	275	20000	60	10000	57	OL	HSK_A63
HCS285_12000/32	285	12000	32	1000	306	OL	HSK_A100
HCS300_12000/30	300	12000	30	1000	286	OL	HSK_A100
HCS300_14000/25	300	14000	25	1100	217	OL	HSK_A63
HCS30C_8000/30	300	8000	30	1000	286	G	HSK_A100

注：HCS——矢量驱动；OL——油气润滑；SK——ISO锥度。表中产品全部使用陶瓷球轴承。

（2）结构和布局

高速电主轴的典型结构如图5-11所示，主轴由前、后两套滚珠轴承来支承。

电动机的转子用压配合的方法安装在机床主轴上，处于前、后轴承之间，由压配合产生的摩擦力来实现大转矩的传递。由于转子内孔与主轴配合面之间有很

大的过盈量，因此，在装配时必须在油浴中将转子加热到 200℃ 左右，迅速进行热压装配。电动机的定子通过一个冷却套安装在电主轴的壳体中。这样，电动机的转子就是机床的主轴，电主轴的套筒就是电动机座，成为一种新型主轴系统。在主轴的后部安装有齿盘，作为电感式编码器，以实现电动机的全闭环控制。主轴前端外伸部分的内锥孔和端面，用于安装和固定可换的刀柄。

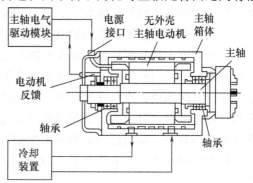

图 5-11 电主轴的典型结构

（3）滚动轴承的配置形式和预加载荷

根据切削载荷大小、形式和转速等，电主轴轴承一般采用如图 5-12 所示的配置形式。其中图 a 仅适用载荷较小的磨削用电主轴，图 f 的后轴承为陶瓷圆柱混合轴承，可用于高速，既提高了刚度，又简化了结构。依靠内孔 1∶12 的锥度来消除间隙和施加预紧。

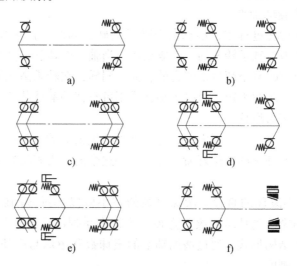

图 5-12 电主轴常用的轴承配置形式
a）前后端单列角接触球轴承支承 b）前端两列组合，后端单列角接触球轴承支承
c）前后两端都为双列角接触球轴承组合 d）前端三列组合支承，后端单列角接触
球轴承支承 e）前端三列组合支承，后端双列组合角接触球轴承支承
f）前端两列角接触球轴承组合，后端单列滚柱轴承支承

角接触球轴承一般必须在轴向有预加载荷条件下才能正常工作。一般说来，预加载荷越大，提高刚度和旋转精度的效果就越好；但是另一方面，预加载荷越大，温升就越高，可能造成烧伤，从而降低使用寿命，甚至不能正常工作。所以，应该针对不同转速和负载的电主轴来选择轴承合适的预加载荷值。

对转速不太高和变速范围比较小的电主轴，一般采用刚性预加载荷，即利用内外隔圈或轴承内外环的宽度尺寸差来施加预加载荷。这种方式虽然简单，但当轴系零件发热而使长度尺寸变化时，预加载荷大小也会相应发生变化。当转速较高和变速范围较大时，为了使预加载荷的大小少受温度或速度的影响，应采用弹性预加载荷装置，即用适当的弹簧来预加载荷。

以上两种方法，在电主轴装配完成以后，其预加载荷大小就无法改变和调整。

对于使用性能和使用寿命要求更高的电主轴，有一些电主轴公司采用可调整预加载荷的装置，其工作原理如图 5-13 所示。在最高转速时，其预加载荷值由弹簧力确定；当转速较低时，按不同的转速，通以不同压力值的油压或气压，作用于活塞上而加大预加载荷，以便达到与转速相适应的最佳预加载荷值。

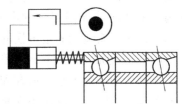

图 5-13　可调整预加载荷的装置原理图

（4）混合陶瓷球轴承

在滚珠轴承运转过程中，滚珠既自转又公转，因此会产生离心力和陀螺力矩。滚珠的离心力与轴承转速的平方成正比。当轴承的转速很高时，滚珠的离心力就很大，其值有时甚至超过切削力的载荷。同样，在轴承高速运转条件下，滚珠也将产生巨大的陀螺力矩，对电主轴造成不可忽视的额外载荷，并可能产生滚珠与滚道之间的相对滑移。

这个巨大的离心力和陀螺力矩，会对轴承产生很大的接触应力，加剧轴承的温升与磨损，降低轴承的使用寿命。为了减小这个离心力和陀螺力矩，可以采用以下两种方法：

1）适当减小滚珠的直径。滚珠直径的减小应以不过多削弱轴承的刚度为限。一般高速精密滚动轴承的滚珠直径约为标准系列滚珠轴承的 70%，而且做成小直径密珠的结构形式，通过增加轴承的滚珠数和滚珠与内外套圈的接触点，提高滚珠轴承的刚度。

2）采用轻质材料来制造滚珠。目前在轴承上多采用立方氮化硅（Si_3N_4）材料来代替轴承钢，因为用立方氮化硅陶瓷相对轴承钢来说在性能上有以下优点：密度小、线膨胀系数小、弹性模量大、硬度高、热导率较低、极限工作温度可以很高、不导磁、不导电、耐腐蚀性好等。由于陶瓷球具有以上这些优点，使得陶瓷球轴承在高速及重载的条件下，仍可获得高刚度、低温升和长寿命的效果。

当钢质的内外环配以氮化硅陶瓷球时，这种轴承称为混合陶瓷轴承。国外一般简称为混合轴承，而国内习称陶瓷球轴承，现已得到广泛应用。

（5）润滑

滚动轴承在高速回转时，正确的润滑极为重要，稍有不慎，就会造成轴承因过热而烧坏。当前电主轴主要有两种润滑方式。

1）油脂润滑。它是一次性永久润滑，不需任何附加装置和特别维护。但其温升较高，允许轴承工作的最高转速较低，一般 $d_m n$ 值在 1.0×10^6 以下。在使用混合轴承条件下，其 $d_m n$ 值可以提高 25% ~ 35%。

2）油-气润滑。它是一种新型的、较为理想的方式。它利用分配阀对所需润滑的不同部位，按照其实际需要，定时（间歇）、定量（最佳微量）地供给油-气混合物，能保证轴承的各个不同部位既不缺润滑油，又不会因润滑油过量而造成更大的温升，并可将污染降至最低程度，其 $d_m n$ 值可达 1.9×10^6。

（6）流体静压轴承

流体静压轴承为非接触式轴承，具有磨损小、寿命长、旋转精度高、阻尼特性好（振动小）等优点。用于电主轴上，在加工工件时，可使刀具寿命长、加工表面质量高。

气体静压轴承电主轴的转速可高达 100000 ~ 200000r/min。其缺点是刚度差，承载能力低，在机床上一般只限用于小孔磨削和钻孔。液体静压轴承刚度高，承载能力强。

（7）磁悬浮轴承

随着科学技术的发展，人们还开发了加工中心使用的磁悬浮轴承。磁悬浮轴承又称磁力轴承，磁力轴承的开发与应用是旋转机械支承技术上的一项重大突破。磁力轴承是一种新型的高性能轴承，具有各种传统轴承无法相比的特殊性能。它依靠多副在圆周上互为180°的电磁铁（磁极）产生径向方向相反的吸力（或斥力），将主轴悬浮在空气中。轴颈与轴承不接触，径向间隙为1mm左右。当承受载荷后，主轴在空间位置发生微弱变化，由位置传感器测出其变化值，通过电子自动控制与反馈装置，改变相应磁极的吸力（或斥力）值，使其迅速恢复到原来的位置，使主轴始终绕其惯性轴作高速回转。故这种轴承又称为主动控制磁力轴承，其工作原理如图 5-14 所示。

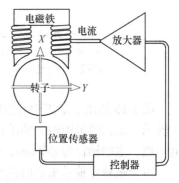

图 5-14　磁悬浮轴承原理图

　　磁力轴承电主轴在空气中回转，因此磁力轴承不与轴颈表面接触，不存在机械摩擦和磨损，不需润滑和密封，温升低、热变形小、转速高、寿命长、能耗低；磁力轴承基本电磁力反馈控制系统保证主轴的旋转精度，刚度和阻尼可调控，可消除转子质量不平衡引起的振动，可实现高速回转下自平衡，回转特性可由传感器和控制系统获得，便于状态监控和诊断。磁力轴承目前达到的性能指标：旋转精度最高可达 $0.03 \sim 0.05\mu m$，转速最高达 $10 \times 10^4 r/min$（轴颈线速度 200m/s，速度因子 $d_m n = 4 \times 10^6$），承载力达到 $3 \times 10^5 N$，径向刚度达到 600N/μm（静刚度）和 100N/μm（动刚度），功耗为同径传统轴承的 $0.1 \sim 0.01$，可靠性 MTBF≥4000h。

　　图 5-15 为使用磁力轴承的高速主轴组件，该磁力轴承主轴由内装的高频电动机直接驱动，两端使用球轴承作为辅助支承用的捕捉轴承，捕捉轴承与轴颈有 0.2mm 的间隙。磁力轴承与电动机的电子驱动回路是联锁的，只有当磁力轴承将主轴正确地悬浮起来时主轴才能转动，此后捕捉轴承不再起支承作用。运转时，当转子不平衡超过预先规定的极限时，则中断电动机电源使主轴停转。当主电源有故障时，为保护主轴免受危害，磁力轴承控制系统和电动机电子驱动回路由蓄电池缓冲供电，使磁力轴承仍能工作一直到主轴停止下来由捕捉轴承支承。该 IBAG 磁力轴承主轴的最佳转速范围为 2000 ~ 4000r/min，径向最大承载力（在主轴头部）为 1000N。

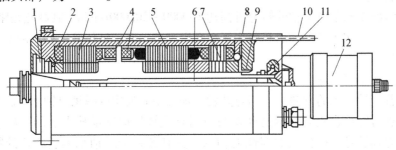

图 5-15　使用磁力轴承的高速主轴组件

1、9—捕捉轴承　2—45°倾斜布置的传感器　3、7—径向磁力轴承
4—轴向磁力止推轴承　5—高频电动机　6—刀具夹紧系统　8—径向
传感器　10—连接冷却水　11—换刀装置传感器　12—气-液压力放大器

　　图 5-16 给出了加工中心主轴组件中采用的混合式磁力轴承，共采用空气静压轴承 4 组，通常用磁力轴承作辅助支承；磁力轴承 8 组，采用 5.5kW 内装式电动机，主轴轴径为 $\phi66mm$，中空。

　　由于磁悬浮轴承轴心的位置用电子反馈控制系统进行自动调节，因此其刚度值可以任意设定，可自动平衡和主动控制阻尼而将振动减至很低。这种轴承温升低，回转精度极高（可高达 0.1μm），主轴轴向尺寸变化也很小，是一种很有发展前途的电主轴。

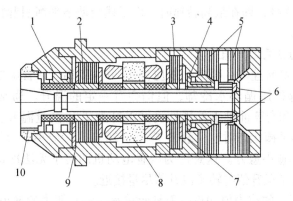

图 5-16　混合式磁力轴承

1、4—圆锥空气静压轴承　2、3—圆锥磁力轴承　5—轴向磁力轴承
6—轴向传感器　7、9—圆锥传感器　8—内装电动机　10—中空的主轴

3. 电主轴的性能参数

除上述由电动机和驱动器所决定的最高转速、转矩和功率以及它们之间有关的性能参数外，电主轴还有以下一些重要的性能参数。

（1）精度和静刚度

电主轴的精度和静刚度与电主轴前后轴承的配置方式、主要零件的制造精度、选用滚动轴承的尺寸大小和精度等级、装配的技艺水平和预加载荷的大小等密切相关。必须强调指出，电主轴的最终精度往往可以得到等于或高于单个轴承的精度，这是由于装配工人在装配时巧于选配，将单个轴承的误差进行相互补偿及恰当地施加预加载荷的结果。为此，高速电主轴的生产对设计水平、制造工艺、工人技艺和装配环境的洁净度和恒温控制等均有极为严格的要求，并不是任何一个制造企业都能够生产精度合格、运转安全、寿命长的电主轴。

（2）临界转速

临界转速是指一个回转质量系统（包括刀具在内）在某一特定的支承条件下，产生系统最低一阶共振时的转速。掌握这个临界转速，对高速回转部件的安全运转至关重要。这个数据及计算程序一般不告诉用户，但是要求用户在使用时，刀具重量不能超出规定值，其长度直径比一般不应大于某一数值（例如 4:1），并要求使用经过动平衡的刀具。如果用户必须使用超重或大于规定长径比的刀具，有些电主轴厂家可以承诺代为计算其新的临界转速值，以验证其运转是否安全。

（3）残余动不平衡值及验收振动速度值

高速回转时，即使微小的动不平衡，也会产生很大的离心力，从而使电主轴系统产生振动。为此，电主轴厂必须对电主轴系统进行精确的动平衡。一般都执行 ISO 标准 G0.4 级，即在最高转速时，由于残余动不平衡引起振动的速度最大允许值为 0.4mm/s。

（4）噪声与套筒温升值

电主轴在最高转速时，噪声一般应低于 70～75dB。尽管电主轴的电动机及前轴承外周处都采用循环水冷却，但仍会有一定的温升。通常在套筒前端处（其温升为 T_1）和套筒前轴承外周处（其温升为 T_2）测量温升。当电主轴在最高转速运转至热平衡状态时，一般 T_1 应小于 20℃，T_2 应小于 25℃。值得注意的是，T_1、T_2 并非愈小愈好。这是因为内置电动机的转子无法冷却，总有一定的温升，故希望定子温升值与转子温升值尽量接近。

（5）拉紧刀具的拉力值和松开刀具所需液（气）压力的最小值和最大值

对用于加工中心或其他具有刀具拉紧机构的电主轴，一般都在说明书上标明了静态拉紧刀具的力的大小，以 N 为单位，用成组的碟形弹簧来实现刀具的拉紧。松开刀具一般采用液压或气压活塞和缸。厂家也会注明所需的最大和最小压力值，以 MPa 为单位。

（6）使用寿命值

由于高速运转，采用滚动轴承的电主轴工况一般比较恶劣，因此，其使用寿命总是有限的。虽然这个寿命数据对用户至关重要，但是电主轴制造厂一般不愿以书面形式提供。这是因为：

1）对机床而言，轴承失效形式主要不是材料表面疲劳，而是精度丧失。疲劳失效的寿命较长，而且可作相对较为精确的计算；而精度丧失失效的寿命相对较短，而且很难精确计算。

2）精度寿命与使用的工况条件和用户维护的水平关系很大，而且精度丧失以后，难以分清是用户的责任还是制造厂的责任。尽管这样，在正常使用和维护的前提下，制造厂商一般应保证使用寿命在 5000～10000h 左右。

一套电主轴价值约为一台高速数控机床的 6%～10%。电主轴在失效后，一般是完全可以通过检修恢复到新的程度的。因此机床用户在订购高速机床时，最好买两套电主轴。这样，一台失效时可立即送修，同时换上备品继续工作。虽然购机成本相对较高，但是却可以避免价值 90%～94% 的机床停机至少几百小时，从经济上说也是合算的。

（7）电主轴与刀具的接口

此项虽不是基本参数，但关系到电主轴的使用性能。当前，国内外几乎所有的电主轴公司均可按用户的需要，提供标准或非标准的刀具接口。用于车床时，可按用户要求提供卡盘的接口。

4. 电主轴的选用

选用电主轴时最重要的是选定其最高转速、额定功率和转矩及其与转速的关系。根据切削规范计算所需的转速、转矩和功率是每个设计师都必须胜任的工作。需要注意几点事项：

1）从最终用户的实际需要出发，切忌盲目地"贪高（转速）求大（大功率）"，以免造成性能冗余、资金费、维护费事，以致后患无穷。

2）根据实际可行的切削规范，对多个典型工件、多个典型工序多做计算，少"拍脑袋"，或只是粗略估算。

3）不要单纯依靠样本来选用，而应多与供应商销售服务专家深入交谈，多听取他们的建议。

4）注意正确选择轴承类型与润滑方式。在满足需求条件下，应尽量选用陶瓷球混合轴承与永久性油润滑的组合，这样可省去润滑部件并简化维护。

5.1.4　数控机床有级变速自动变换方法

有级变速的自动变换方法一般有液压和电磁离合器两种。

1. 液压变速机构

液压变速机构是通过液压缸、活塞杆带动拨叉推动滑移齿轮移动来实现变速的。双联滑移齿轮用一个液压缸，而三联滑移齿轮必须使用两个液压缸（差动液压缸）实现三位移动。图 5-17 所示为三位液压拨叉的工作原理图，通过改变不同的通油方式，可以使三联滑移齿轮获得三个不同的变速位置。这套机构除了液压缸和活塞杆之外，还增加了套筒 4。如图 5-17a 所示，当液压缸 1 通压力油而液压缸 5 排油卸压时，活塞杆 2 带动拨叉 3 使三联滑移齿轮移到左端。如图 5-17b 所示，当液压缸 5 通压力油而液压缸 1 排油卸压时，活塞杆 2 和套筒 4 一起向右移动，在套筒 4 碰到液压缸 5 的端部之后，活塞杆 2 继续右移到极限位置，此时三联滑移齿轮被拨叉 3 移到右端。如图 5-17c 所示，当压力油同时进入左右两缸，由于活塞杆 2 的两端直径不同，使活塞杆向左移动。在设计活塞杆 2 和套筒 4 的截面面积时，应使油压作用在套筒 4 的圆环上向右的推力大于活塞杆 2 向左的推力，因而套筒 4 仍然压在液压缸 5 的右端，使活塞杆 2 紧靠在套筒 4 的右端，此时，拨叉和三联

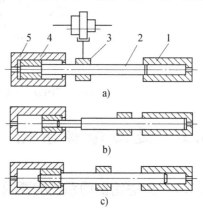

图 5-17　三位液压拨叉作用原理图
a）左位　b）右位　c）中位
1、5—液压缸　2—活塞杆　3—拨叉
4—套筒

滑移齿轮被限制在中间位置。

　　液压拨叉变速必须在主轴停车后才能进行，但停车时拨动滑移齿轮啮合又可能出现"顶齿"现象。为避免"顶齿"，机床上一般设置"点动"按钮或增设一台微电动机，使主电动机瞬时冲动接通或经微电动机在拨叉移动滑移齿轮的同时带动各种转动齿轮作低速回转，这样，滑移齿轮便能顺利进入啮合。

　　液压拨叉变速是一种有效的方法，工作平稳，易实现自动化。但它增加了数控机床液压系统的复杂性，而且必须将数控装置送来的电信号先转换成电磁阀的机械动作，然后再将压力油分配到相应的液压缸，因而增加了变速的中间环节，带来了更多的不可靠因素。

2. 电磁离合器变速机构

　　电磁离合器有摩擦片式和牙嵌式，后者传递的转矩较大，尺寸也较紧凑，同样有防止顶齿的措施。

　　图 5-18 所示为 THK6380 型自动换刀数控镗铣床主传动系统图，该机床采用双速电动机和六个摩擦式离合器完成 18 级变速。

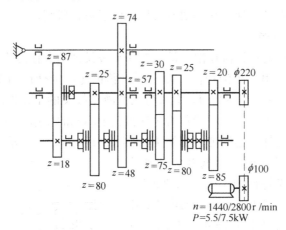

图 5-18　THK6380 型自动换刀数控镗铣床主传动系统

5.2　进给传动系统

5.2.1　对进给传动系统的要求

　　数控机床进给系统的机械传动机构是指将伺服电动机的旋转运动变为工作台或刀架直线运动，以实现进给运动的整个机械传动部分。主要包括减速装置、丝杠螺母副、导向元件及其支承部件等。它的传动质量直接关系到机床的加工性能。数控机床通常对进给系统的要求有三点：传动精度、系统的稳定性和动态响应特性（灵敏度）。

1）传动精度包括动态误差、稳态误差和静态误差，即伺服系统的输入量与驱动装置实际位移量的精确程度。

2）系统的稳定性是指系统在启动状态或受外界干扰作用下，经过几次衰减振荡后，能迅速地稳定在新的或原来的平衡状态的能力。

3）动态响应特性是指系统的响应时间以及驱动装置的加速能力。

为确保数控机床进给系统的传动精度、系统的稳定性和动态响应特性，通常作法是：

1）采用低摩擦的传动副，如滑动导轨、滚动导轨及静压导轨、滚珠丝杠等。

2）保证机械部件的精度，采用合理的预紧、合理的支承形式以提高传动系统的刚度。

3）选用最佳降速比以提高数控机床的分辨率，并使系统折算到驱动轴上的惯量减少。

4）尽量消除传动间隙，减小反向死区误差，提高位移精度等。

5.2.2　滚珠丝杠螺母副

1. 滚珠丝杠螺母副的结构

滚珠丝杠螺母副是回转运动与直线运动相互转换的传动装置。在数控铣床上得到了广泛应用。它的结构特点是在具有螺旋槽的丝杠螺母间装有滚珠作为中间传动元件，以减少摩擦。具体结构见本书 3.3.2 节。

2. 滚珠丝杠螺母副的特点

在传动时，滚珠与丝杠、螺母之间为滚动摩擦，因此具有许多优点：

1）传动效率高。滚珠丝杠副的传动效率可达 92% ~98% ，是普通丝杠传动的 2 ~4 倍。

2）摩擦力小。因为动、静摩擦因数相差小，因而传动灵敏，运动平稳，低速不易产生爬行，随动精度和定位精度高。

3）使用寿命长。滚珠丝杠副采用优质合金钢制成，其滚道表面淬火硬度高达 60 ~62HRC，表面粗糙度值小，故磨损很小。

4）经预紧后可以消除轴向间隙，提高系统的刚度。

5）反向运动时无空行程，可以提高轴向运动精度。

滚珠丝杠副广泛应用于各类中、小型数控机床的直线进给系统。但滚珠丝杠副也有如下缺点：

1）制造成本高。

2）不能实现自锁。由于其摩擦因数小，不能自锁，当垂直安装时，为防止突然停、断电而造成主轴箱下滑，必须加装制动装置。

5.2.3 伺服电动机与进给丝杠的连接

在数控机床进给驱动系统中，伺服电动机与滚珠丝杠连接，要保证传动无间隙，只有这样才能准确执行脉冲指令，而不丢掉脉冲。为此在数控机床上，主要采用三种连接方式：直接连接式、齿轮减速式、同步带式。

用得最普遍的是如图 5-19 所示的直连式。它是通过挠性联轴器，把伺服电动机和滚珠丝杠连接起来的。图中所示"锥环"，是无隙直连方式的关键元件。

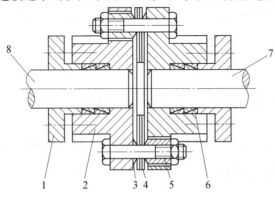

图 5-19　挠性联轴器

1—压阀　2—联轴套　3、5—球面垫圈　4—柔性片
6—锥环　7—电动机　8—滚珠丝杠

5.2.4 直接驱动技术

1. 直线电动机

（1）线性直接驱动的概念

线性直接驱动技术是采用沿直线导轨移动的直线电动机直接驱动固定或可直接变长度的杆件。线性直接驱动与旋转电动机（滚珠丝杆）驱动的根本区别在于：直线电动机所产生的力直接作用于移动部件，中间没有通过任何有柔度的机械传动环节，诸如滚珠丝杠和螺母、同步带以及联轴器等。因此，可以减少传动系统的惯性矩，提高系统的运动速度、加速度和精度，避免振动的产生。例如，直线电动机的直线运动速度可以达到 $80 \sim 150 \text{m/min}$，在部件质量不重的情况下可实现 $5g$ 以上的加速度。与此同时，由于动态性能好，可以获得较高的运动精度。如果采用拼装的次级部件，还可以实现很长的直线运动距离。此外，运动功率的传递是非接触的，因此没有机械磨损。

但是，直线电动机最根本的缺点是发热较多、效率低下。因此，直线电动机通常必须采用循环强制冷却以及隔热措施，才不会导致机床热变形。

（2）直线电动机的原理和性能

直线电动机的供电方式可以是直流或交流的，同步的和异步的，工作原理不完全相同。交流感应异步是直线电动机的基本形式。它的工作原理是将旋转感应异步电动机转子和定子之间的电磁作用力从圆周展开为平面。如图 5-20 所示，对应于旋转电动机的定子部分，称之为直线电动机的初级；对应于旋转电动机的转子部分，称之为直线电动机的次级。当多项交变电流通入多相对称绕组时，就会在直线电动机初级和次级之间的气隙中产生一个行波磁场，从而使初级和次级之间产生相对移动。当然，二者之间也存在一个垂直力，可以是吸引力，也可以是推斥力。

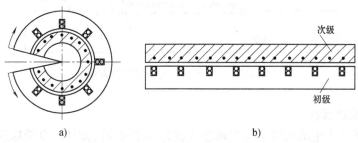

图 5-20　直线电动机的工作原理

a）旋转电动机　b）直线电动机

近年来，随着直线电动机的运动精度提高，同步直线电动机的应用日益广泛。它的主要特点是采用永磁式次级部件。西门子公司生产的 1FN1 系列三相交流永磁式同步直线电动机的外观如图 5-21 所示。

1FN1 系列直线电动机是专门为动态性能和运动精度要求高的机床设计的，分为初级和次级两个部件，具有完善的冷却系统和隔热设施，热稳定性良好。

1FN1 直线电动机配置 SINODRIVE611 数字变频系统后，就成为独立的驱动系统，可以直接安装到机床上，能够适应各种切削加工的环境，适用于高速铣床、加工中心、磨床以及并联运动机床。直线电动机的驱动

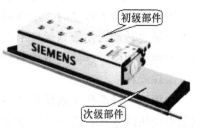

图 5-21　西门子 1FN1 系列
直线电动机的外观

力与初级有效面积（初级后次级的宽度）有关，面积越大，驱动力越大。因此，在驱动力不够的情况下，可以将两个直线电动机并联或串联工作，或者在移动部件的两侧安装直线电动机。此外，直线电动机的最大运动速度在额定驱动力时可以达到较高，而在最大驱动力时较低。

　　直线电动机的典型安装方式如图 5-22 所示。运动部件通常与电动机初级部件固定在一起，沿直线导轨移动。次级部件安装在机床床身或立柱上。此外，在移动部件上还安装有位移测量系统。初级和次级之间有一定的空气间隙。

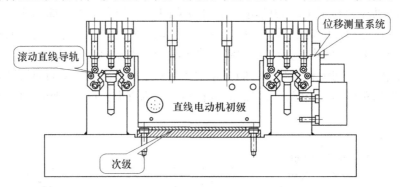

图 5-22　直线电动机的典型安装方式

2. 电滚珠丝杆

　　电主轴是主电动机转子与主轴连接成为一体的功能部件，电滚珠丝杆是伺服电动机转子与滚珠螺母连接成为一体的功能部件，其内部结构的剖面如图 5-23 所示。

　　从图中可见，电动机转子是中空的，滚珠丝杆从其内孔穿过，转子套筒与滚珠螺母相连。如果将伺服电动机固定在机架或万向铰链上，当电动机转子转动时，滚珠螺母也将随之转动，使滚珠丝杆沿电动机的轴线伸缩，这就是直接驱动的电滚珠丝杆。

　　电滚珠丝杆简化了滚珠丝杆与伺服电动机的连接，省去了同步带传动或齿轮传动，不仅使机床结构更加紧凑，传动的动态性能也有所提高。

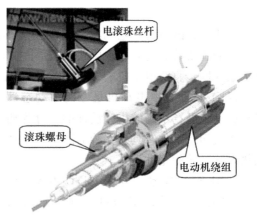

图 5-23　电滚珠丝杆

3. 电磁伸缩杆

　　近年来，将交流同步直线电动机的原理应用到伸缩杆上，开发出一种新型位移部件，称之为电磁伸缩杆。它的基本原理是在功能部件壳体内安放环状双向电动机绕组，中间是作为次级的伸缩杆，伸缩杆外部有环状的永久磁铁层，其原理如图 5-24 所示。

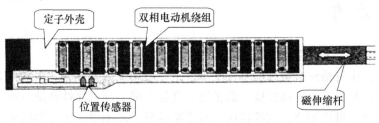

图 5-24　电磁伸缩杆的原理

电磁伸缩杆是没有机械元件的功能部件，借助电磁相互作用实现运动，无摩擦、磨损和润滑问题。若将电磁伸缩杆外壳与万向铰链连接在一起，并将其安装在固定平台上，作为支点，则随着磁伸缩杆的轴向移动，即可驱动平台。安装在万向铰链上的电磁伸缩杆如图 5-25 所示。

图 5-25　安装在万向铰链上的电磁伸缩杆

德国汉诺威大学开发的、采用电磁伸缩杆的并联运动机床的外观和主要结构，如图 5-26 所示。从图可见，采用 6 根结构相同的电磁伸缩杆、6 个万向铰链和 6 个球铰链连接固定平台和动平台，就可以迅速组成并联运动机床。

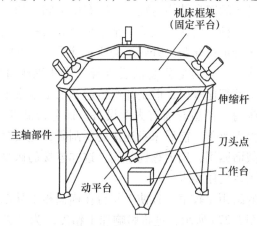

图 5-26　采用电磁伸缩杆的并联运动机床

5.3 床身

1. 对床身结构的基本要求

机床的床身是整个机床的基础支承件，一般用来放置导轨、主轴箱等重要部件。为了满足数控机床高速度、高精度、高生产率、高可靠性和高自动化程度的要求，与普通机床相比，数控机床应有更高的静、动刚度，更好的抗振性。对数控机床床身主要在以下三个方面提出了更高的要求。

1) 很高的精度和精度保持性。在床身上有很多安装零部件的加工面和运动部件的导轨面，这些面本身的精度和相互位置精度要求都很高，而且要能长时间保持。

2) 应具有足够的静、动刚度。静刚度包括床身的自身结构刚度、局部刚度和接触刚度，对这些都应该采取相应的措施，最后达到较高的刚度-质量比。动刚度直接反映机床的动态特性，为了保证机床在交变载荷作用下具有较高的抵抗变形的能力和抵抗受迫振动及自激振动的能力，可以适当增加阻尼、提高固有频率来避免共振及因薄壁振动而产生的噪声。

3) 较好的热稳定性。对数控机床来说，热稳定性已成为了一个突出问题，必须在设计上做到使整机的热变形较小，或使热变形对加工精度的影响较小。

2. 床身的结构

（1）床身结构

根据数控机床的类型不同，床身的结构有各种各样的形式。例如数控车床床身的结构形式有平床身、斜床身、平床身斜导轨和直立床身四种类型。另外，斜床身结构还能设计成封闭式断面，这样大大提高了床身的刚度。数控铣床、加工中心等这一类数控机床的床身结构与数控车床有所不同。加工中心的床身有固定立柱式和移动立柱式两种。前者一般适用于中小型立式和卧式加工中心，而后者又分为整体 T 形床身和前后床身分开组装的 T 形床身。T 形床身是指床身由横置的前床身（亦叫横床身）和与它垂直的后床身（亦叫纵床身）组成。整体式床身，刚性和精度保持性都比较好，但是却给铸造和加工带来了很大不便，尤其是大中型机床的整体床身，制造时需有大型设备。而分离式 T 形床身，铸造工艺性和加工工艺性都大大改善。前后床身连接处要刮研，连接时用定位键和专用定位销定位，然后沿截面四周，用大螺栓紧固。这样连接的床身，在刚度和精度保持性方面，基本能满足使用要求。

由于床身导轨的跨距比较窄，致使工作台在横溜板上移动到达行程的两端时容易出现翘曲，如图 5-27a 所示，这将影响加工精度。为了避免工作台翘曲，有些立式加工中心增设了辅助导轨，如图 5-27b 所示。

（2）床身的截面形状

数控机床的床身通常为箱体结构，合理设计床身的截面形状及尺寸，采用合理布置的肋板结构可以在较小质量下获得较高的静刚度和适当的固有频率。床身中常用的几种截面肋板布置如图 5-28 所示。

床身肋板通常是根据床身结构和载荷分布情况进行设计的，满足床身刚度和抗振性要求，V 形肋有利于加强导轨支承部分的刚度，斜方肋和对角肋结构可明显增强床身的扭转刚度，并且便于设计成全封闭的箱形结构。

此外，还有纵向肋板和横向肋板，分别对抗弯刚度和抗扭刚度有显著效果；米字形肋板和井字形肋板的抗弯刚度也较高，尤其是米字形肋板更高。

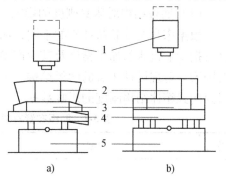

图 5-27　立式加工中心床身导轨

a）有翘曲现象　b）有辅助导轨

1—主轴箱　2—工件　3—工作台

4—溜板　5—床身

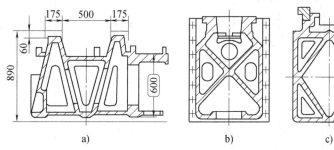

图 5-28　床身截面肋板布置

a）V 形肋　b）对角肋　c）斜方肋

（3）钢板焊接结构

随着焊接技术的发展和焊接质量的提高，焊接结构的床身在数控机床中应用越来越多。而轧钢技术的发展，提供了多种形式的型钢。焊接结构床身的突出优点是制造周期短，一般比铸铁结构的快 1.7～3.5 倍，省去了制作木模和铸造工序，不易出废品。焊接结构设计灵活，便于产品更新、改进结构。焊接件能达到与铸件相同，甚至更好的结构特性，可提高抗弯截面惯性矩，减小质量。

采用钢板焊接结构能够按刚度要求布置肋板的形式，充分发挥壁板和肋板的承载和抗变形作用。另外，焊接床身采用钢板，其弹性模量 $E = 2 \times 10^5 \text{MPa}$，而铸铁的弹性模量 $E = 1.2 \times 10^5 \text{MPa}$，两者几乎相差一倍。因此采用钢板焊接结构床身有利于提高固有频率。

3. 床身的刚度

（1）肋板结构对床身刚度的影响

根据床身所受载荷性质的不同，床身刚度分为静刚度和动刚度。床身的静刚度直接影响机床的加工精度及其生产率。静刚度和固有频率，是影响动刚度的重要因素。合理设计床身的肋板结构，可提高床身的刚度。表5-2列出了肋板布置对封闭式箱体结构刚度的影响数据。

表5-2　肋板布置对封闭式箱体结构刚度的影响

序号	模型	弯曲刚度指数(X—X)	扭转刚度指数
1	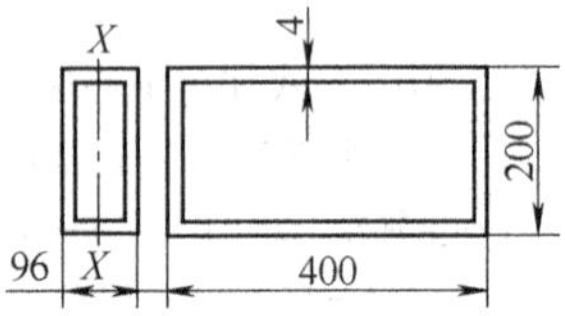	1.0	1.0
2	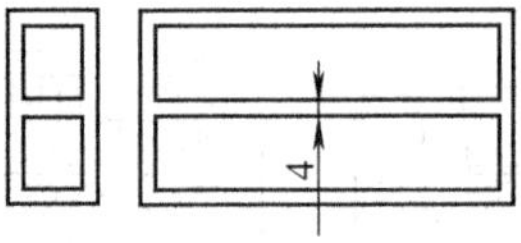	1.16	1.44
3	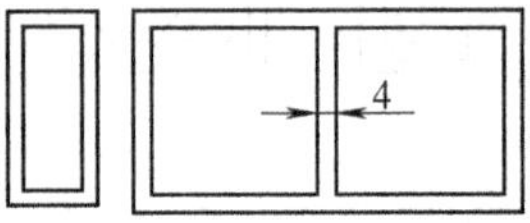	1.02	1.33
4	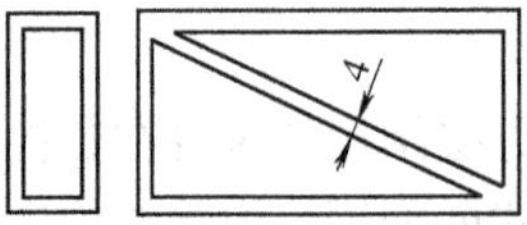	1.11	1.67
5	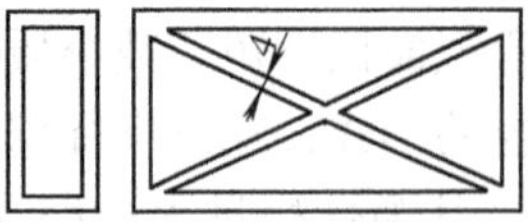	1.13	2.02

（2）床身箱体封砂结构

床身封砂结构是利用肋板隔成封闭箱体结构，如图 5-29 所示。将大件的泥芯留在铸件中不清除，利用砂粒良好的吸振性能，可以提高结构件的阻尼比，有明显的消振作用。由刚度和质量的关系式 $K = m\omega_0^2$（ω_0 为系统无阻尼振动时的固有频率）可以看出，增加质量 m 可以提高静刚度。

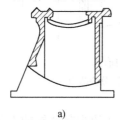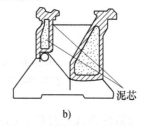

泥芯

a)   b)

图 5-29   铸造床身的封砂结构

a）旧结构   b）新结构

对于焊接结构的床身，在床身内腔填充泥芯和混凝土等阻尼材料，当振动时，利用相对摩擦来耗散振动能量。

封砂结构降低了床身的重心，有利于床身结构的稳定性，可提高床身的抗弯和抗扭刚度。

4. 人造花岗石床身

AG（人造花岗石）材质是一种新型床身材质，它除了具有好的阻尼性能（阻尼为灰铸铁的 8～10 倍）外，还具有尺寸稳定性好、抗腐蚀性强、制造成本低等优点；与灰铸铁比，它热容量大，热导率低，构件的热变形小；AG 床身的后期加工量很少，这样可以大大减少占用大型机床加工时间和加工成本，并能节约大量金属，如一个磨床床身就可以节约 90% 左右的金属材料。

AG 床身的结构形式一般可以分为以下三种：

1）整体结构（图 5-30a）。该结构除了一些金属预埋件外，其余部分均为 AG 材质。这种结构适用于形状较简单的中小型机床床身。其中导轨部分，可以是金属预埋件，直接浇铸在床身上；也可以是导轨本身是 AG 材质，而采用耐磨的非金属材质作为导轨面。

2）框架结构（图 5-30b）。这种结构的特点是边缘为金属型材质焊接而成，其内浇铸 AG 材质。这是因为 AG 材质较脆，可防止边角受到冲撞而破坏，它适合于结构简单的大中型机床床身。

3）分块结构（图 5-30c）。对于结构形状较复杂的大型床身构件，可以把它分成几个形状简单、便于浇铸的部分，分别浇铸后，再用粘结剂或其他方法连接起来，这样可使浇铸模具的结构设计简化。

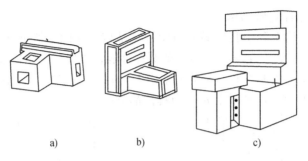

图 5-30　AG 床身的结构形式

a) 整体结构　b) 框架结构　c) 分块结构

由于 AG 材质抗弯强度较低，弹性模量较小（约为灰铸铁的 1/3 ~ 1/4），因此它多用于制造床身或支承件。从结构设计来看，灰铸铁床身为带肋的薄壁结构，而 AG 床身的截面形状多以矩形为主，壁厚设计得较厚，约为灰铸铁的 3 ~ 5 倍。当然，在满足床身足够的强度和刚度的前提下，也应尽量节省 AG 材料的用量，如设置空腔、凹槽等，以减少床身的质量和制造成本。

AG 床身和其他金属零部件的连接一般是通过和预埋件的机械连接来实现的（如图 5-31 所示）。多块金属预埋件经过加工后，通过一定的连接方式固定其他零部件（如导轨等）。

图 5-31　AG 床身与其他金属零部件的连接

1—AG 材料　2—预埋件　3—销钉　4—螺钉　5—被连接件

5.4　数控机床的导轨

不论是普通机床还是数控机床，导轨的作用都是为了导向和支承，也即支承运动部件并保证其能在外力的作用下准确地沿着规定的方向运动。导轨的精度以及它的性能直接影响机床的加工精度和承载能力，所以，导轨应具有高导向精度、良好的摩擦特性和良好的精度保持性。此外，导轨还要结构简单，工艺性好，便于加工、装配、调整和维修。

数控机床常用的导轨按其接触面间摩擦性质的不同，可以分为滚动导轨、塑料导轨、静压导轨和磁力导轨等。

5.4.1 塑料滑动导轨

为进一步减少导轨的磨损和提高运动性能，近年来出现了两种广泛应用的塑料滑动导轨：聚四氟乙烯导轨软带和环氧型耐磨导轨涂层。

滑动导轨具有结构简单、制造方便、接触刚度大的优点。但传统滑动导轨摩擦阻力大，磨损快，动、静摩擦因数差别大，低速时易产生爬行现象。除简易型数控机床外，在其他数控机床上已不采用。在数控机床上常用带有耐磨粘贴带覆盖层的滑动导轨和新型塑料滑动导轨，它们具有良好的摩擦性能及使用寿命长的特点。

1. 聚四氟乙烯（PTIFE）导轨软带

聚四氟乙烯导轨软带是用于塑料导轨最成功的一种，这种导轨软带材质以聚四氟乙烯为基体，加入青铜粉、二硫化钼和石墨等填充剂混合烧结，并做成软带状。这类导轨软带有美国 Shamban 公司生产的 Turcite—B 导轨软带，Dixon 公司的 Rulon 导轨软带，国内生产的 TSF 导轨软带，以及配套用 DJ 胶粘剂。TSF 导轨软带的主要技术性能指标见表 5-3。

表 5-3 TSF 导轨软带的主要技术性能指标

密度/$(g \cdot cm^{-3})$		2.9
拉伸强度/MPa		13.8
压缩变形 （比压 30Pa）	总变形(%)	0.9
	永久变形(%)	0.5
磨损系数/$[cm^3 \cdot min/(MPa \cdot m \cdot h)]$		5.6×10^{-9}
比磨损率/$[mm^3/(MPa \cdot km)]$		9.4×10^{-5}
极限 PV 值/$(MPa \cdot m \cdot min^{-1})$		300

（1）导轨软带的特点

1）摩擦性能好。铸铁淬火导轨副的静摩擦因数、动摩擦因数相差较大，几乎相差一倍，而金属聚四氟乙烯导轨软带的静、动摩擦因数基本不变。图 5-32 所示为三种不同摩擦副试验测得的摩擦速度曲线。由图看出，铸铁-铸铁的摩擦速度曲线斜率为负值；而 TSF-铸铁摩擦副和 Turcite-B-铸铁摩擦副的曲线为正斜率，对干摩擦或机油润滑情况是相同的，而且摩擦因数 μ 很低，比铸铁导轨副约低一个数量级。这种良好的摩擦性能可防止低速爬行，使运动平稳并获得较高的定位精度。

2）耐磨性好。除摩擦因数低外，聚四氟乙烯导轨软带材质中含有青铜、二硫化钼和石墨，因此，本身即具有润滑作用，对润滑油的供油量要求不高，采用间歇式供油即可。此外塑料质地较软，即使嵌入金属碎屑、灰尘等，也不至损伤金属导轨面和软带本身，可延长导轨副的使用寿命。

3）减振性好。塑料有很好的阻尼性能，其减振消声的性能对提高摩擦副的相对运动速度有很大意义。

4）工艺性好。可降低对粘贴塑料的金属导轨基体的硬度和表面质量要求，而且塑料易于加工（铣、刨、磨、刮），可使导轨副接触面获得优良的表面质量。

此外，还有化学稳定性好、维修方便、经济性好等优点。

（2）导轨软带使用工艺

首先将导轨粘贴面加工至表面粗糙度 $Ra3.2 \sim 1.6\mu m$，有时为了起定位作用，导轨粘贴面加工成 $0.5 \sim 1mm$ 深的凹槽，如图 5-33 所示。用汽油（或金属清洗液、丙酮）清洗导轨粘贴面后，用胶粘剂粘合导轨软

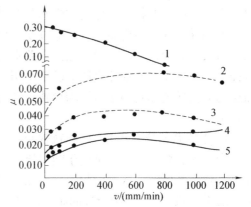

图 5-32　摩擦-速度曲线

1—铸铁-铸铁（30#机油）　2—Turcite-B-铸铁（干摩擦）
3—Turcite-B-铸铁（30#机油）　4—TSF-铸铁（干摩擦）
5—TSF-铸铁（30#机油）

带，初加压固化 $1 \sim 2h$ 后再合拢到配对的固定导轨或专用夹具上施以一定的压力，并在室温固化 24h，取下并清除余胶，即可开油槽和进行精加工，由于这类导轨用粘贴方法，习惯上称为"贴塑导轨"。

2. 环氧型耐磨导轨涂层

环氧型耐磨导轨涂层是另一类成功地用于金属-塑料导轨的材质，它是以环氧树脂和二硫化钼为基体，加入增塑剂，混合成液状或膏状为一组分和固化剂为另一组分的双组分塑料涂层。这类涂层有 Cleitbelag-Technik 公司的 SKC3 导轨涂层、Diamant-Kitte-Schulz 公司的 Moglice 钻石牌导轨

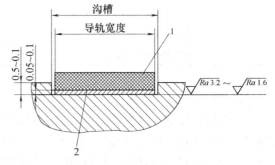

图 5-33　软带导轨的粘贴

1—导轨软带　2—粘接材料

涂层和国产的 HNT 导轨涂层。SKC3 导轨涂层有多种不同的相对密度，分别适用于各种比压的机床导轨，主要技术指标见表5-4。

（1）SKC3 导轨涂层的特点

导轨涂层材质有良好的可加工性，可经车、铣、刨、钻、磨削和刮削；有良好的摩擦特性和耐磨性；其抗压强度比聚四氟乙烯导轨软带要高；固化时体积不

收缩，尺寸稳定；特别是可在调整好固定导轨和运动导轨间的相关位置精度后注入涂料，可节省许多加工工时；特别适用于重型机床和不能用导轨软带的复杂配合型面。

表 5-4 SKC3 不同的相对密度对应的技术指标

相对密度/（g/cm³）	1.8	1.62	2.1	2.1
滑动条件下最高许用比压/Pa	5	12.5	20	40
静态条件下最高许用比压/Pa	75	95	165	385
使用温度/℃	80	-40~125	-40~125	-40~125
耐腐蚀性	能耐水、海水、矿油及合成润滑油，弱酸和弱碱，原油和汽油、酒精以及各种润滑冷却液等的腐蚀。不耐丙酮、苯、甲苯等的腐蚀			
吸水性	不吸水			
固化收缩率	很小，测不出			
固化时间/h	室温18℃以下，24~36			

（2）导轨耐磨涂层使用工艺

涂层使用工艺很简单。以导轨副为例，首先将导轨涂层面粗刨或粗铣成如图5-34 所示的粗糙表面，以便保证有良好的附着力。图中导轨面刀纹宽度 1mm，刀纹深 0.5~0.8mm，两侧凸台宽 2mm，凸台高 1.5mm，与塑料导轨相配的金属导轨面（或模具）用溶剂清洗后涂上一薄层硅油或专用脱模剂，以防与耐磨导轨涂层粘结。将按配方加入固化剂调好的耐磨涂层材料涂抹于导轨面，然后叠合在金属导轨面（或模面）上进行固化。叠合前可放置成形油槽、油腔用模板。固化 24h 后，即可将两导轨分离。涂层硬化两三天后可进行下一步的加

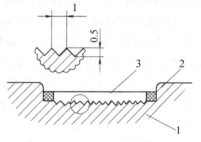

图 5-34 注塑导轨
1—滑座 2—胶条 3—注塑层

工。图 5-34 为注塑后的导轨示意图。从图中可以看出，塑料导轨面宽度与贴塑导轨一样，需小于相配的金属导轨面。空隙处需用密封条堵住。涂层面的厚度以及导轨面与其他表面（如工作台面）的相对位置精度可借助高等级或专用夹具保证。由于这类涂层导轨采用涂刮或注入膏状塑料的方法，国内习惯上称为"涂塑导轨"或"注塑导轨"。

5.4.2 导轨结构

1. 导轨的类型
导轨刚度的大小、制造是否简单、能否调整、摩擦损耗是否最小以及能否保

持导轨的初始精度，在很大程度上取决于导轨的横截面形状。滑动导轨的横截面形状，如图 5-35 所示。

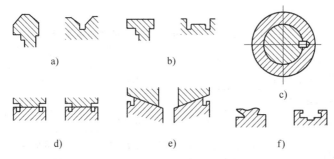

图 5-35　滑动导轨的截面形状
a）山形与 V 形　b）矩形　c）圆柱形　d）平面环形　e）圆锥形环形　f）燕尾形

1）山形与 V 形截面。如图 5-35a 所示，这种截面导轨导向精度高，导轨磨损后靠自重下沉自动补偿。下导轨用凸形有利于排污物，但不易保存油液，例如用于车床；下导轨用凹形则相反，例如用于磨床，顶角一般为 90°。

2）矩形截面。如图 5-35b 所示，这种截面导轨制造维修方便，承载能力大，新导轨导向精度高，但磨损后不能自动补偿，需用镶条调节，影响导向精度。

3）圆柱形截面。如图 5-35c 所示，这种截面导轨制造简单，可以做到精密配合，但对温度变化较敏感，小间隙时很易卡住，大间隙则又导向精度差。它与上述几种截面比较而言，应用较少。

4）平面环形截面。如图 5-35d 所示，这种截面导轨适合于旋转运动，制造简单，能承受较大的轴向力，但导向精度较差，可改用圆锥形环形截面（如图5-35e 所示），导向性较好。

5）燕尾形截面。如图 5-35f 所示，这种截面导轨结构紧凑，能承受倾侧力矩，但刚性较差，制造检修不方便，适用于导向精度不太高的情况。

2. 导轨的间隙调整机构

为保证导轨的正常运动，运动件与承导件之间应保持适当的间隙。间隙过小会增加摩擦力，使运动不灵活；间隙过大，会使导向精度降低。调整的方法有：

1）采用磨、刮相应的结合面或加垫片的方法，以获取适当的间隙。

2）镶条调整，这是侧向间隙常用的调整方法，镶条有直镶条和斜镶条两种。

3. 导轨的材料

塑料导轨常用在导轨副的动导轨上，与其相配的金属导轨有铸铁和镶钢两种，组成铸铁-塑料导轨副或镶钢-塑料导轨副。其中：铸铁主要是耐磨铸铁、灰铸铁等，典型的牌号有 HT3054、HT300、MTCulPTi-150 等。表面淬火硬度一般为 45~55HRC，淬火层深度规定经磨削后应保留 1.0~1.5mm。镶钢导轨的材料有 55、T10A、GCr15、38CrMoAl、CrWMn 等。一般采用中频淬火或渗氮淬火方式，淬火硬度为 58~62HRC，渗氮层厚度为 0.5mm。

镶钢导轨工艺复杂，加工较困难，成本也较高，为便于处理和减少变形，可把钢导轨分段钉接在床身上。

此外，用于镶装导轨的还有非铁金属板材料，主要有锡青铜 ZQSn6-6-3 和铝青铜 ZQAl9-4。它们多用于重型机床的动导轨上，与铸铁的支承导轨相搭配。这种材料耐磨性高，可以防止撕伤和保证运动的平稳性，提高运动精度。

5.4.3　滚动导轨

滚动导轨的优点是摩擦因数小于 0.005，静、动摩擦因数很接近，不会产生爬行现象，可以使用油脂润滑。数控机床导轨的行程一般较长，因此滚动体必须循环。常用的有直线导轨副和滚动导轨块。直线导轨副一般用滚珠做滚动体，滚动导轨块用滚子做滚动体。

1. 直线滚动导轨副

直线滚动导轨副由导轨条和滑块两部分组成。导轨条通常为两根，装在支承件上，如图 5-36 所示。每根导轨上有 2 个滑块，固定在移动件动导轨体上。如果动导轨体较长，也可以在一个导轨条上装 3 个滑块。如果动导轨体较宽，可采用 3 根导轨。

目前国产的滚动导轨有 GGB、GGC、GGE、GGF、GGY、GZV 等系列，其中 GGB 型直线滚动导轨是四方向等载荷型，有 AA、AB、BA 三种尺寸系列，它是以导轨条宽度表示规格大小，每个系列又包含多种规格。

直线滚动导轨的工作原理如图 5-37 所示，滑块中装有四组滚珠，在导轨条滑块的直线滚道内滚动。

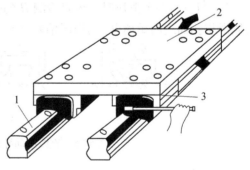

图 5-36　直线滚动导轨副的配置
1—导轨条　2—动导轨体　3—滑块

由于它将支承导轨和运动导轨组合在一起，作为独立的标准导轨副部件由专门生产厂家制造，故又称单元式直线滚动导轨。使用时，导轨体固定在不运动部件上，滑块固定在运动部件上。当滑块沿导轨体运动时，滚珠在导轨体和滑块之间的圆弧直槽内滚动，并通过端盖内的滚道从工作负载区到非工作负载区，然后再滚动回工作负载区，不断循环，从而把导轨体和滑块之间的相对滑动，变成了滚珠的滚动。

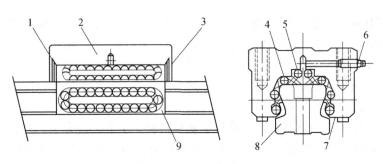

图 5-37　直线滚动导轨

1—压紧圈　2—支承块　3—密封板　4—承载钢珠列　5—反向
钢珠列　6—加油嘴　7—侧板　8—导轨　9—保持器

　　四组滚珠和滚道相当于四个直线运动角接触球轴承。接触角为 45°时，四个方向具有相同的承载能力。由于滚道的曲率半径略大于滚珠半径，在载荷的作用下接触区为椭圆，接触面积随载荷的大小而变化。

　　直线滚动导轨的精度分为 6 级，其中 1 级最高，6 级最低，它的技术要求有：

　　1）滑块顶面中心对导轨基准底面 A 的平行度（见图 5-38a）。

　　2）与导轨基准同侧的滑块侧面对导轨基准侧面 B 的平行度（见图 5-38a）。

　　3）滑块上顶面与导轨基准底面之间高度 H 的极限偏差（见图 5-38b）。

　　4）当安装多个滑块时，还要检测 H 的变动量，同时也要检测导轨基准侧面与侧滑块侧面之间距离 W_1 的极限偏差（见图 5-38c），以及检测 W_1 的变动量。

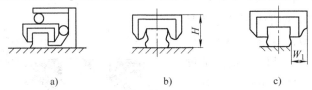

　　　　　　a)　　　　　　　　　　b)　　　　　　　　　　c)

图 5-38　直线滚动导轨的技术要求

　　上述精度已有部颁标准，规定了导轨条长度从 500～4000mm 共 8 个分段的 1～6 级的公差值。

　　整体型的直线滚动导轨（GGB），由制造厂用选配不同直径钢球的办法来决定间隙或预紧。用户可根据对预紧的要求订货，不需要自己调整。

　　2. 滚动导轨块

　　滚动导轨块用滚子做滚动体，所以承载能力和刚度都比直线滚动导轨高，但摩擦因数略大。滚动导轨块的结构如图 5-39 所示。

　　为使导轨块受力均匀，动导轨安装滚动导轨块的基面与支承导轨面的平行度公差，应控制在 0.02mm/1000mm 以内。为避免导轨块在运动中的侧向偏移和打滑，滚子轴线的倾斜精度应控制在 0.02mm/300mm 以内，定位精度越高，对倾斜度的要求越严。为了保证导轨块工作时的载荷均匀，要求滚动块的高度具有等高一致性。

为了保证滚动导轨块所需的运动精度、承载能力和刚度，也可以进行预紧。预紧方式可通过在动导轨体与动导轨块之间放置垫片、弹簧和楔铁的方式进行。图 5-40 是采用楔铁方式进行预紧的滚动导轨块。通过调节两个螺钉 1（一推一拉）来调节楔块 2 的位置，达到所需的预紧程度。预紧力一般不超过额定动载荷的 20%。如果预紧力过大，则容易使滚子不转或产生滑动。润滑油从油孔 3 进入，润滑滚动体 4。

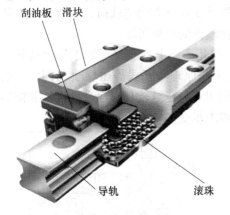

图 5-39　滚动导轨块

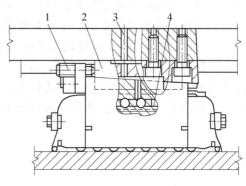

图 5-40　滚动导轨块的预紧
1—螺钉　2—调节楔块　3—油孔　4—滚动体

由于滚动导轨块只能承受一个方向的载荷，对于开式导轨则需装 8 个滚动导轨块。竖直方向 4 个（两条导轨，每条两个），水平方向 4 个。如采用闭式导轨，则还需在两条压板上各装 2 个，共需 12 个滚动导轨块。

5.4.4　静压导轨

静压导轨分液体静压导轨和气体静压导轨两类。

液体静压导轨是在导轨工作面间注入具有一定压强的润滑油，形成压力油膜，浮起运动部件，使导轨工作面处于纯液体摩擦状态，摩擦因数极低，约为 $\mu = 0.0005$。因此，驱动功率大大降低，低速运动时无爬行现象，导轨面不易磨损，精度保持性好。又由于油膜有吸振作用，因而抗振性好，运动平稳。但其缺点是结构复杂，且需要一套过滤效果良好的供油系统，制造和调整都较困难，成本高，主要用于大型、重型数控机床。

气体静压导轨是利用恒定压力的空气膜，使运动部件之间形成均匀分离，以得到高精度的运动。摩擦因数小，不易引起发热变形。但是，气体静压导轨会随空气压力波动而使空气膜发生变化，且承载能力小，故常用于载荷不大的场合，如数控坐标磨床和三坐标测量机。

静压导轨与其他形式的导轨相比，其工作寿命长，摩擦因数极低（约为0.0005），速度变化和载荷变化对液体膜的刚性影响小，有很强的吸振性，导轨运动平稳，无爬行。在高精度、高效率的大型、中型机床上应用越来越多。

1. 静压导轨的结构

按静压导轨的结构形式可分为两大类，开式静压导轨和闭式静压导轨两类。按供油方式可分为恒压供油和恒流供油两类。

1）开式静压导轨是指不能限制工作台从导轨上分离的静压导轨，如图5-41所示。这种导轨的载荷总是指向导轨，不能承受相反方向的载荷，并且不易达到很高的刚性。这种静压导轨用于运动速度比较低的重型机床。

2）闭式静压导轨是指导轨设置在机座的几个面上，能够限制工作台从导轨上分离的静压导轨，如图5-42所示。它的工作原理与开式静压导轨相同。虽然闭式导轨承受载荷的能力小于开式导轨，但闭式静压导轨具有较高的刚性和能够承受反向载荷，因此闭式静压导轨常用于要求承受倾覆力矩的场合。

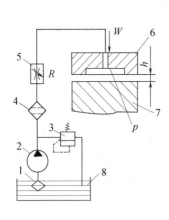

图5-41　开式静压导轨

1、4—滤油器　2—油泵　3—溢流阀
5—节流器　6—运动部件　7—固定
部件　8—油箱

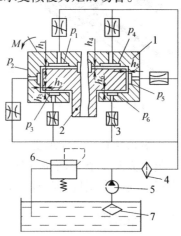

图5-42　闭式静压导轨

1—床身　2—导轨　3—节流器
4、7—过滤阀　5—液压泵
6—溢流阀

液体静压导轨的尺寸不受限制，可根据具体需要确定，但要考虑载荷的性质、大小与情况灵活选用油腔的形状、数目及配置。因此液体静压导轨的设计主要是确定导轨油腔结构参数、节流器参数以及供油系统的压力、流量等参数。

2. 油腔结构

（1）油腔的形状和尺寸

导轨油腔的形状一般有矩形油腔和油槽形油腔，其中油槽形油腔包括直油槽形油腔、二字形油槽油腔、口字形油槽油腔和三字形油槽油腔，如图 5-43 所示。不管油腔的形状如何，只要支座的 L、B 和油腔 l、b 相等，各种形状的油腔具有相同的承载面积。油腔尺寸一般要按导轨宽度（B）选择，见表 5-5。

（2）油腔数目和布置

每条导轨不得少于两个油腔。油腔的数量可按如下原则选择：

1）运动部件（工作台）的长度在 2m 以下时，在运动部件的长度内取 2～4 个油腔。

2）运动部件（工作台）的长度在 2m 以上时，每个油腔的长度取 0.5～2m。

3）机床或机械设备的刚性较好、载荷分布均匀时，油腔长度可取较大值，油腔数目可以取少一些。对于机床或机械设备的刚性较差、载荷分布不均匀时，油腔长度可取较小值，油腔数目则要多一些。

4）一般情况下，做直线运动的静压导轨，其油腔应开在移动部件（工作台）上，固定部件（机座）应有足够的长度，保证移动部件在运动过程中不露出，使油腔建立正常压力。对回转运动静压导轨，工作台在运动过程中不会外露，为了进油方便，油腔一般开在固定部件（机座）上。

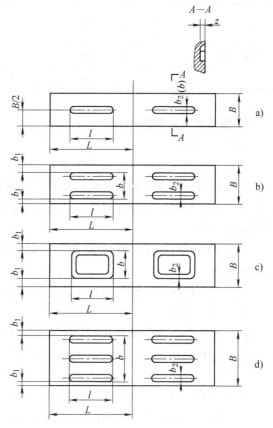

图 5-43　油腔形状

a）直油槽形油腔　b）二字形油槽油腔　c）口字形油槽油腔　d）三字形油槽油腔

5）对于载荷分布不均匀的静压导轨，如工作台自身重力不均匀，可以在同一导轨面上采用不等面积的油腔，承受较大载荷的油腔采用较大的油腔面积，承受较小载荷的油腔采用较小的油腔面积。

表 5-5　油腔结构尺寸　　　　　　　　　（单位：mm）

B	$1/b$	b_1	b_2	Z	油槽形式
40 ~ 50			8	4	图 5-43a
60 ~ 70	>4	15	8	4	图 5-43b
80 ~ 100	>4	20	10	5	图 5-43b
	<4				图 5-43c
110 ~ 140	>4	30	12	6	图 5-43b
	<4				图 5-43c
150 ~ 190		30	12	6	图 5-43d
>200		40	15	6	图 5-43d

3. 导轨间隙和节流形式

（1）导轨间隙

静压导轨的间隙代表了润滑油膜的厚度，间隙越大，流量越大，则刚性减少，且导轨容易出现漂移。导轨的间隙小，流量也小，刚性增大。但是导轨间隙受到导轨几何精度、零部件刚性以及最小节流器最小尺寸的限制，所以导轨间隙不能取得太小。

对于中小型机床和机械设备，空载时的导轨间隙一般取：$h_0 = 0.01 \sim 0.025$mm。

对于大型机床和机械设备，空载时的导轨间隙一般取：$h_0 = 0.03 \sim 0.08$mm。

（2）节流形式

液体静压导轨的节流形式与静压轴承基本相同，分定压式供油系统和定量式供油系统两种。在大型机床和机械设备中采用定量式供油（即单腔单泵）可获得大的刚性，且载荷越大，刚性也越大，导轨油腔与泵之间直接连接无需再串节流器。液体静压导轨常用的定压式供油系统的节流器有两种。

1）毛细管节流器。毛细管节流器多采用节流长度可调整的螺旋槽结构，如图 5-44 所示。这是因为导轨各油腔压力往往大小不一，而进油压力 p 又要求一样，这就要使毛细管的节流长度能够在一定范围内调整，以适应各油腔的不同需要。

为了结构紧凑，静压导轨常将多个毛细管组合，如图 5-45 所示。毛细管节流开式和闭式静压导轨，多用于中小型机床和机械设备，也适用于载荷变化范围不大的大型机床和机械设备。

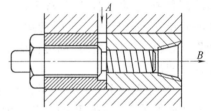

图 5-44　可调毛细节流器

A—进油　B—出油

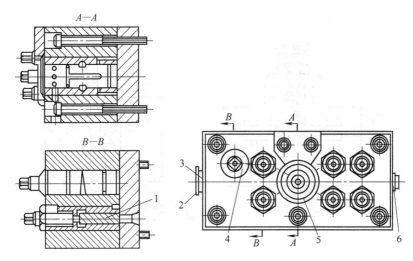

图 5-45 组合式毛细管节流器

1—螺旋槽毛细管 2—进油管接头 3—油腔压力表座 4—节流阀

5—分配阀 6—供油压力表阀

2）薄膜反馈节流器。薄膜反馈节流器的结构有单面和双面两种。双面薄膜反馈节流器结构同静压轴承完全一样。

单面薄膜反馈节流器，有节流间隙不可调整（图 5-46）和节流间隙可调整的两种，在节流间隙可调整的结构中，又有弹簧压紧薄膜和阀芯移动调整间隙两种（图 5-47）。

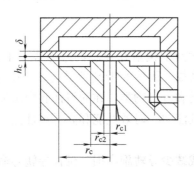

图 5-46 节流间隙不可调整的单面薄膜反馈节流器

单面薄膜反馈节流器多用于开式静压导轨。双面薄膜反馈节流器多用于闭式静压导轨。薄膜反馈节流静压导轨，多用于载荷不均匀、偏载引起的颠覆力矩较大、载荷变化范围大的大型机床和机械设备。

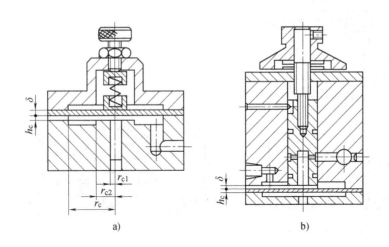

图 5-47　节流间隙可调整单面薄膜反馈节流器

a）弹簧压紧薄膜调整间隙　b）阀芯移动调整间隙

5.4.5　导轨的润滑与防护

1. 导轨的油润滑

数控机床的导轨采用集中供油，自动点滴式润滑。国产润滑设备有 XHZ 系列稀油集中润滑装置。该装置是由定量润滑泵、进回油精密滤油器、液位检测器、进给油检测器、压力继电器、递进分油器及油箱组成，可对导轨面进行定时定量供油。

2. 导轨的固体润滑

固体润滑是将固体润滑剂覆盖在导轨的摩擦表面上，形成粘结型固体润滑膜，以降低摩擦，减少磨损。固体润滑剂种类较多，按基本原料可分为金属类、金属化合物类、无机物类和有机物类。在润滑油脂中添加固态润滑剂粉末，可增强或改善润滑油脂的承载能力、时效性能和高低温性能。

3. 导轨的防护

导轨的防护是防止或减少导轨副磨损、延长导轨寿命的重要方法之一，对数控机床显得更为重要。防护装置已有专门工厂生产，可以外购。

导轨的防护方法很多，有刮板式、卷帘式、伸缩式（包括软式皮腔式和叠层式）等，对数控机床，大都采用叠层式防护罩。图 5-48 所示为一种叠层式防护罩，随着导轨的移动可以伸缩，有低速（12m/min）、中速（30m/min）两种。

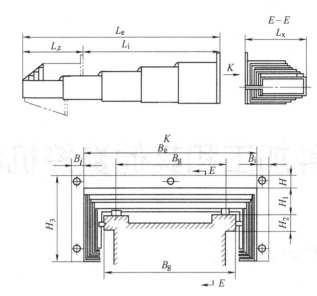

图 5-48 机床导轨叠层式防护罩

练习与思考题 5

5-1 数控机床对主传动系统有哪些要求？

5-2 数控机床的主轴变速方式有哪几种？试述其特点及应用场合。

5-3 数控机床对进给系统的机械传动部分的要求是什么？

5-4 试述滚珠丝杠副轴向间隙调整和预紧的基本原理，常用的有哪几种结构形式？

5-5 齿轮副消除间隙的方法有哪些？各有何特点？

5-6 数控机床回转工作台和分度工作台结构上有何区别？试述其工作原理及功用。

5-7 设计导轨时应解决哪些问题？

5-8 导轨副的材料应如何选配？

5-9 提高机床支承刚度从结构上考虑，主要有哪些措施？

5-10 塑料导轨有何特点？

5-11 静压导轨的节流形式有哪几种？各适用于什么场合？

5-12 静压导轨和滚动导轨各有何特点？各适用于什么场合？

第 6 章

特种加工和其他数控机床

6.1 特种加工概述

6.1.1 特种加工的产生及发展

1943 年，前苏联拉扎林柯夫妇在研究开关触点遭受火花放电腐蚀损坏的现象和原因的过程中，发现电火花的瞬时高温可使局部金属熔化甚至气化而被蚀除掉，因而发明了电火花加工方法。他们用铜丝在淬火钢上加工出了小孔，首次摆脱了传统的切削加工方法。

随着生产的发展和科学实验的需要，许多产品向高精度、高速度、耐高温、耐高压、大功率、小型化等方向发展，所使用的材料愈来愈难加工，零件形状愈来愈复杂，而且表面质量也愈来愈高，这些都对机械制造部门提出了一些新的要求：解决各种难切削材料的加工问题；解决各种特殊复杂表面的加工问题；解决各种超精、光整或具有特殊要求的零件的加工问题。要解决这些问题，依靠传统加工方法几乎无法实现，这就需要人们探索、研究新的加工方法。到目前为止，已经找到了多种这类加工方法，为区别于现有的金属切削加工，这类新加工方法统称为特种加工，国外称作非传统加工或非常规机械加工。它们与切削加工的不同处在于：

1）主要用电、光、声、热、化学等能量而非机械能来去除金属。

2）用于加工的工具硬度可低于被加工材料硬度。

3）加工过程中工具和工件间不存在显著的切削力。

基于这些特点，从原理上来说特种加工可以加工任何硬度、强度、韧性、脆性的金属或非金属材料，且专长于加工复杂、微细表面和低刚度零件，同时，有些方法还可进行超精加工、镜面光整加工和纳米级加工。

6.1.2 特种加工的分类

特种加工的分类还尚无明确规定，一般按能量来源、作用形式及加工原理可分为：电火花加工、电化学加工、激光加工、电子束加工、离子束加工、等离子束加工、超声加工、化学加工等几种类型。

在发展过程中也形成了某些介于常规机械加工和特种加工工艺之间的过渡性工艺。例如，在切削过程中引入超声振动或低频振动切削；在切削过程中通以低电压大电流的导电切削；加热切削以及低温切削等。

在特种加工范围内还有一些属于减小表面粗糙度或改善表面性能的工艺，前者如电解抛光、化学抛光、离子束抛光等，后者如电火花表面强化、镀覆、刻字、激光表面处理、改性，电子束曝光，离子束注入掺杂等。

随着半导体大规模集成电路生产发展的需要，电子束、离子束加工方法形成并用于实际，这就是近年来所说的超精微加工，或原子、分子单位加工。

此外，还有一些不属于尺寸加工的特种加工，如液浴中放电成形加工、电磁成形加工、爆炸成形加工及放电烧结等。

6.1.3 特种加工对材料可加工性和结构工艺性等的影响

由于上述各种特种加工工艺的特点以及逐渐广泛的应用，引起了机械制造工艺技术领域内的许多变革，例如对材料的可加工性；工艺路线的安排；新产品的试制过程；产品零件设计的结构；零件结构工艺性好坏的衡量标准等，产生了一系列的影响。

1）提高了材料的可加工性。以往认为很难加工的材料现在已经广泛应用，如用电火花、电解、激光等方法将金刚石、人造金刚石等制成刀具、工具、拉丝模具等，因而提高了很多材料的可加工性。

2）改变了零件的典型工艺路线。以往除磨削外，其他切削加工、成形加工等都是先加工然后淬火热处理。由于特种加工基本上不受工件硬度的影响，为了避免淬火引起热变形，一般都先淬火然后加工。特种加工还可使工序集中，由于特种加工时没有显著的切削力，机床、夹具、工具的强度、刚度不是主要矛盾，因此对于较大的、复杂的加工表面，往往只用一个复杂工具、简单的运动轨迹、一次安装、一道工序加工出来。

3）试制新产品时，采用特种加工方法可直接加工出各种标准和非标准齿轮、微电机定子、转子硅钢片等零件。这样可以省去设计和制造相应的刀、夹、量具、模具及二次工具，可大大缩短试制周期。

4）特种加工对产品零件的结构设计具有很大的影响。例如花键孔、轴以及枪炮膛线的齿根部分，为了减少应力集中，设计时最好做成小圆角，但拉削加工时刀齿做成圆角不利排屑，容易磨损，刀齿只能设计制造成清棱清角的齿根；但在采用电解加工时，由于存在尖角变圆现象，非采用小圆角的齿根不可。喷气发动机涡轮也由于电加工而可采用整体结构。

5) 对传统的结构工艺性的好与坏，需要重新衡量。过去认为小孔、方孔、弯孔、窄缝等工艺性很差。而特种加工出现后使人们改变了这种观点：对于电火花穿孔、电火花线切割工艺来说，加工方孔和加工圆孔的难易程度是一样的；喷油嘴小孔，喷丝头小异形孔，涡轮叶片大量的小冷却深孔、窄缝，静压轴承、静压导轨的内油囊型腔，采用电加工后变难为易了；过去淬火前忘了钻定位销孔、铣槽等工艺，淬火后这种工件只能报废，现在则大可不必，可用电火花打孔、切槽进行补救，相反有时为了避免淬火开裂、变形等影响，故意把钻孔、开槽等工艺安排在淬火之后，因而灵活性更大了。

6.2 电火花加工

电火花加工在 20 世纪 40 年代开始研究并逐步应用于生产。因放电过程中可见到火花，故称之为电火花加工，日本、英国、美国称之为放电加工，前苏联也称为电蚀加工。

6.2.1 电火花加工的基本原理及其分类

1. 电火花加工的原理和设备组成

电火花加工的原理是基于工具和工件（正、负电极）之间脉冲性火花放电时的电腐蚀现象来蚀除多余的金属，以达到对零件的尺寸、形状及表面质量预定的加工要求。

电火花腐蚀的主要原因是：电火花放电时火花通道中瞬时产生大量的热，达到很高的温度，足以使任何金属材料局部熔化、气化而被蚀除掉，形成放电凹坑。要达到这一目的，必须注意：

1) 必须使工具电极和工件被加工表面之间经常保持一定的放电间隙，这一间隙随加工条件而定，通常约为几微米至几百微米。间隙过大，极间电压不能击穿极间介质，不会产生火花放电。间隙过小，很容易形成短路接触，也不能产生火花放电。为此，在电火花加工过程中必须具有工具电极的自动进给和调节装置。

2) 火花放电必须是瞬时的脉冲性放电，放电延续一段时间后，需停歇一段时间，放电延续时间一般为 $10^{-7} \sim 10^{-3} \mathrm{s}$，这样才能使放电所产生的热量来不及传导扩散到其余部分，把每一次的放电蚀除点都局限在很小的范围内；否则，如像持续电弧放电那样，会使表面烧伤而无法用作尺寸加工。为此，电火花加工必须采用脉冲电源。

3）火花放电必须在有一定绝缘性能的液体介质中进行，如煤油、皂化液或去离子水等。液体介质必须具有较高的绝缘强度（$10^3 \sim 10^7 \Omega \cdot cm$），以利于产生脉冲性的火花放电。同时，液体介质还能把电火花加工过程中产生的金属小屑、炭黑等电蚀产物从放电间隙中悬浮排除出去，并且对电极和工件表面有较好的冷却作用。

图 6-1 所示为电火花加工原理示意图。工件 1 与工具 4 分别与脉冲电源 2 的两输出端相连接。自动进给调节装置 3（此处为电动机及丝杆螺母机构）使工具和工件间经常保持一很小的放电间隙，当脉冲电压加到两极之间时，便在当时条件下相对某一间隙最小处或绝缘强度最低处击穿介质，在该局部产生火花放电，瞬时高温使工具和工件表面都蚀除掉一小部分金属，各自形成一个小凹坑，如图 6-2 所示。其中图 6-2a 表示单个脉冲放电后的电蚀坑，图 6-2b 表示多次脉冲放电后的电极表面。脉冲放电结束后，经过一段间隔时间（即脉冲间隔 t_0），使工作液恢复绝缘后，第二个脉冲电压又加到两极上，又会在当时极间距离相对最近或绝缘强度最弱处击穿放电，又电蚀出一个小凹坑。这样随着相当高的频率，连续不断地重复放电，工具电极不断地向工件进给，就可将工具的形状复制在工件上，加工出所需要的零件，整个加工表面将由无数个小凹坑组成。

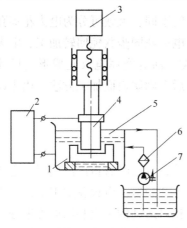

图 6-1　电火花加工原理示意图
1—工件　2—脉冲电源　3—自动进给
调节装置　4—工具　5—工作液
6—过滤器　7—工作液泵

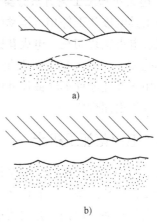

图 6-2　电火花加工表面局部放大图
a）单个脉冲放电结果　b）多次脉冲放电结果

2. 电火花加工的特点及其应用

（1）主要优点

1）适合于难切削材料的加工。由于加工中材料的去除是靠放电时的电热作用实现的，材料的可加工性主要取决于材料的导电性及其热学特性，而几乎与其力学性能无关。因此可以实现用软的工具加工硬韧的工件，甚至可以加工像聚晶金刚石、立方氮化硼一类的超硬材料。目前电极材料多采用纯铜（俗称紫铜）或石墨。

2）可以加工特殊及复杂形状的零件。由于加工中工具电极和工件不直接接触，没有机械加工宏观的切削力，因此适宜加工低刚度工件及微细加工。由于可以简单地将工具电极的形状复制到工件上，因此特别适用于复杂表面形状工件的加工。

（2）电火花加工的局限性

1）主要用于加工金属等导电材料。

2）加工速度一般较慢。

3）存在电极损耗。

由于电火花加工具有许多传统切削加工所无法比拟的优点，因此其应用领域日益扩大，目前已广泛应用于机械（特别是模具制造）、宇航、航空、电子、电机电器、精密机械、仪器仪表、汽车拖拉机、轻工等行业，以解决难加工材料及复杂形状零件的加工问题。加工范围已达到小至几微米的小轴、孔、缝，大到几米的超大型模具和零件。

3. 电火花加工工艺方法分类

按工具电极和工件相对运动的方式与用途的不同，大致可分为电火花穿孔成形加工、电火花线切割、电火花磨削和镗磨、电火花同步共轭回转加工、电火花高速小孔加工、电火花表面强化与刻字六大类。前五类属电火花成形、尺寸加工，是用于改变零件形状或尺寸的加工方法；后者则属表面加工方法，用于改善或改变零件表面性质。

6.2.2 电火花加工机床

电火花加工在特种加工中是比较成熟的工艺，且已经获得广泛应用，它相应的机床设备比较定型，并有许多专业工厂从事生产制造。电火花加工工艺及机床设备的类型较多，但按工艺过程中工具与工件相对运动的特点和用途等来分，大致可以分为六大类，其中应用最广、数量较多的是电火花穿孔成形加工机床和电火花线切割机床，分类如表 6-1 所示。

表 6-1　电火花加工工艺方法分类

类别	工艺方法	特　点	用　途	备　注
1	电火花穿孔成形加工	1. 工具和工件间主要只有一个相对的伺服进给运动 2. 工具为成形电极，与被加工表面有相同的截面或形状	1. 型腔加工：加工各类型腔模及各种复杂的型腔零件 2. 穿孔加工：加工各种冲模、挤压模、粉末冶金模、各种异形孔及微孔等	约占电火花机床总数的30%，典型机床有 D7125、D7140 等电火花穿孔成形机床

（续）

类别	工艺方法	特　点	用　途	备　注
2	电火花线切割加工	1. 工具电极为顺电极丝轴线方向移动着的线状电极 2. 工具与工件在两个水平方向同时有相对伺服进给运动	1. 切割各种冲模和具有直纹面的零件 2. 下料、截割和窄缝加工	约占电火花机床总数的 60%，典型机床有 DK7725、DK7740 数控电火花线切割机床
3	电火花内孔、外圆和成形磨削	1. 工具与工件有相对的旋转运动 2. 工具与工件间有径向和轴向的进给运动	1. 加工高精度、表面粗糙度值小的小孔，如拉丝模、挤压模、微型轴承内环、钻套等 2. 加工外圆、小模数滚刀等	约占电火花机床总数的 3%，典型机床有 D6310 电火花小孔内圆磨床
4	电火花同步共轭回转加工	1. 成形工具与工件均作旋转运动，但二者角速度相等或成整倍数，相对应接近的放电点可有切向相对运动速度 2. 工具相对工件可作纵、横向进给运动	以同步回转、展成回转、倍角速度回转等不同方式，加工各种复杂型面的零件，如高精度的异形齿轮，精密螺纹环规，高精度、高对称度、表面粗糙度值小的内、外回转体表面等	约占电火花机床总数不足 1%，典型机床有 JN-2、JN-8 内外螺纹加工机床
5	电火花高速小孔加工	1. 采用细管（>ϕ0.3mm）电极，管内冲入高压水基工作液 2. 细管电极旋转 3. 穿孔速度极高（60mm/min）	1. 线切割预穿丝孔 2. 深径比很大的小孔，如喷嘴等	约占电火花机床 2%，典型机床有 D7003A 电火花高速小孔加工机床
6	电火花表面强化、刻字	1. 工具在工件表面上振动 2. 工具相对工件移动	1. 模具刃口，刀、量具刃口表面强化和镀覆 2. 电火花刻字、打印记	约占电火花机床总数的 2% ~ 3%，典型机床有 D9105 电火花强化机

电火花穿孔成形加工机床主要由主机（包括自动调节系统的执行机构）、脉冲电源、自动进给调节系统、工作液净化及循环系统几部分组成。

1. 机床总体部分

主机主要包括：主轴头、床身、立柱、工作台及工作液槽几部分，机床的整体布局，按机床型号的大小，可采用如图 6-3 所示结构，图 6-3a 为分离式，图 6-3b 为整体式，油箱与电源箱放入机床内部成为整体，一般以分离式的较多。

床身和立柱是机床的主要结构件，要有足够的刚度。床身工作台面与立柱导轨面间应有一定的垂直度要求，还应有较好的精度保持性，这就要求导轨具有良好的耐磨性和充分消除材料内应力等。

作纵横向移动的工作台一般都带有坐标装置。常用的是靠刻度手轮来调整位置，随着加工精度要求的提高，可采用光学坐标读数装置、磁尺数显等装置。

近年来，由于工艺水平的提高及微机、数控技术的发展，已生产有三坐标伺服控制的，以及主轴和工作台回转运动并加三向伺服控制的五坐标数控电火花机床，有的机床还带有工具电极库，可以自动更换工具电极，机床的坐标位移脉冲当量为 $1\mu m$。

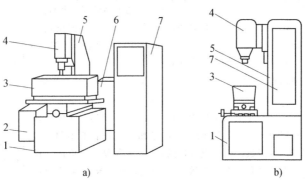

图6-3　电火花穿孔成形加工机床

a）分离式　b）整体式

1—床身　2—液压油箱　3—工作液槽　4—主轴头　5—立柱　6—工作液箱　7—电源箱

2. 主轴头

主轴头是电火花成形机床中最关键的部件，是自动调节系统中的执行机构，对加工工艺指标的影响极大。对主轴头的要求是：结构简单、传动链短、传动间隙小、热变形小、具有足够的精度和刚度，以适应自动调节系统的惯性小、灵敏度好、能承受一定负载的要求。主轴头主要由进给系统、导向防扭机构、电极装夹及其调节环节组成。现在电火花机床中多采用电-机械式主轴头。它的传动链短，可由电动机直接带动进给丝杠，主轴头的导轨可采用矩形滚柱或滚针导轨。

3. 工具电极夹具

工具电极的装夹及其调节装置的形式很多，其作用是调节工具电极和工作台的垂直度以及调节工具电极在水平面内微量的扭转角，常用的有十字铰链式和球面铰链式。

4. 工作液循环、过滤系统

工作液循环过滤系统包括工作液箱、电动机、泵、过滤装置、工作液槽、油杯、管道、阀门以及测量仪表等。放电间隙中的电蚀产物除了靠自然扩散、定期抬刀以及使工具电极附加振动等排除外，常采用强迫循环的办法加以排除，以免间隙中电蚀产物过多，引起已加工过的侧表面间"二次放电"，影响加工精度，此外也可带走一部分热量。图6-4为工作液强迫循环的两种方式。图6-4a为冲油式，较易实现，排屑冲刷能力强，一般常采用，但电蚀产物仍通过已加工区，会影响加工精度。图 6-4b 为抽油式，在加工过程中，分解出来的气体（H_2、C_2H_2 等）易积聚在抽油回路的死角处，遇电火花引燃会爆炸"放炮"，因此一般用得较少，但在要求小间隙、精加工时也有使用的。

为了不使工作液越用越脏，影响加工性能，必须加以净化、过滤。其具体方法有：

1）自然沉淀法。这种方法速度太慢，周期太长，只用于单件小用量或精微加工。

2）介质过滤法。此法常用黄砂、木屑、棉纱头、过滤纸、硅藻土、活性炭等为过滤介质。这些介质各有优缺点，但对中小型工件、加工用量不大时，一般都能满足过滤要求，可就地取材，因地制宜。其中以过滤纸效率较高，性能较好，已有专用纸过滤装置生产供应。

3）高压静电过滤、离心过滤法等。这些方法技术上比较复杂，采用较少。

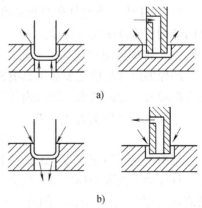

图 6-4 工作液强迫循环方式
a）冲油式 b）抽油式

6.2.3 电火花穿孔成形加工

电火花穿孔成形加工是利用火花放电腐蚀金属的原理，用工具电极对工件进行复制加工的工艺方法，其应用范围可归纳为：

电火花穿孔成形加工
- 穿孔加工
  - 冲模
  - 粉末冶金模
  - 挤压模
  - 型孔零件
  - 小孔（$\phi0.01 \sim \phi3mm$ 小圆孔和异形孔）
  - 深孔
- 型腔加工
  - 型腔模（锻模、压铸模、塑料模、胶木模等）
  - 型腔零件

1. 冲模的电火花加工

冲模是生产上应用较多的一种模具，由于形状复杂和尺寸精度要求高，所以它的制造已成为生产上关键技术之一。特别是凹模，应用一般的机械加工是困难的，在某些情况下甚至不可能，而靠钳工加工则劳动量大，质量不易保证，还常因淬火变形而报废，采用电火花加工或线切割加工能较好地解决这些问题。冲模采用电火花加工工艺与机械加工相比有如下优点：

1）可以在工件淬火后进行加工，避免了热处理变形的影响。

2）冲模的配合间隙均匀，刃口耐磨，提高了模具质量。

3）不受材料硬度的限制，可以加工硬质合金等冲模，扩大了模具材料的选用范围。

4）对于中、小型复杂的凹模可以不用镶拼结构，而采用整体式，简化了模具的结构，提高于模具强度。

（1）冲模的电火花加工工艺方法

凹模的尺寸精度主要靠工具电极来保证，因此，对工具电极的精度和表面粗糙度都应有一定的要求。如凹模的尺寸为 L_2，工具电极相应的尺寸为 L_1（图6-5），单面火花间隙值为 S_L，则

$$L_2 = L_1 + S_L$$

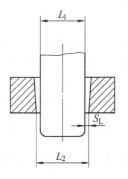

图 6-5　凹模的
电火花加工

其中火花间隙值 S_L 主要决定于脉冲参数与机床的精度，只要加工规准选择恰当，保证加工的稳定性，火花间隙值 S_L 的误差是很小的。因此，只要工具电极的尺寸精确，用它加工出的凹模也是比较精确的。

对冲模，配合间隙是一个很重要的质量指标，它的大小与均匀性都直接影响冲片的质量及模具的寿命，在加工中必须给予保证。达到配合间隙的方法有很多种，电火花穿孔加工常用"钢打钢"直接配合法。

此法是直接用钢凸模作为电极直接加工凹模，加工时将凹模刃口端朝下形成向上的"喇叭口"，加工后将工件翻过来使"喇叭口"（此喇叭口有利于冲模落料）向下作为凹模，电极也倒过来把损耗部分切除或用低熔点合金浇固作为凸模。

配合间隙靠调节脉冲参数、控制火花放电间隙来保证。这样，电火花加工后的凹模就可以不经任何修正而直接与凸模配合。这种方法可以获得均匀的配合间隙，具有模具质量高、电极制造方便以及钳工工作量少的优点。

但这种"钢打钢"时工具电极和工件都是磁性材料，在直流分量的作用下易产生磁性，电蚀下来的金属屑被吸附在电极放电间隙的磁场中而形成不稳定的二次放电，使加工过程很不稳定。近年来由于采用了具有附加300V高压击穿（高低压复合回路）的脉冲电源，情况有了很大改善。目前，电火花加工冲模时的单边间隙可小达 0.02mm，甚至达到 0.01mm。所以，对一般的冲模加工，采用控制电极尺寸和火花间隙的方法可以保证冲模配合间隙的要求，故直接配合法在生产中已得到广泛的应用。

由于线切割加工机床性能不断提高和完善，可以很方便地加工出任何配合间隙的冲模，而且在有锥度切割功能的线切割机床上还可以切割出刃口斜度 β 和落

料角 α，因此近年来绝大多数凸、凹冲模都已采用线切割加工。

（2）工具电极

1）电极材料的选择。凸模一般选优质高碳钢 T8A、T10A 或铬钢 Cr12、GCr15，硬质合金等。应注意凸、凹模不要选用同一种钢材型号，否则电火花加工时更不易稳定。

2）电极的设计。由于凹模的精度主要决定于工具电极的精度，因而对它有较为严格的要求，要求工具电极的尺寸精度和表面粗糙度比凹模高一级，一般精度不低于 IT7，表面粗糙度 Ra 小于 $1.25\mu m$，且直线度、平面度和平行度在 100mm 长度上不大于 0.01mm。

工具电极的截面轮廓尺寸除考虑配合间隙外，还要比预定加工的型孔尺寸均匀地缩小一个加工时的火花放电间隙。

3）电极的制造。冲模电极的制造，一般先经普通机械加工，然后成形磨削。一些不易磨削加工的材料，可在机械加工后，由钳工精修。目前，直接用电火花线切割加工电极获得广泛应用。

采用钢凸模淬火后直接作为电极加工钢凹模时，可用线切割或成形磨削磨出。如果凸凹模配合间隙超出电火花加工间隙范围，则作为电极的部分必须在此基础上增大或缩小。常用的如化学浸蚀的办法作出一段台阶，均匀减小到尺寸要求。或采用镀铜、镀锌的办法扩大到要求的尺寸。为了提高凹模加工的生产率，常把钢凸模电极的下端浸蚀成为阶梯形，用它先粗加工，然后再用未浸蚀部分作精加工。

（3）工件的准备

电火花加工前，工件（凹模）型孔部分要加工预孔，并留适当的电火花加工余量。余量的大小应能补偿电火花加工的定位、找正误差及机械加工误差。一般情况下，单边余量为 0.3～1.5mm 为宜，并力求均匀。对形状复杂的型孔，余量要适当加大。

（4）电规准的选择及转换

所谓电规准是指电火花加工过程中一组电参数，如电压、电流、脉宽、脉间等。电规准选择正确与否，将直接影响着模具加工工艺指标。应根据工件的要求、电极和工件的材料、加工工艺指标和经济效果等因素来确定电规准，并在加工过程中及时地转换。

冲模加工中，常选择粗、中、精三种规准。每一种又可分几档。对粗规准的要求是：生产率高（不低于 $50mm^3/min$）；工具电极的损耗小。转换中规准之前的表面粗糙度 Ra 应小于 $10\mu m$，否则将增加中、精加工的加工余量与加工时间；加工过程要稳定。所以，粗规准主要采用较大的电流，较长的脉冲宽度（$t_1 = 50$～$500\mu s$），采用铜电极时电极相对损耗应低于 1%。

中规准用于过渡性加工，以减少精加工时的加工余量，提高加工速度，中规准采用的脉冲宽度一般为 $10 \sim 100 \mu s$。

精规准用来最终保证模具所要求的配合间隙、表面粗糙度、刃口斜度等质量指标，并在此前提下尽可能地提高其生产率。故应采用小的电流、高的频率、短的脉冲宽度（一般为 $2 \sim 6 \mu s$）。

粗规准和精规准的正确配合，可以适当地解决电火花加工时的质量和生产率之间的矛盾。

2. 型腔模的电火花加工

（1）型腔模电火花加工的工艺方法

型腔模包括锻模、压铸模、胶木模、塑料模、挤压模等。它的加工比较困难，主要因为均是盲孔加工，工作液循环和电蚀产物排除条件差，工具电极损耗后无法靠主轴进给补偿精度，金属蚀除量大；其次是加工面积变化大，加工过程中电规准的变化范围也较大，并由于型腔复杂，电极损耗不均匀，对加工精度影响很大。因此，对型腔模的电火花加工，既要求蚀除量大，加工速度高，又要求电极损耗低，并保证所要求的精度和表面粗糙度。

型腔模电火花加工主要有单电极平动法、多电极更换法和分解电极加工法等。

1）单电极平动法。单电极平动法在型腔模电火花加工中应用最广泛，它是采用一个电极完成型腔的粗、中、精加工的。首先采用低损耗（$\theta < 1\%$）、高生产率的粗规准进行加工，然后利用平动头作平面小圆运动，如图 6-6 所示，按照粗、中、精的顺序逐级改变电规准。与此同时，依次加大电极的平动量，以补偿前后两个加工规准之间型腔侧面放电间隙差和表面微观不平度差，实现型腔侧面仿形修光，完成整个型腔模的加工。

单电极平动法的最大优点是只需一个电极、一次装夹定位，便可达到 $\pm 0.05mm$ 的加工精度，并方便了排除电蚀产物。它的缺点是难以获得高精度的型腔模，特别是难以加工出清棱、清角的型腔。因为平动时，使电极上的每一个点都按平动头的偏心半径作圆周运动，清角半径由偏心半径决定。此外，电极

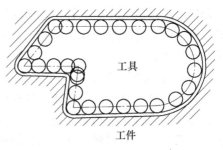

图 6-6 平动头扩大间隙原理图

在粗加工中容易引起不平的表面龟裂状的积碳层，影响型腔表面粗糙度。为弥补这一缺点，可采用精度较高的重复定位夹具，将粗加工后的电极取下，经均匀修光后，再重复定位装夹，再用平动头完成型腔的终加工，可消除上述缺陷。

采用数控电火花加工机床时，是利用工作台按一定轨迹作微量移动来修光侧面的，为区别于夹持在主轴头上的平动头的运动，通常将其称作摇动。由于摇动

轨迹是靠数控系统产生的，所以具有更灵活多样的模式，除了小圆轨迹运动外，还有方形、十字形运动，因此更能适应复杂形状的侧面修光的需要，尤其可以做到尖角处的"清根"，这是平动头所无法做到的。图 6-7a 为基本摇动模式，图 6-7b 为工作台变半径圆形摇动，主轴上下数控联动，可以修光或加工出锥面、球面。由此可见，数控电火花加工机床更适合单电极法加工。

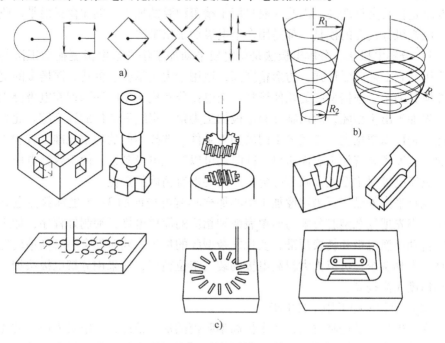

图 6-7　几种典型的摇动模式和加工实例

a）基本摇动模式　b）锥度摇动模式　c）数控联动加工实例

R_1—起始半径　R_2—终了半径　R—球面半径

另外，可以利用数控功能加工出以往普通机床难以或不能实现的零件。如利用简单电极配合侧向（X、Y 向）移动、转动、分度等进行多轴控制，可加工复杂曲面、螺旋面、坐标孔、槽等，如图 6-7c 所示。

目前我国生产的数控电火花机床，有单轴数控（主轴 Z 向、垂直方向）、三轴数控（主轴 Z 向、水平轴 X、Y 方向）和四轴数控（主轴能数控回转及分度，称为 C 轴，加 Z、X、Y），如果在工作台上加双轴数控回转台附件，这样就称为六轴数控机床了。如果主轴只能普通地旋转，没有数控分度功能，则不能称为 C 轴，此类机床为五轴数控机床。近年来出现的用简单电极展成法加工复杂表面技术，就是靠转动的电极工具和工件间的数控运动及正确的编程来实现的，不必制造复杂的电极工具，就可以加工复杂的模具或零件，大大缩短了生产周期和展示出数控技术的"柔性"及适应能力。

2）多电极更换法。多电极更换法是采用多个电极依次更换加工同一个型腔，每个电极加工时必须把上一规准的放电痕迹去掉。一般用两个电极进行粗、精加工就可满足要求；当型腔模的精度和表面质量要求很高时，才采用三个或更多个电极进行加工，但要求多个电极的一致性好、制造精度高；另外，更换电极时要求定位装夹精度高，因此一般只用于精密型腔的加工，例如盒式磁带、收录机、电视机等机壳的模具，都是用多个电极加工出来的。

3）分解电极法。分解电极法是单电极平动加工法和多电极更换加工法的综合应用。它工艺灵活性强，仿形精度高，适用于尖角窄缝、沉孔、深槽多的复杂型腔模具加工。根据型腔的几何形状，把电极分解成主型腔和副型腔电极分别制造。先加工出主型腔，后用副型腔电极加工尖角、窄缝等部位的副型腔。此方法的优点是可以根据主、副型腔不同的加工条件，选择不同的加工规准，有利于提高加工速度和改善加工表面质量，同时还可以简化电极制造，便于修整电极。缺点是更换电极时主型腔和副型腔电极之间要求有精确的定位。

近年来国外已广泛采用像加工中心那样具有电极库的 3～5 坐标数控电火花机床，事先把复杂型腔分解为简单表面和相应的简单电极，编制好程序，加工过程中自动更换电极和转换规准，实现复杂型腔的加工。同时配合一套高精度辅助工具、夹具系统，可以大大提高电极的装夹定位精度，使采用分解电极法加工的模具精度大为提高。

（2）型腔模加工用工具电极

在电极材料的选择方面，为了提高型腔模的加工精度，在电极方面，首先是寻找耐蚀性高的电极材料，如纯铜、铜钨合金、银钨合金以及石墨电极等。由于铜钨合金和银钨合金的成本高，机械加工比较困难，故采用的较少，常用的为纯铜和石墨，这两种材料的共同特点是在宽脉冲粗加工时都能实现低损耗。

纯铜有如下优点：

1）不容易产生电弧，在较困难的条件下也能稳定加工。

2）精加工比石墨电极损耗小。

3）采用精微加工能达到 Ra 优于 $1.25\mu m$ 的表面粗糙度。

4）经锻造后还可做其他型腔加工用的电极，材料利用率高。

但其机械加工性能不如石墨好。

石墨电极的优点是：

1）机械加工成形容易，容易修正。

2）电火花加工的性能也很好，在宽脉冲大电流情况下具有更小的电极损耗。

石墨电极的缺点是容易产生电弧烧伤现象，因此在加工时应配合有短路快速切断装置；精加工时电极损耗较大，表面粗糙度只能达到 $Ra2.5\mu m$。对石墨电极材料的要求是颗粒小、组织细密、强度高和导电性好。

型腔加工一般均为盲孔加工，排气、排屑状况将直接影响加工速度、稳定性和表面质量。一般情况下，在不易排屑的拐角、窄缝处应开有冲油孔；而在蚀除面积较大以及电极端部有凹入的部位开排气孔。冲油孔和排气孔的直径一般为 1~2mm。若孔过大，则加工后残留的凸起太大，不易清除。孔的数目应以不产生蚀除物堆积为宜。孔距在 20~40mm 左右，孔要适当错开。

（3）工作液强迫循环的应用

型腔加工是盲孔加工，电蚀产物的排除比较困难，电火花加工时产生的大量气体如果不能及时排除，积累起来就会产生"放炮"现象。采用排气孔，使电蚀产物及气体从孔中排出。当型腔较浅时尚可满足工艺要求，但当型腔小而较深时，光靠电极上的排气孔，不足以使电蚀产物、气体及时排出，往往需要采用强迫冲油。这时电极上应开有冲油孔。

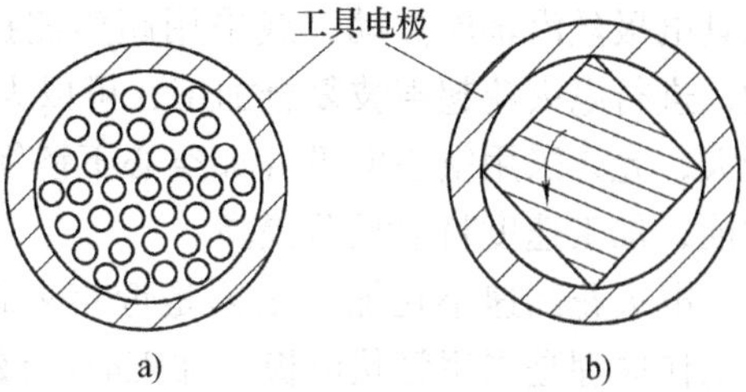

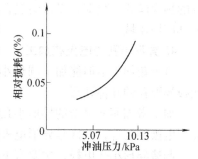

图 6-8　冲油孔中安置小钢管或方轴以消除残留突起

a) 安置小铜管　b) 安置方轴

当加工盲孔，或在五坐标电火花机床上采用单个圆柱电极仿形加工复杂型腔时，往往采用空心圆管强迫冲油，以改善排屑条件。为了消除冲油孔在工件表面上所造成的残留突起，可采用如图 6-8 所示的办法。图 6-8a 表示在圆管电极内布满小铜管，图 6-8b 为在圆管电极内安置一根方轴，工作液从方轴和孔间隙中送入加工区。小铜管或方轴都和圆管电极同时旋转。

采用的冲油压力一般为 20kPa 左右，可随深度的增加而有所增加。冲油对电极损耗有影响，其关系如图 6-9 所示。从图中可见，随着冲油压力的增加，电极损耗也增加了。这是因为冲油压力增加后，对电极表面的冲刷力也增加，因而使电蚀产物不易反粘到电极表面以补偿其损耗。同时由于游离碳浓度随冲油而降低，因而影响了黑膜的生成，且流场不均，电极局部冲刷和反粘及黑膜厚度不同，严重影响加工精度。因此冲油压力和流速不宜过高。

电极的损耗又将影响到型腔模的加工精度，故对要求很高的锻模往往不采用冲油而采用定时抬刀的方法来排除电蚀产物，以保证加工精度，但生产率有所降低。

图 6-9　冲油压力对电极损耗的影响

3. 小孔电火花加工

小孔加工也是电火花穿孔成形加工的一种应用。小孔加工的特点是：

1）加工面积小，深度大，直径一般为 0.05~2mm，深径比达 20 以上。

2）小孔加工均为盲孔加工，排屑困难。

小孔加工由于工具电极截面积小，容易变形，不易散热，排屑困难，因此电极损耗大。工具电极应选择刚性好、容易矫直、加工稳定性好和损耗小的材料，如铜钨合金丝、钨丝、钼丝、铜丝等。加工时为了避免电极弯曲变形，还需设置工具电极的导向装置。

为了改善小孔加工时的排屑条件，使加工过程稳定，常采用电磁振动头，使工具电极丝沿轴向振动，或采用超声波振动头，使工具电极端面有轴向高频振动，进行电火花超声波复合加工，可以大大提高生产率。如果所加工的小孔直径较大，允许采用空心电极（如空心不锈钢管或铜管），则可以用较高的压力强迫冲油，加工速度将会显著提高。

电火花高速小孔加工工艺是近年来新发展起来的。其工作原理是采用管状电极，加工时电极作回转和轴向进给运动，管电极中通入 1~5MPa 的高压工作液（去离子水、蒸馏水、乳化液或煤油），如图 6-10 所示。由于高压工作液能迅速将电极产物排除，且能强化火花放电的蚀除作用，因此这一加工方法的最大特点是加工速度高，一般小孔加工速度可达 60mm/min 左右，比普通钻孔速度还要快。这种加工方法最适合加工 0.3~3mm 左右的小孔且深径比可超过 100。

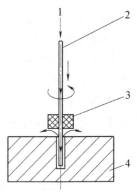

图 6-10　电火花高速小孔
加工原理示意图
1—高压工作液　2—管电极
3—导向器　4—工件

国外某公司加工出的样品中有一例是加工直径为 3mm，深达 330mm 的深孔零件，且孔的尺寸精度和圆柱度均很好。这种方法还可以在斜面和曲面上打孔。目前，这种加工方法和商品机床已被应用于加工线切割零件的预穿丝孔、喷嘴，以及耐热合金等难加工材料的小孔加工中，并且会日益扩大其应用领域。

4. 异形小孔的电火花加工

电火花加工不但能加工圆形小孔，而且能加工多种异形小孔，图 6-11 为喷丝板异形孔的几种孔形。

加工微细而又复杂的异形小孔，加工情况与圆形小孔加工基本一样，关键是异形电极的制造，其次是异形电极的装夹。

制造异形小孔电极，主要有下面几种方法：

1）冷拔整体电极法。采用电火花线切割加工工艺并配合钳工修磨制成异形电极的硬质合金拉丝模，然后用该模具拉制成异形截面的电极。这种方法效率高，用于较大批量生产。

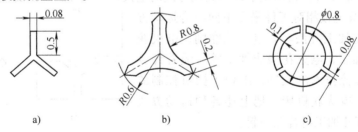

图 6-11　喷丝板异形孔的几种形式
a）三叶形　b）变形三角形　c）中空形

2）电火花线切割加工整体电极法。利用精密电火花线切割加工制成整体异形电极。这种方法的制造周期短、精度和刚度较好，可以修磨抛光，保证型孔加工质量。

3）电火花反拷加工整体电极法。图 6-12 即为电火花反拷加工制造异形电极的示意图，用这种方法制造的电极定位装夹方便而误差小。

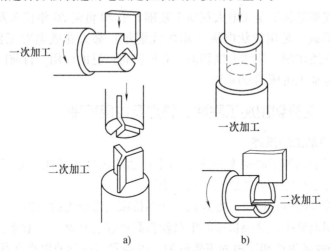

图 6-12　电火花反拷加工异形电极示意图
a）三叶形电极　b）中空形电极

由于加工异形小孔的工具电极结构复杂，装夹、定位比较困难，需采用专用夹具。图 6-13 为三叶形异形孔电极的专用夹具示意图。电极在装夹前需要清洗修光、细研磨后装入夹具内紧牢。夹具装在机床主轴上，应调好电极与工件的垂直度及对中性。

随着生产的发展，电火花加工领域不断扩大，除了电火花穿孔成形加工、电火花线切割加工外，还出现了许多其他方式的电火花加工方法。主要包括：

1）工具电极相对工件采用不同组合运动方式的电火花加工方法。如电火花磨削、电火花共轭回转加工、电火花展成加工等。随着计算机技术和数控技术的发展，出现了微机控制的五坐标数控电火花机床，把上述各种运动方式和成形、穿孔加工组合在一起。

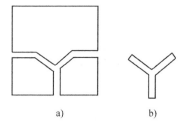

图6-13　异形孔电极三角形
夹具示意图
a）三角形夹具　b）三叶形电极

2）工具电极和工件在气体介质中进行放电的电火花加工方法。如金属电火花表面强化、电火花刻字等。

3）工件为非金属材料的加工方法。如半导体与高阻抗材料聚晶金刚石、立方氮化硼的加工等。

6.3　电火花线切割加工

电火花线切割加工是在电火花加工基础上于20世纪50年代末发展起来的一种新的工艺形式，是用线状电极（钼丝或铜丝）靠火花放电对工件进行切割，故称为电火花线切割，简称为线切割。它已获得广泛的应用，目前国内外的线切割机床已占电加工机床的60%以上。

6.3.1　电火花线切割加工原理、特点及应用范围

1. 线切割加工的原理

电火花线切割加工的基本原理是利用移动的细金属导线（铜丝或钼丝）作电极，对工件进行脉冲火花放电、切割成形。

根据电极丝的运行速度，电火花线切割机床通常分为两大类：一类是高速走丝电火花线切割机床，这类机床的电极丝作高速往复运动，一般走丝速度为8～10m/s，这是我国生产和使用的主要机种，也是我国独创的电火花线切割加工模式；另一类是低速走丝电火花线切割机床，这类机床的电极丝作低速单向运动，一般走丝速度低于0.2m/s，这是国外生产和使用的主要机种。

图6-14a、b为高速走丝电火花线切割工艺及装置的示意图。利用细钼丝4作工具电极进行切割，贮丝筒7使钼丝作正反向交替移动，加工能源由脉冲电源3供给。在电极丝和工件之间浇注工作液介质，工作台在水平面两个坐标方向各自按预定的控制程序并根据火花间隙状态作伺服进给移动，从而合成各种曲线轨迹，使工件切割成形。

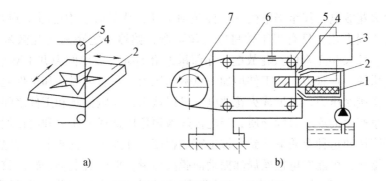

图 6-14 电火花线切割工作原理

a）能够实现的运动方向 b）装置示意图

1—绝缘底板 2—工件 3—脉冲电源 4—钼丝 5—导向轮 6—支架 7—贮丝筒

此外，电火花线切割机床按控制方式可分为：靠模仿形控制、光电跟踪控制、数字程序控制等；按加工尺寸范围可分为：大、中、小型以及普通型与专用型等。目前国内外 95% 以上的线切割机床都已采用数控化。

2. 线切割加工的特点

电火花线切割加工过程的工艺和机理，与电火花穿孔成形加工既有共性，又有特性。

（1）电火花线切割加工与电火花成形加工的共性表现

1）线切割加工的电压、电流波形与电火花加工的基本相似。单个脉冲也有多种形式的放电状态，如开路、正常火花放电、短路等。

2）线切割加工的加工机理、生产率、表面粗糙度等工艺规律，材料的可加工性等也都与电火花加工的基本相似，可以加工硬质合金等一切导电材料。

（2）线切割加工相比于电火花加工的不同特点表现

1）由于电极工具是直径较小的细丝，故脉冲宽度、平均电流等不能太大，加工工艺参数的范围较小，属中、精正极性电火花加工，工件常接电源正极。

2）采用水或水基工作液，不会引燃起火，容易实现安全无人运转。但由于工作液的电阻率远比煤油小，因而在开路状态下，仍有明显的电解电流，电解效应稍有益于改善加工表面粗糙度。

3）一般没有稳定电弧放电状态。因为电极丝与工件始终有相对运动，尤其是快速走丝电火花线切割加工，因此，线切割加工的间隙状态可以认为是由正常火花放电、开路和短路这三种状态组成，但往往在单个脉冲内有多种放电状态，有"微开路"、"微短路"现象。

4）电极与工件之间存在着"疏松接触"式轻压放电现象。近年来的研究结果表明，当柔性电极丝与工件接近到通常认为的放电间隙（例如 8 ~ 10μm）时，并不发生火花放电，甚至当电极丝已接触到工件，从显微镜中已看不到间隙时，也常常看不到火花。只有当工件将电极丝顶弯，偏移一定距离（几微米到几十微米）时，才发生正常的火花放电。亦即每进给 $1\mu m$，放电间隙并不减小 $1\mu m$，而是钼丝增加一点张力，向工件增加一点侧向压力，只有电极丝和工件之间保持一定的轻微接触压力，才形成火花放电。可以认为，在电极丝和工件之间存在着某种电化学产生的绝缘薄膜介质，当电极丝被顶弯所造成的压力和电极丝相对工件的移动摩擦使这种介质减薄到可被击穿的程度，才发生火花放电。放电发生之后产生的爆炸力可能使电极丝局部振动而脱离接触，但宏观上仍是轻压放电。

5）省掉了成形的工具电极，大大降低了成形工具电极的设计和制造费用，缩短了生产准备时间，加工周期短，这对新产品的试制是很有意义的。

6）由于电极丝比较细，可以加工微细异形孔、窄缝和复杂形状的工件。由于切缝很窄，且只对工件材料进行"套料"加工，实际金属去除量很少，材料的利用率很高，这对加工、节约贵重金属有重要意义。

7）由于采用移动的长电极丝进行加工，使单位长度电极丝的损耗较少，从而对加工精度的影响比较小，特别在低速走丝线切割加工时，电极丝一次性使用，电极丝损耗对加工精度的影响更小。

电火花线切割加工有许多突出的长处，因而在国内外发展都较快，已获得了广泛的应用。

3. 线切割加工的应用范围

线切割加工为新产品试制、精密零件加工及模具制造开辟了一条新的工艺途径，主要应用于以下几个方面。

（1）加工模具

适用于各种形状的冲模。调整不同的间隙补偿量，只需一次编程就可以切割凸模、凸模固定板、凹模及卸料板等。模具配合间隙、加工精度通常都能达到要求。此外，还可加工挤压模、粉末冶金模、弯曲模、塑压模等通常带锥度的模具。

（2）加工电火花成形加工用的电极

一般穿孔加工用的电极以及带锥度型腔加工用的电极，以及铜钨、银钨合金之类的电极材料，用线切割加工特别经济，同时也适用于加工微细复杂形状的电极。

（3）加工零件

在试制新产品时，用线切割在坯料上直接割出零件，例如试制切割特殊微电机硅钢片定、转子铁心，由于不需另行制造模具，可大大缩短制造周期、降低成本。另外修改设计、改变加工程序比较方便，加工薄件时还可多片叠在一起加工。在零件制造方面，可用于加工品种多、数量少的零件，特殊难加工材料的零件，材料试验样件，各种型孔、特殊齿轮凸轮、样板、成形刀具，同时还可进行微细加工，异形槽和标准缺陷的加工等。

6.3.2 电火花线切割加工设备

电火花线切割加工设备主要由机床本体、脉冲电源、控制系统、工作液循环系统和机床附件等几部分组成。图 6-15 和图 6-16 分别为高速和低速走丝线切割加工设备组成图。本节以讲述高速走丝线切割为主。

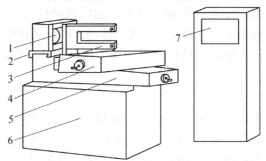

图 6-15 高速走丝线切割加工设备组成

1—卷丝筒 2—走丝溜板 3—丝架 4—上滑板 5—下滑板
6—床身 7—电源、控制柜

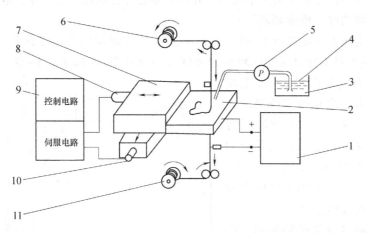

图 6-16 低速走丝线切割加工设备组成

1—脉冲电源 2—工件 3—工作液箱 4—去离子水 5—泵 6—放丝卷筒
7—工作台 8—X 轴电动机 9—数控装置 10—Y 轴电动机 11—收丝卷筒

1. 机床本体

机床本体由床身、坐标工作台、走丝机构、丝架、工作液箱、附件和夹具等几部分组成：

（1）床身

床身一般为铸件，是坐标工作台、绕丝机构及丝架的支承和固定基础。通常采用箱式结构，应有足够的强度和刚度。床身内部安置电源和工作液箱，考虑电源的发热和工作液泵的振动，有些机床将电源和工作液箱移出床身外另行安放。

（2）坐标工作台

电火花线切割机床最终都是通过坐标工作台与电极丝的相对运动来完成对零件的加工。为保证机床精度，对导轨的精度、刚度和耐磨性有较高的要求。一般都采用"十"字滑板、滚动导轨和丝杆传动副将电动机的旋转运动变为工作台的直线运动，通过两个坐标方向各自的进给移动，可合成获得各种平面图形的曲线轨迹。为保证工作台的定位精度和灵敏度，传动丝杆和螺母之间必须消除间隙。

（3）走丝机构

走丝系统使电极丝以一定的速度运动并保持一定的张力。在高速走丝机床上，一定长度的电极丝平整地卷绕在贮丝筒上（如图6-14所示），丝张力与排绕时的拉紧力有关（为提高加工精度，近来已研制出恒张力装置），贮丝筒通过联轴器与驱动电动机相连。为了重复使用该段电极丝，电动机由专门的换向装置控制作正反向交替运转。走丝速度等于贮丝筒周边的线速度，通常为 8～10m/s。在运动过程中，电极丝由丝架支承，并依靠导轮保持电极丝与工作台垂直或倾斜一定的几何角度（锥度切割时）。

低速走丝系统如图6-17所示。自未使用的金属丝筒2（绕有1～3kg金属丝）、靠卷丝筒1使金属丝以较低的速度（通常0.2m/s以下）移动。为了提供一定的张力（2～25N），在走丝路径中装有一个机械式或电磁式张力机构4和5。为实现断丝时能自动停车并报警，走丝系统中通常还装有断丝检测微动开关。用过的电极丝集中到卷丝筒上或送到专门的收集器中。

为了减轻电极丝的振动，应使其跨度尽可能小（按工件厚度调整）。通常在工件的上下采用蓝宝石V形导向器或圆孔金刚石模导向器，其附近装有引电部分，工作液一般通过引电区和导向器再进入加工区，可使全部电极丝

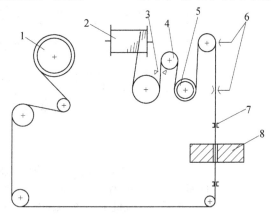

图6-17　低速走丝运丝机构示意图
1—卷丝筒　2—未使用的金属丝筒　3—拉丝模
4—张力电动机　5—电动机丝张力调节轴
6—退火装置　7—导向器　8—工件

的通电部分都能冷却。现在的机床上还装有靠高压水射流冲刷引导的自动穿丝机构，能使电极丝经一个导向器穿过工件上的穿丝孔而被传送到另一个导向器，在必要时也能自动切断并再穿丝，为无人连续切割创造了条件。

（4）锥度切割装置

为了切割有落料角的冲模和某些有锥度（斜度）的内外表面，有些线切割机床具有锥度切割功能。实现锥度切割的方法有多种，下面只介绍两种。

1）偏移式丝架。主要用在高速走丝线切割机床上实现锥度切割。其工作原理如图 6-18 所示。

图 6-18a 为上（或下）丝臂平动法，上（或下）丝臂沿 X、Y 方向平移，此法锥度不宜过大，否则钼丝易拉断，导轮易磨损，工件上有一定的加工圆角。图 6-18b 为上、下丝臂同时绕一定中心移动的方法，如果模具刀口放在中心"O"上，则加工圆角近似为电极丝半径。此法加工锥度也不宜过大。图 6-18c 为上、下丝臂分别沿导轮径向平动和轴向摆动的方法，此法加工锥度不影响导轮磨损，最大切割锥度通常可达 5°。

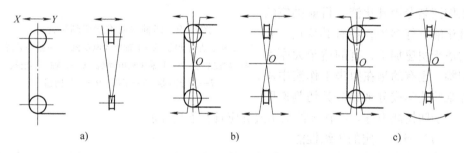

图 6-18　偏移式丝架实现锥度加工的方法
a）上、下丝臂平动法　b）上、下丝臂同绕一定中心移动法
c）上、下丝臂分别沿导轮径向平动和轴向摆动

2）双坐标联动装置。在低速走丝线切割机床上广泛采用，主要依靠上导向器亦能作纵横两轴（称 U、V 轴）驱动，与工作台的 X、Y 轴在一起构成 NC 四轴同时控制（图 6-19），这种方式的自由度很大，依靠功能丰富的软件，可以实现上、下异形截面形状的加工。最大的倾斜角度一般为 ±5°，有的甚至可达 30°（与工件厚度有关）。

在锥度加工时，保持导向间距（上、下导向器与电极丝接触点之间的直线距离）一定，是获得高精度的主要因素。为此有的机床具有 Z 轴设置功能，并且一般采用圆孔方式的无方向性导向器。

2. 脉冲电源

电火花线切割加工脉冲电源与电火花成形加工所用的在原理上相同，不过受加工表面粗糙度和电极丝允许承载电流的限制，线切割加工脉冲电源的脉宽较窄（2～60μs），单个脉冲能量、平均电流（1～5A）一般较小，所以线切割加工总是采用正极性加工。脉冲电源的形式品种很多，如晶体管矩形波脉冲电源、高频分组脉冲电源、并联电容型脉冲电源和低损耗电源等。

3. 工作液循环系统

在线切割加工中，工作液对加工工艺指标的影响很大，如对切割速度、表面粗糙度、加工精度等都有影响。低速走丝线切割机床大多采用去离子水作工作液，只有在特殊精加工时才采用绝缘性能较高的煤油。高速走丝线切割机床使用的工作液是专用乳化液，目前供应的乳化液有好多种，各有其特点。有的适于快速加工，有的适于大厚度切割，也有的是在原来工作液中添加某些化学成分来提高其切割速度

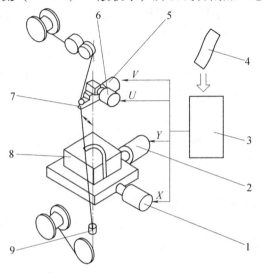

图 6-19　四轴联动锥度切割装置
1—X 轴驱动电动机　2—Y 轴驱动电动机　3—控制装置
4—数控纸带　5—V 轴驱动电动机　6—U 轴驱动电机
7—上导向器　8—工件　9—下导向器

或增加防锈能力等。不管哪种工作液都应具有下列性能。

（1）具有一定的绝缘性能

火花放电必须在具有一定绝缘性能的液体介质中进行。工作液的绝缘性能可使击穿后的放电通道压缩，局限在较小的通道半径内火花放电，形成瞬时、局部高温熔化、气化金属。放电结束后又迅速恢复放电间隙成为绝缘状态。绝缘性能太低，将产生电解而形不成击穿火花放电；绝缘性能太高，则放电间隙小，排屑难，切割速度低。一般电阻率在 $10^3 \sim 10^4 \Omega \cdot cm$ 为宜。

（2）具有较好的洗涤性能

所谓洗涤性能，是指液体有较小的表面张力，对钼丝和工件有较大的亲和附着力，能润湿渗透进入窄缝中去，此外还有一定的去除油污的能力。洗涤性能好的工作液，切割时排屑效果好，切割速度高，切割后表面光亮清洁，割缝中没有油污粘糊。洗涤性能不好的则相反，有时切割下来的料芯被油污糊状物粘住，不易取下来，切割表面也不易清洗干净。

（3）具有较好的冷却性能

在放电过程中，尤其是大电流加工时，放电点局部瞬时温度极高。为防止电极丝烧断和工件表面局部退火，必须充分冷却。为此，工作液应有较好的吸热、

传热和散热性能。

（4）对环境无污染，对人体无危害

在加工中不应产生有害气体，不应对操作人员的皮肤、呼吸道产生刺激等反应，不应锈蚀工件、夹具和机床。

此外，工作液还应具有配制方便、使用寿命长、乳化充分、冲制后不能油水分离、储存时间较长及不应有沉淀或变质现象等特点。

由于线切割切缝很窄，顺利排除电蚀产物是极为重要的问题，因此工作液的循环与过滤装置是线切割加工不可缺少的部分。其作用是充分地、连续地向加工区供给清洁的工作液，及时从加工区域中排除电蚀产物，对电极丝和工件进行冷却，以保持脉冲放电过程能稳定而顺利地进行。工作液循环装置一般由工作液泵、液箱、过滤器、管道和流量控制阀等组成。对高速走丝机床，通常采用浇注式供液方式，而对低速走丝机床，近年来有些采用浸泡式供液方式。

6.3.3　影响线切割工艺指标的因素

1. 线切割加工的主要工艺指标

（1）切割速度

在保持一定的表面粗糙度的切割过程中，单位时间内电极丝中心线在工件上切过的面积总和称为切割速度，单位为 mm^2/min。最高切割速度是指在不计切割方向和表面粗糙度等条件下，所能达到的切割速度。通常高速走丝线切割速度为 $40 \sim 80 mm^2/min$，它与加工电流大小有关，为比较不同输出电流脉冲电源的切割效果，将每安培电流的切割速度称为切割效率，一般切割效率为 $20 mm^2/(min \cdot A)$。

（2）表面粗糙度

和电火花加工表面粗糙度一样，我国和欧洲常用轮廓算术平均偏差 $Ra(\mu m)$ 来表示，而日本常用 $R_{max}(\mu m)$ 来表示。高速走丝线切割一般的表面粗糙度 Ra 为 $5 \sim 2.5 \mu m$，最佳也只有 $1 \mu m$ 左右。低速走丝线切割一般可达 $1.25 \mu m$，最佳可达 $0.2 \mu m$。

（3）电极丝损耗量

对高速走丝机床，用电极丝在切割 $10000 mm^2$ 面积后电极丝直径的减少量来表示。一般每切割 $10000 m^2$ 后，钼丝直径减小不应大于 $0.01 mm$。

（4）加工精度

加工精度是指所加工工件的尺寸精度、形状精度（如直线度、平面度、圆度等）和位置精度（如平行度、垂直度、倾斜度等）的总称。快速走丝线切割的可控加工精度在 $0.01 \sim 0.02 mm$ 左右，低速走丝线切割可达 $0.005 \sim 0.002 mm$ 左右。

2. 电参数的影响

1）脉冲宽度 t_i。通常 t_i 加大时加工速度提高而表面粗糙度变差。一般 $t_i = 2 \sim 60\mu s$，在分组脉冲及光整加工时，t_i 可小至 $0.5\mu s$ 以下。

2）脉冲间隔 t_0。t_0 减小时平均电流增大，切割速度加快，但 t_0 不能过小，以免引起电弧和断丝。一般取 $t_0 = (4 \sim 8)t_i$。在刚切入或大厚度加工时，应取较大的 t_0 值。

3）开路电压 $\hat{u}_i$。该值会引起放电峰值电流和电加工间隙的改变。$\hat{u}_i$ 提高，加工间隙增大，排屑变易，提高了切割速度和加工稳定性，但易造成电极丝振动，通常 $\hat{u}_i$ 的提高还会使丝损加大。

4）放电峰值电流 $\hat{i}_e$。这是决定单脉冲能量的主要因素之一。$\hat{i}_e$ 增大时，切割速度提高，表面粗糙度变差，电极丝损耗比加大甚至断丝。一般 $\hat{i}_e$ 小于 $40A$，平均电流小于 $5A$。低速走丝线切割加工时，因脉宽很窄，电极丝又较粗，故 $\hat{i}_e$ 有时大于 $50A$。

5）放电波形。在相同的工艺条件下，高频分组脉冲常常能获得较好的加工效果。电流波形的前沿上升比较缓慢时，电极丝损耗较少。不过当脉宽很窄时，必须要有陡的前沿才能进行有效的加工。

3. 非电参数的影响

（1）电极丝及其移动速度对工艺指标的影响

对于高速走丝线切割，广泛采用 $\phi 0.06 \sim \phi 0.20mm$ 的钼丝，因它耐损耗、抗拉强度高、丝质不易变脆且较少断丝。提高电极丝的张力可减轻丝振的影响，从而提高精度和切割速度。丝张力的波动对加工稳定性影响很大，产生波动的原因是：电极丝在卷丝筒上缠绕松紧不均；正反运动时张力不一样；工作一段时间后电极丝伸长、张力下降。采用恒张力装置可以在一定程度上改善丝张力的波动。电极丝的直径决定了切缝宽度和允许的峰值电流。最高切割速度一般都是用较粗的丝实现的。在切割小模数齿轮等复杂零件时，采用细丝才能获得精细的形状和很小的圆角半径。随着走丝速度的提高，在一定范围内，加工速度也提高。提高走丝速度有利于电极丝把工作液带入较大厚度的工件放电间隙中，有利于电蚀产物的排除和放电加工的稳定。但走丝速度过高，将加大机械振动、降低精度和切割速度，表面粗糙度也恶化，并易造成断丝，一般以小于 $10m/s$ 为宜。低速走丝线切割机床，电极丝的材料和直径有较大的选择范围。高生产率时可用 $0.3mm$ 以下的镀锌黄铜丝，允许较大的峰值电流和气化爆炸力。精微加工时可用 $0.03mm$ 以上的钼丝。由于电极丝张力均匀，振动较小，所以加工稳定性、表面粗糙度、精度指标等均较好。

（2）工件厚度及材料对工艺指标的影响

工件材料薄，工作液容易进入并充满放电间隙，对排屑和消电离有利，加工稳定性好。但工件太薄，电极丝易产生抖动，对加工精度和表面粗糙度不利。工件厚，工作液难于进入和充满放电间隙，加工稳定性差，但电极丝不易抖动，因此精度较高，表面粗糙度值较小。切割速度（指单位时间内切割的面积，单位为 mm²/min）起先随厚度的增加而增加，当厚度达到某一值（一般为 50 ~ 100mm）后速度开始下降，这是因为厚度过大时，排屑条件变差。

工件材料不同，其熔点、气化点、热导率等都不一样，因而加工效果也不同。例如采用乳化液加工时：

1）加工铜、铝、淬火钢时，加工过程稳定，切割速度高。

2）加工不锈钢、磁钢、未淬火高碳钢时，稳定性较差，切割速度较低，表面质量不太好。

3）加工硬质合金时，比较稳定，切割速度较低，表面粗糙度值小。

（3）预置进给速度对工艺指标的影响

预置进给速度（指进给速度的调节）对切割速度、加工精度和表面质量的影响很大。因此应调节预置进给速度紧密跟踪工件蚀除速度，保持加工间隙恒定在最佳值上。这样可使有效放电状态的比例大，而开路和短路的比例少，使切割速度达到给定加工条件下的最大值，相应的加工精度和表面质量也好。如果预置进给速度调得太快，超过工件可能的蚀除速度，会出现频繁的短路现象，切割速度反而低（欲速则不达），表面粗糙度也差，上、下端面切缝呈焦黄色，甚至可能断丝；反之，进给速度调得太慢，大大落后于工件的蚀除速度，极间将偏于开路，有时会时而开路时而短路，上、下端面切缝发焦黄色，这两种情况都大大影响工艺指标。因此，应按电压表、电流表调节进给旋钮，使表针稳定不动，此时进给速度均匀、平稳，是线切割加工速度和表面粗糙度均好的最佳状态。

此外，机械部分精度（例如导轨、轴承、导轮等磨损、传动误差）和工作液（种类、浓度及其脏污程度）都会对加工效果产生相当的影响。当导轮、轴承偏摆，工作液上下冲水不均匀，都会使加工表面产生上下凹凸相间的条纹，恶化工艺指标。

6.3.4 线切割加工工艺及应用

电火花线切割加工已广泛用于国防、民用的生产和科研工作中，用于加工各种难加工材料、复杂表面和有特殊要求的零件、刀具和模具。电火花线切割加工中应注意以下的一些工艺问题。

1. 工件材料内部残余应力对加工的影响

对热处理后的坯件进行电火花线切割加工时，由于大面积去除金属和切断加工，会使材料内部残余应力的相对平衡状态受到破坏从而产生很大的变形，破坏了零件的加工精度，甚至在切割过程中，材料会突然开裂。

为了减少这些情况，应选择锻造性能好、淬透性好、热处理变形小的材料，如以线切割为主要工艺的冷冲模具，尽量选用 CrWMn、Cr12Mo、GCr15 等合金工具钢，并要正确选择热加工方法和严格执行热处理规范。另一方面，在电火花线切割加工工艺上也要作合理安排。例如，要选择合理的切割路线，如图 6-20 所示，其中图 6-20a 的切割路线是错误的，按此加工，切割完第一道工序，继续加工时，由于原来主要连接的部位被割离，余下的材料与夹持部

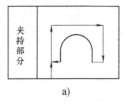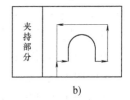

图 6-20   切割路线的确定
a）不合理   b）合理

分连接较少，工件刚度大为降低，容易产生变形，而影响加工精度。如按图 6-20b 的切割路线加工，可减少由于材料割离后残余应力重新分布而引起的变形。所以，一般情况下，最好将工件与其夹持部分分割的线段安排在切割总程序的末端。

图 6-21 所示的由外向内顺序的切割路线，通常在加工凸模类零件时采用。但坯件材料被割离，会在很大程度上破坏材料内应力平衡状态，使材料变形。图 6-21a 是不正确的方案，图 6-21b 的安排较为合理，但仍存在着变形。因此，对于精度要求较高的零件，最好采用图 6-21c 的方案，电极丝不由坯件的外部切入，而是将切割起始点取在坯件预制的穿丝孔中。

切割孔类工件，为减少变形，可采用两次切割法，如图 6-22 所示。第一次粗加工型孔，各边留量 0.1～0.5mm，以补偿材料原来的应力平衡状态受到的破坏，第二次切割为精加工，这样可以达到较满意的效果。

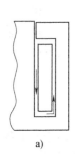

图 6-21   切割起始点和切割路线的安排
a）不合理   b）较为合理   c）合理

图 6-22   二次切割法图例
1—第一次切割路线   2—第一次切割后
的实际图形   3—第二次切割后的图形

2. 电极丝初始位置的确定

在线切割加工中，需要确定电极丝相对工件的基准面、基准线或基准孔的坐标位置。对加工要求较低的工件，可直接目测来确定电极丝和工件的相互位置，也可借助于 2～8 倍的放大镜进行观测。也可采用火花法，即利用电极丝与工件在一定间隙下发生放电的火花，来确定电极丝的坐标位置。

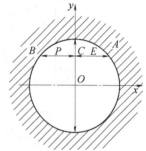

图 6-23　电极丝自动对中原理图

对加工要求较高的零件，可采用电阻法，利用电极丝与工件基面由绝缘到短路接触的瞬间，两者间电阻突变的特点来确定电极丝相对工件基准的坐标位置。

微处理器控制的数控电火花线切割机床，一般具有电极丝自动找中心坐标位置的功能，其原理如图 6-23 所示。设 P 为电极丝在穿丝孔中的起始位置，先向右沿 x 坐标进给，当与孔的圆周在 A 点接触后，立即反向进给并开始计数，直至和孔周边的另一点 B 点接触时，再反向进给二分之一距离，移动至 AB 间的中点位置 C；然后再向上沿 y 坐标进给，重复上述过程，最后自动在穿丝孔的中心 O 点停止。

3. 电规准的选择

由于线切割加工一般都选用晶体管高频脉冲电源，用单脉冲能量小、脉宽窄、频率高的电参数进行正极性加工，要求获得较好的表面粗糙度值时，所选的电规准要小；若要求获得较高的切割速度，脉冲参数要选大一些，但加工电流的增大受到电极丝截面积的限制，过大的电流将引起断丝。

加工大厚度工件时，为了改善排屑条件，宜选用较高的脉冲电压、较大的脉宽和峰值电流，以增大放电间隙，帮助排屑和使工作液进入加工区。在容易断丝的场合（如切割初期加工面积小、工作液中电蚀产物浓度过高，或是调换新钼丝时），都应增大脉冲间隔时间，减小加工电流，否则将会导致电极丝的烧断。

4. 直纹曲面的电火花线切割加工

电火花线切割加工一般只用于切割二维曲面，即用于切割型孔，不能加工立体曲面（即三维曲面）。然而一些由直线组成的三维直纹曲面，如螺纹面、双曲面以及一些特殊表面等，用电火花线切割加工仍是可以实现的，只需增加一个数控回转工作台附件，工件装在用步进电动机驱动的回转工作台上，采取数控移动和数控转动相结合的方式编程，用 θ 角方向的单步转动来代替 Y 轴方向的单步移动，即可完成这些加工工艺。图 6-24 所示为工件数控转动 θ 和 X、Y 数控二轴或三轴联动加工多维复杂曲面实例的示意图。图 a、b、d 为 X 与 θ 转动两轴插补联动；图 c 为切入后仅 θ 单轴伺服转角；图 e 为每次 X、Y 轴按宝塔的投影插补联动切割后，经7次分度，可切割出八角宝塔；图 f 为 Y、θ 联动切入后，X、θ 联动切割带窄螺旋槽的挠性联轴套；图 g 为 X、Y、θ 联动，再经定期多次分度，可以切割出四方或多边锥台。

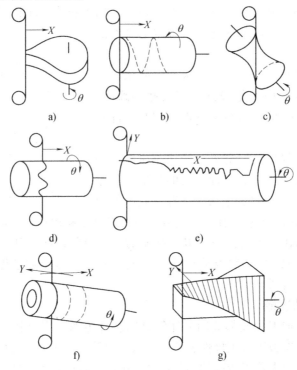

图 6-24　电火花线切割加工直纹曲面
a）加工平面凸轮　b）加工螺旋面　c）加工双曲面　d）加工回转端面曲线、
端面凸轮　e）加工宝塔　f）加工窄螺旋槽　g）加工扭转锥台

6.4　激光加工

　　激光技术是20世纪60年代初发展起来的一门科学，在材料加工方面，已逐步形成一种崭新的加工方法——激光加工。激光加工可以用于打孔、切割、电子器件的微调、焊接、热处理，以及激光存贮等各个领域。由于激光加工不需要加工工具、而且加工速度快、表面变形小，可以加工各种材料，已经在生产实践中愈来愈多地显示了它的优越性，所以很受人们的重视。

　　激光加工是利用光的能量经过透镜聚焦后在焦点上达到很高的能量密度靠光热效应来加工各种材料的。人们曾用透镜将太阳光聚焦，使纸张、木材引燃，但无法用作材料加工。这是因为：①地面上太阳光的能量密度不高；②太阳光非单色光，各色光聚焦后焦点位置各不相同。

而激光是可控的单色光，强度高，能量密度大，可以在空气介质中高速加工各种材料，日益获得广泛的应用。

6.4.1 激光加工的原理和特点

1. 激光的产生原理

（1）光的物理概念及原子的发光过程

1）光的物理概念。光究竟是什么？直到近代，人们才认识到光既具有波动性，又具有微粒性，也就是说，光具有波粒二象性。

根据光的电磁学说，可以认为光实质上是在一定波长范围内的电磁波。同样也有波长 λ，频率 ν，波速 c（在真空中，$c = 3 \times 10^8 \mathrm{m/s}$），它们三者之间的关系为

$$\lambda = \frac{c}{\nu} \tag{6-1}$$

如果把所有电磁波按波长（频率）依次进行排列，就可以得到电磁波波谱（图 6-25）。

人们能够看见的光称为可见光，它的波长为 $0.4 \sim 0.76 \mu\mathrm{m}$。可见光根据波长不同分为红、橙、黄、绿、蓝、青、紫等七种光，波长大于 $0.76 \mu\mathrm{m}$ 的称红外光或红外线，小于 $0.4 \mu\mathrm{m}$ 的称紫外光或紫外线。

根据光的量子学说，又可以认为光是一种具有一定能量的以光速运动的粒子流，这种具有一定能量的粒子就称为光子。不同频率的光对应于不同能量的光子，光子的能量与光的频率成正比，即

$$E = \nu h \tag{6-2}$$

式中　E——光子能量；

　　　ν——光的频率；

　　　h——普朗克常数。

对应于波长为 $0.4 \mu\mathrm{m}$ 的紫光的光子能量等于 $4.96 \times 10^{-17} \mathrm{J}$；对应于波长为 $0.7 \mu\mathrm{m}$ 的红光的光子能量等于 $2.84 \times 10^{-17} \mathrm{J}$。一束光的强弱与这束光所含的光子多少有关，对同一频率的光来说，所含的光子数多，即表现为强；反之，表现为弱。

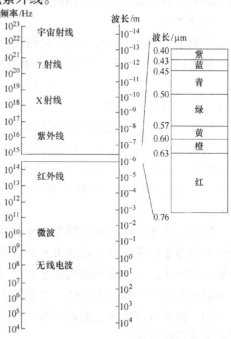

图 6-25　电磁波波图谱

2）原子的发光。原子由原子核和绕原子核转动的电子组成。原子的内能就是电子绕原子核转动的动能和电子被原子核吸引的位能之和。如果由于外界的作用，使电子与原子核的距离增大或缩小，则原子的内能也随之增大或缩小。只有电子在最靠近原子核的轨道上运动才是最稳定的，人们把这时原子所处的能级状态称为基态。当外界传给原子一定的能量时（例如用光照射原子），原子的内能增加，外层电子的轨道半径扩大，被激发到高能级，称为激发态或高能态。图6-26是氢原子的能级，图中最低的能级 E_1 称为基态，其余 E_2、E_3 等都称为高能态。

被激发到高能级的原子一般是很不稳定的，它总是力图回到能量较低的能级去，原子从高能级回落到低能级的过程称为"跃迁"。

在基态时，原子可以长时间地存在，而在激发状态的各种高能级的原子停留的时间（称为寿命）一般都较短，常在 $0.01\mu s$ 左右。但有些原子或离子的高能级或次高能级却有较长的寿命，这种寿命较长的较高能级称为亚稳态能级。激光器中的氦原子、二氧化碳分子以及固体激光材料中的钕离子等都具有亚稳态能级，这些亚稳态能级的存在是形成激光的重要条件。

图6-26 氢原子的能级

当原子从高能级跃迁回到低能级或基态时，常常会以光子的形式辐射出光能量，所放出光的频率 ν 与高能态 E_n 和低能态之差 E_1 有如下关系

$$\nu = (E_n - E_1)/h \tag{6-3}$$

式中　h——普朗克常数。

原子从高能态自发地跃迁到低能态而发光的过程称为自发辐射，日光灯、氙灯等光源都是由于自发辐射而发光的。由于各个受激原子自发跃迁返回基态时在时序上杂乱无章，辐射出来的光子在方向上四面八方，加上它们的激发能级很多，自发辐射出来光的频率和波长大小不一，所以单色性很差，方向性也很差。

物质的发光，除自发辐射外，还存在一种受激辐射。当一束光入射到具有大量激发态原子的系统中，若这束光的频率 ν 与 $(E_2 - E_1)/h$ 很接近，则处在激发能级上的原子，在这束光的刺激下会跃迁到较低能级，同时发出一束光，这束光与入射光有着完全相同的特性，它的频率、相位、传播方向、偏振方向都是完全一致的。因此可以认为它们是一模一样的，相当于把入射光放大了，这样的发光过程称为受激辐射。

（2）激光的产生

某些具有亚稳态能级结构的物质，在一定外来光子能量激发的条件下，会吸收光能，使处在较高能级（亚稳态）的原子（或粒子）数目大于处于低能级（基态）的原子数目，这种现象，称为"粒子数反转"。在粒子数反转的状态下，如果有一束光子照射该物体，而光子的能量恰好等于这两个能级相对应的能量差，这时就能产生受激辐射，输出大量的光能。

例如人工晶体红宝石，基本成分是氧化铝，其中掺有 0.05% 的氧化铬，铬离子镶嵌在氧化铝的晶体中，发射激光的是正铬离子。当脉冲氙灯照射红宝石时，使处于基态 E_1 的铬离子大量激发到 E_n。由于 E_n 寿命很短，E_n 状态的铬离子又很快地跳到寿命较长的亚稳态 E_2。如果照射光足够强，就能够在千分之三秒时间内，把半数以上的原子激发到高能级 E_n，并转移到 E_2。从而在 E_2 和 E_1 之间实现了粒子数反转，如图 6-27 所示。这时当有频率为 $\nu = (E_2 - E_1)/h$ 的光子去"刺激"它时，就可以产生从能级 E_2 到 E_1 的受激辐射跃迁，出现雪崩式连锁反应，发出频率 $\nu = (E_2 - E_1)/h$ 的单色性好的光，这就是激光。

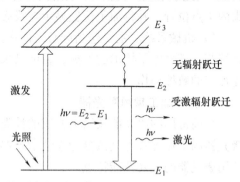

图 6-27　粒子数反转的建立和激光形成

2. 激光加工的特点

1）激光加工的功率密度高达 $10^8 \sim 10^{10} \, \text{W/cm}^2$，几乎可以加工任何材料，例如耐热合金、陶瓷、石英、金刚石等硬脆材料都能加工。

2）激光光斑大小可以聚焦到微米级，输出功率可以调节，因此可用以精密微细加工。

3）加工所用工具是激光束，是非接触加工，所以没有明显的机械力，没有工具损耗问题。加工速度快、热影响区小，容易实现加工过程自动化。还能通过透明体进行加工，如对真空管内部进行焊接加工等。

4）和电子束加工等比较起来，激光加工装置比较简单，不要求复杂的抽真空装置。

5）激光加工是一种瞬时、局部熔化、气化的热加工，影响因素很多，因此，精微加工时，精度，尤其是重复精度和表面粗糙度不易保证，必须进行反复试验，寻找合理的参数，才能达到一定的加工要求。由于光的反射作用，对于表面光泽或透明材料的加工，必须预先进行色化或打毛处理。

6）加工中产生的金属气体及火星等飞溅物，要注意通风抽走，操作者应戴防护眼镜。

6.4.2 激光加工的基本设备

1. 激光加工机的组成部分

激光加工的基本设备包括激光器、电源、光学系统及机械系统四大部分。

1）激光器。是激光加工的重要设备，它把电能转变成光能，产生激光束。

2）激光器电源。为激光器提供所需要的能量及控制功能。

3）光学系统。包括激光聚焦系统和观察瞄准系统，后者能观察和调整激光束的焦点位置，并将加工位置显示在投影仪上。

4）机械系统。主要包括床身、能在三坐标范围内移动的工作台及机电控制系统等。随着电子技术的发展，目前已采用计算机来控制工作台的移动，实现激光加工的数控操作。

2. 激光加工常用激光器

目前常用的激光器按激活介质的种类可以分为固体激光器和气体激光器。按激光器的工作方式可大致分为连续激光器和脉冲激光器。表6-2列出了激光加工常用激光器的主要性能特点。

表6-2　常用激光器的性能及特点

种类	工作物质	激光波长 /μm	发散角 /rad	输出方式	输出能量或功率	主要用途
固体激光器	红宝石（Al_2O_3，Cr^{+++}）	0.69	$10^{-2} \sim 10^{-8}$	脉冲	几个至10J	打孔、焊接
	钕玻璃（Nd^{+++}）	1.06		脉冲	几个至几十焦耳	打孔、焊接
	掺钕钇铝石榴石 YAG（$Y_3Al_5O_{12}$，Nd^{+++}）	1.06	$10^{-2} \sim 10^{-3}$	脉冲	几个至几十焦耳	打孔、焊接、切割、微调
				连续	$100 \sim 1000$W	
气体激光器	二氧化碳 CO_2	10.6	$10^{-2} \sim 10^{-3}$	脉冲	几焦耳	切割、焊接、热处理、微调
				连续	几十至几千瓦	
	氩（Ar）	0.5145 0.4880				光盘录刻存储

（1）固体激光器

固体激光器一般采用光激励，能量转化环节多，光的激励能量大部分转换为热能，所以效率低。为了避免固体介质过热，固体激光器通常多采用脉冲工作方式，并用合适的冷却装置，较少采用连续工作方式。由于晶体缺陷和温度引起的光学不均匀性，固体激光器不易获得单模而倾向于多模输出。

1）固体激光器的基本组成。由于固体激光器的工作物质尺寸比较小，因而其结构比较紧凑。图 6-28 是固体激光器的结构示意图，它包括工作物质、光泵、玻璃套管和滤光液、冷却水、聚光器以及谐振腔等部分。

光泵是供给工作物质光能用的，一般都用氙灯或氪灯作为光泵。脉冲状态工作的氙灯有脉冲氙灯和重复脉冲氙灯两种。前者只能每隔几十秒钟工作一次，后者可以每秒工作几次至十几次，后者的电极需要用水冷却。

聚光器的作用是把氙灯发出的光能聚集在工作物质上，一般可将氙灯发出来的 80% 左右的光能集中在工作物质上。常用的聚

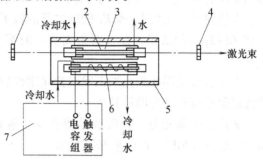

图 6-28　固体激光器结构示意图
1—全反射镜　2—工作物质　3—玻璃套管
4—部分反射镜　5—聚光镜　6—氙灯　7—电源

光器有如图 6-29 所示的各种形式。图 6-29a 为圆球形，图 6-29b 为圆柱形，图 6-29c 为椭圆柱形，图 6-29d 为紧包裹形。其中圆柱形加工制造方便，用得较多。椭圆柱形聚光效果较好，也常被采用。为了提高反射率，聚光器内面需磨平抛光至 $Ra0.025\mu m$，并蒸镀一层银膜、金膜或铝膜。

滤光液和玻璃套管是为了滤去氙灯发出的紫外线成分，因为这些紫外成分对于钕玻璃和掺钕钇铝石榴石都是十分有害的，它会使激光器的效率显著下降，常用的滤光液是重铬酸钾溶液。

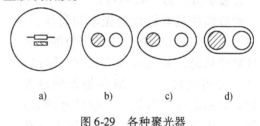

a)　　　　b)　　　　c)　　　　d)

图 6-29　各种聚光器
a）圆球形　b）圆柱形　c）椭圆柱形　d）紧包裹形

谐振腔由两块反射镜组成，其作用是使激光沿轴向来回反射共振，用于加强和改善激光的输出。

2）固体激光器的分类。固体激光器常用的工作物质有红宝石、钕玻璃和掺钕钇铝石榴石三种。

①红宝石激光器。红宝石是掺有浓度为 0.05% 氧化铬的氧化铝晶体，发射 $\lambda = 0.6943\mu m$ 的红光，它易于获得相干性好的单模输出，稳定性好。

红宝石激光器是三能级系统激光器，主要是铬离子起受激发射作用。图 6-30 表示红宝石激光跃迁情况。在高压氙灯的照射下，铬离子从基态 E_1 被抽运到

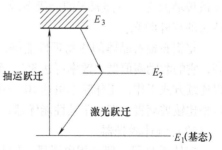

图 6-30　红宝石激光跃迁

E_3 吸收带，由于 E_3 平均寿命短，在小于 10^{-7}s 内，大部分粒子通过无辐射跃迁落到亚稳态 E_2 上，E_2 的平均寿命为 3×10^{-3}s，比 E_3 高数万倍，所以在 E_2 上可贮存大量粒子，实现 E_2 和 E_1 能级之间的粒子数反转，发射 $\nu = (E_2 - E_1)/h$，且 $\lambda = 0.6943\mu m$ 的激光。红宝石激光器一般都是脉冲输出，工作频率一般小于 1 次/s。

红宝石激光器在激光加工发展初期用得较多，现在大多已被钕玻璃激光器和掺钕钇铝石榴石激光器所替代。

②钕玻璃激光器。钕玻璃是掺有少量氧化钕（Nd_2O_3）的非晶体硅酸盐玻璃，钕离子（Nd^{+++}）的质量分数在 1% ~5% 左右，吸收光谱较宽，发射 $\lambda = 1.06\mu m$ 的红外激光。

钕玻璃激光器是四能级系统激光器，因为有中间过渡能级，所以比红宝石之类的三能级系统更容易实现粒子数反转。如图 6-31 所示，在通常情况下，处于基态 E_1 的离子吸收氙灯的很宽范围的光谱而被激发到 E_4 能级，E_4 能级的平均寿命很短，通过无辐射跃迁到 E_3 能级，E_3 能级寿命可长达 3×10^{-4}s，所以形成 E_3 和 E_2 能级的粒子数反转，当 E_3 能级粒子回到 E_2 能级时，发出波长为 $1.06\mu m$ 的红外激光。

钕玻璃激光器的效率可达 2% ~3% 左右，钕玻璃棒具有较高的光学均匀性，光线的发射角小，特别适用于精密微细加工。钕玻璃价格低，易做成较大尺寸，输出功率可以做得比较大。其缺点是导热性差，必须有合适的冷却装置。一般以脉冲方式工作，工作频率几次/秒，广泛用于打孔、切割焊接等工作。

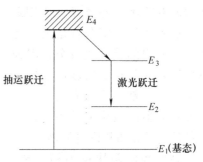

图 6-31　钕玻璃激光跃迁

③掺钕钇铝石榴石（YAG）激光器。掺钕钇铝石榴石是在钇铝石榴石（$Y_3Al_5O_{12}$）晶体中掺以 1.5% 左右的钕而成。和钕玻璃激光器一样属于四能级系统，产生激光的也是钕离子，也发射 $1.06\mu m$ 波长的红外激光。

钇铝石榴石晶体的热物理性能好，有较大的导热性，膨胀系数小，机械强度高，它的激励阈值低，效率可达 3%。钇铝石榴石激光器可以脉冲方式工作，也可以连续方式工作，工作频率可达 10 ~100 次/s，连续输出功率可达几百瓦，尽管其价格比钕玻璃贵，但由于其性能优越，广泛用于打孔、切割焊接、微调等工作。

（2）气体激光器

气体激光器一般采用电激励，因其效率高、寿命长、连续输出功率大，所以广泛用于切割、焊接，热处理等加工。常用于材料加工的气体激光器有二氧化碳激光器、氩离子激光器等。

1）二氧化碳激光器。二氧化碳激光器是以二氧化碳气体为工作物质的分子激光器，连续输出功率可达万瓦，是目前连续输出功率最高的气体激光器，它发出的谱线是在 10.6p.m 附近的红外区，输出最强的激光波长为 $10.6\mu m$。

二氧化碳激光器的效率可以高达 20% 以上，这是因为二氧化碳激光器的工作能级寿命比较长，大约在 $10^{-1} \sim 10^{-3}s$ 范围内。工作能级寿命长有利于粒子数反转的积累。另外，二氧化碳的工作能级离基态近，激励阈值低，而且电子碰撞分子，把分子激发到工作能级的几率比较大。

为了提高激光器的输出功率，二氧化碳激光器一般都加进氮（N_2）、氦（He）、氙（Xe）等辅助气体和水蒸气。

二氧化碳激光器的一般结构如图 6-32 所示，它主要包括放电管、谐振腔、冷却系统和激励电源等部分。

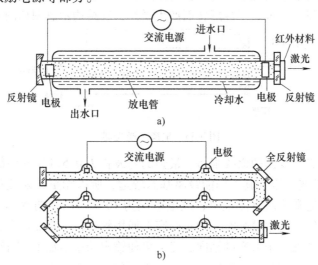

图 6-32　二氧化碳激光器的结构示意图

a）一般放电管　b）折叠式放电管

放电管一般用硬质玻璃管做成，对要求高的二氧化碳激光器可以采用石英玻璃管来制造，放电管的直径约几厘米，长度可以从几十厘米至数十米，二氧化碳气体激光器的输出功率与放电管长度成正比，通常每米长的管子，其输出功率平均可达 40～50W。为了缩短空间长度，长的放电管可以做成折叠式，如图 6-32b 所示。折叠的两段之间用全反射镜来连接光路。

二氧化碳气体激光器的谐振腔多采用平凹腔，一般总以凹面镜作为全反射镜，而以平面镜作输出端反射镜。全反射镜一般镀金属膜，如金膜、银膜或铝膜。这三种膜对 $10.6\mu m$ 的反射率都很高，金膜稳定性最好，所以用得最多。输出端的反射镜可有几种形式。第一种形式是在一块全反射镜的中心开一个小孔，外面再贴上一块能透过 $10.6\mu m$ 波长的红外材料，激光就从这个小孔输出。第二种形式是用锗或硅等能透过红外的半导体材料做成反射镜，表面也镀上金膜，而在中央留个小孔不镀金，效果和第一种差不多。第三种形式是用一块能透过 $10.6\mu m$ 波长的红外材料，加工成反射镜，再在它上面镀以适当反射率的金膜或介质膜。目前第一种形式用得较多。

二氧化碳激光器的激励电源可以用射频电源、直流电源、交流电源和脉冲电源等，其中交流电源用得最为广泛。二氧化碳激光器一般都用冷阴极，常用电极材料有镍、钼和铝。因为镍发射电子的性能比较好，溅射比较小，而且在适当温度时还有使 CO 还原成 CO_2 分子的催化作用，有利于保持功率稳定和延长寿命。所以，现在一般都用镍作电极材料。

2）氩离子激光器。氩离子激光器是惰性气体氩（Ar）通过气体放电，使氩原子电离并激发，实现离子数反转而产生激光，其结构示意图如图6-33所示。

图 6-33　氩离子激光器

氩离子激光器发出的谱线很多，最强的是波长为 $0.5145\mu m$ 的绿光和波长为 $0.4880\mu m$ 的蓝光。因为其工作能级离基态较远，所以能量转换效率低，一般仅 0.05% 左右。通常采用直流放电，放电电流为 $10\sim100A$。功率小于1W时，放电管可用石英管，功率较高时，为承受高温而用氧化铍（BeO）或石墨环做放电管。在放电管外加一个适当的轴向磁场，可使输出功率增加 $1\sim2$ 倍。

由于氩激光器波长短，发散角小，所以可用于精密微细加工，如用于激光存贮光盘基板的蚀刻制造等。

6.5　快速成形机床

快速成形的具体方法包括：立体光刻成形、层合实体制造、选域黏着及热压成形、层铣工艺、分层实体制造、熔融沉积快速成形、多相喷射固化、多孔喷射、直接壳法产品铸造、激光工程净成形。

6.5.1　RP技术简介

快速原型制造技术，又叫快速成形（Rapid Prototyping，简称RP）技术。快速成形系统相当于一台"立体打印机"，它可以在没有任何刀具、模具及工装卡具的情况下，快速直接地实现零件的单件生产。根据零件的复杂程度，这个过程一般需要 1~7 天的时间。换句话说，RP 技术是一项快速直接地制造单件零件的技术。

快速成形技术是 20 世纪 80 年代发展起来的一项先进制造技术，是为制造业企业新产品开发服务的一项关键共性技术，对促进企业产品创新、缩短新产品开发周期、提高产品竞争力有积极的推动作用。自该技术问世以来，已经在发达国家的制造业中得到了广泛应用，并由此产生一个新兴的技术领域。

RP 技术是在现代 CAD/CAM 技术、激光技术、计算机数控技术、精密伺服驱动技术以及新材料技术的基础上集成发展起来的。不同种类的快速成形系统因所用成形材料不同，成形原理和系统特点也各有不同。但是，其基本原理都是一样的，那就是"分层制造、逐层叠加"，类似于数学上的积分过程。形象地讲，快速成形系统就像是一台"立体打印机"。

RP 技术的优越性显而易见：它可以在无需准备任何模具、刀具和工装卡具的情况下，直接接受产品设计（CAD）数据，快速制造出新产品的样件、模具或模型。因此，RP 技术的推广应用可以大大缩短新产品开发周期、降低开发成本、提高开发质量。由传统的"去除法"到今天的"增长法"，由有模制造到无模制造，这就是 RP 技术对制造业产生的革命性意义。

6.5.2 RP 系统的基本工作原理

RP 系统可以根据零件的形状，每次制作一个具有一定微小厚度和特定形状的截面，然后再把它们逐层粘结起来，就得到了所需制造的立体的零件。当然，整个过程是在计算机的控制下，由快速成形系统自动完成的。不同公司制造的 RP 系统所用的成形材料不同，系统的工作原理也有所不同，但其基本原理都是一样的，那就是"分层制造、逐层叠加"，这种工艺可以形象地叫做"增长法"或"加法"。

每个截面数据相当于医学上的一张 CT 像片，整个制造过程可以比喻为一个"积分"的过程。RP 技术的基本原理是：将计算机内的三维数据模型进行分层切片得到各层截面的轮廓数据，计算机据此信息控制激光器（或喷嘴）有选择性地烧结一层接一层的粉末材料（或固化一层又一层的液态光敏树脂，或切割一层又一层的片状材料，或喷射一层又一层的热熔材料或粘结剂）形成一系列具有一个微小厚度的片状实体，再采用熔结、聚合、粘结等手段使其逐层堆积成一体，便可以制造出所设计的新产品样件、模型或模具。

自美国 3D 公司 1988 年推出第一台商品 SLA 快速成形机以来，已经有十几种不同的成形系统，其中比较成熟的有 SLA、SLS、LOM 和 FDM 等方法。其成形原理分别如下：

（1）SLA 快速成形系统的成形原理

成形材料：液态光敏树脂。

制件性能：相当于工程塑料或蜡模。

主要用途：高精度塑料件、铸造用蜡模、样件或模型。

（2）LOM 快速成形系统的成形原理

成形材料：涂敷有热敏胶的纤维纸。

制件性能：相当于高级木材。

主要用途：快速制造新产品样件、模型或铸造用木模。

（3）SLS 快速成形系统的成形原理

成形材料：工程塑料粉末。

制件性能：相当于工程塑料、蜡模、砂型。

主要用途：塑料件、铸造用蜡模、样件或模型。

（4）FDM 快速成形系统的成形原理

成形材料：固体丝状工程塑料。

制件性能：相当于工程塑料或蜡模。

主要用途：塑料件、铸造用蜡模、样件或模型。

6.5.3 RP 技术的重要意义

1）大大缩短新产品研制周期，确保新产品上市时间，使模型或模具的制造时间缩短数倍甚至数十倍。

2）提高了制造复杂零件的能力，使复杂模型的直接制造成为可能。

3）显著提高新产品投产的一次成功率，可以及时发现产品设计的错误，做到早找错、早更改，避免更改后续工序所造成的大量损失。

4）支持同步（并行）工程的实施，使设计、交流和评估更加形象化，使新产品设计、样品制造、市场订货、生产准备等工作能并行进行。

5）支持技术创新、改进产品外观设计，有利于优化产品设计，这对工业外观设计尤为重要。

6）成倍降低新产品研发成本，节省了大量的开模费用。

7）快速模具制造可迅速实现单件及小批量生产，使新产品上市时间大大提前，迅速占领市场。

总而言之，RP 技术是 20 世纪 90 年代世界先进制造技术和新产品研发手段。在工业发达国家，企业在新产品研发过程中采用 RP 技术确保研发周期、提高设计质量已成为一项重要的策略。当前，市场竞争愈演愈烈，产品更新换代加速，要保持我国产品在国内外市场的竞争力，迫切需要在加大新产品开发投入力度、增强创新意识的同时，积极采用先进的创新手段。RP 技术在不需要任何刀具、模具及工装卡具的情况下，可实现任意复杂形状的新产品样件的快速制造。用 RP 技术快速制造出的模型或样件可直接用于新产品设计验证、功能验证、外观验证、工程分析、市场订货等，非常有利于优化产品设计，从而大大提高新产品开发的一次成功率，提高产品的市场竞争力，缩短研发周期，降低研发成本。

6.5.4　快速成形的类型

快速成形系统最初应用于汽车和航空领域，之后在许多其他领域，例如玩具、计算机、珠宝及医药等领域都得到了应用。目前的国内快速成形主要分为以下五大类。

1. 立体光固化（SLA）

光固化成形工艺，也被称为立体光刻成形，属于快速成形工艺的一种，简称 SL，也有时被简称 SLA。该工艺是美国的于 1986 年研制成功的一种 RP 工艺，1987 年获美国专利，是最早出现的、技术最成熟和应用最广泛的快速原型技术。它以光敏树脂为原料，通过计算机控制紫外激光石器逐层凝固成形。这种方法能简捷、全自动地制造出表面质量和尺寸精度较高、几何形状复杂的原形。

SLA 的成形机理：要实现光固化快速成形，感光树脂的选择很关键。它必须具有合适的粘度，固化后达到一定的强度，在固化时和固化后要有较小的收缩及扭曲变形等性能。更重要的是，为了高速、精密地制造一个零件，感光树脂必须具有合适的光敏性能，不仅要在较低的光照能量下固化，且树脂的固化深度也应合适。在计算机控制下，紫外激光按零件各分层截面数据对液态光敏树脂表面逐点扫描，使被扫描区域的树脂薄层产生光聚合反应而固化，形成零件的一个薄层；一层固化完毕后，工作台下降，在原先固化好的树脂表面再敷上一层新的液态树脂以便进行下一层扫描固化；新固化的一层牢固地粘接在前一层上；如此重复直到整个零原件形制作完毕。

这种方法的特点是精度高、表面质量好、原材料利用率将近100%，能成形形状特别复杂、特别精细的零件。缺点是设备价格相对较贵。光固化成形的制作一般可以分为前处理、原形制作和后处理三阶段。

1）前处理阶段主要是对原形的 CAD 模型进行数据转换、确定摆放方位、施加支承和切片分层，实际上就是为原形的制作准备数据。

2）光固化成形过程是在专用的光固化快速成形设备系统上进行。在原形制作前，需要提前启动光固化快速成形设备系统，使得树脂材料的温度达到预设的合理温度，激光器点燃后也需要一定的稳定时间。

3）清洗模型，去除多余的液态树脂；去除并修整原形的支承；去除逐层硬化形成的台阶；后固化处理。

这种成形的产品对贮藏环境有很高的要求，温度过高会融化；还有高紫外线等的制约，耗材的价格也不便宜；成形时需要支承，但是成形的表面质量较高、精度高、生产效率较高、材料利用率几乎可达100%；但是运营成本高，设备费用较贵。适合医学、电子、汽车、鞋业、消费品和娱乐等。

2. 叠层法（LOM）

LOM法出现于1985年。首先在基板上铺上一层箔材（如纸张），然后用一定功率的红外激光在计算机的控制下按分层信息切出轮廓，同时将非零件部分按一定的网格形状切成碎片以便去除。加工完一层后，再铺上一层箔材，用热辊碾压，使新铺上的一层在粘结剂的作用下粘在已成形体上，再切割该层的形状，如此反复直至加工完毕。最后去除切碎的多余部分，便可得到完整的零件。图6-34为叠层法基本原理。

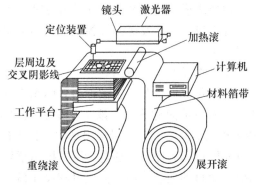

图6-34　叠层法基本原理

这种技术最早使用于RP市场，不需要支承，运营成本较低，设备费用较便宜。但是材料利用率不高，成形的精度也不是太高，生产效率较低，适合的行业有限。

3. 激光选区烧结法（SLS）

SLS法采用红外激光器作能源，使用的造型材料多为粉末材料。加工时，首先将粉末预热到稍低于其熔点的温度，然后在刮平棍子的作用下将粉末铺平；激光束在计算机控制下根据分层截面信息进行有选择地烧结，一层完成后再进行下一层烧结，全部烧结完后去掉多余的粉末，就可以得到一烧结好的零件。目前成熟的工艺材料为蜡粉及塑料粉，用金属粉或陶瓷粉进行烧结的工艺还在研究之中。图6-35为激光选区烧结法基本原理。

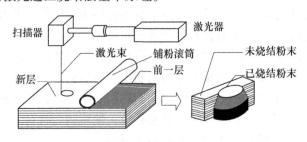

图6-35　激光选区烧结法基本原理

在成形的过程中因为是把粉末烧结，所以工作中会有很多的粉状物体污染办公空间，一般设备要有单独的工作间放置。另外成形后的产品是一个实体，一般不能直接装配进行性能验证。产品存储时间过长后会因为内应力释放而变形，对容易发生变形的地方设计支承。表面质量一般，生产效率较高，运营成本较高，设备费用较贵，能耗通常在 8000W 以上，材料利用率约 100%。

4. 融熔沉积法（FDM）

FDM 法是 1988 年发明的。喷头中喷出的熔化材料在 *X-Y* 工作台的带动下，按截面形状铺在底板上，一层一层加工，最终制造出零件。商品化的 FDM 设备使用的材料范围很广，如铸造石蜡、尼龙、热塑性塑料、ABS 等。此外为提高效率可以采用多个喷头。现阶段又开发来水溶性支承，大大地提高了成形后处理的速度和可行度。图 6-36 为融熔沉积法基本原理。

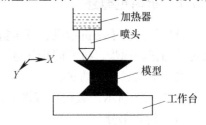

图 6-36　融熔沉积法基本原理

该成形机是目前市场上占有量最大的，成形面质量很好，可以直接进行装配和性能验证。耗材为 PC 或 ABS，原厂耗材价格较为昂贵；成形后产品可以支持再加工；需要支承；生产效率较低；运营成本一般，设备费用便宜；总体材料利用率约 100%；适用医学、设计研发、教学及研究机构、航空航天、家电以及大地测量。

除以上 4 种方法以外，还有粘结剂粘结法（3D-P 三维打印）也较为成熟。3D-P 三维打印是利用喷头喷粘结剂选择性粘接粉末成形。首先铺粉机构在加工平台上精确地铺上一薄层粉末材料，然后喷墨打印头根据这一层的截面形状在粉末上喷出一层特殊的胶水，喷到胶水的薄层粉末发生固化。然后在这一层上再铺上一层一定厚度的粉末，打印头按下一截面的形状喷胶水。如此层层叠加，从下到上，直到把一个零件的所有层打印完毕。然后把未固化的粉末清理掉，得到一个三维实物原形。

如图 6-37 所示为一台 Z Corporation 的三维快速成形机，它的工作原理为：直接通过数据化数据逐层创建三维实体模型。将三维 CAD 文件导入专用系统软件中，软件将文件分割为适于三维打印机使用的薄截面片，三维打印成形机先在部件的截面处铺撒一层粉末，然后利用喷墨涂上连接体，这样

图 6-37　Z Corporation 三维快速成形机

每次一层，逐渐创建模型。此过程不断重复，直到所有层面均已成形，部件完成制作。

这个最早是麻省理工大学研制的，耗材很便宜，一般的石膏粉都可以，成形的速度快，因为是粉末粘结在一起，所以表面比较粗糙，强度也不高；不需要支承；可以全彩色成形样件；一般适合于教育和大地地貌、楼盘设计等行业。

6.6　数控折弯机

6.6.1　折弯机概述

折弯机分为手动折弯机、液压折弯机和数控折弯机。液压折弯机按同步方式又可分为扭轴同步、机液同步和电液同步三种。液压折弯机按运动方式又可分为上动式、下动式及手动式。

如图 6-38 所示，数控折弯机主要由如下几部分组成：

（1）滑块部分

滑块部分由滑块、液压缸及机械挡块微调结构组成。采用液压传动，左右液压缸固定在机架上，通过液压使活塞（杆）带动滑块上下运动，机械挡块由数控系统控制调节数值。

（2）工作台部分

由按钮盒操纵，使电动机带动挡料架前后移动，并由数控系统控制移动的距离，其最小读数为 0.01mm（前后位置均有行程开关进行限位）。

（3）同步系统

该机由扭轴、摆臂、关节轴承等组成机械同步机构，结构简单，性能稳定可靠，同步精度高。机械挡块由电动机调节，数控系统控制参数。

图 6-38　数控折弯机结构

（4）挡料机构

挡料采用电动机传动，通过链传动带动两丝杆同步移动，数控系统控制挡料尺寸。

数控折弯机的基本工作原理如图 6-39 所示，通过丝杠控制后挡板的位置来控制需要折弯板料的位置深度。当位置确定后，上模具在压力控制下向下运动，通过上、下模对板料的剪切作用使板料发生塑性变形，形成一定的角度，角度的大小由模具和上模具行程进行控制。

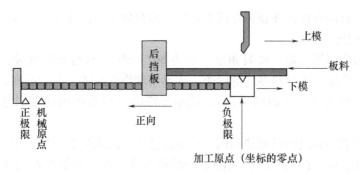

图 6-39　数控折弯机工作原理

6.6.2　数控折弯机选购原则

选购数控折弯机时，一般需要从折弯机的最终用途、可能发生的挠变量、零件的弯曲半径等方面仔细考虑。

（1）工件

从所要加工的零件出发，考虑所加工工件材料牌号以及最大加工厚度和长度（零件长度对确定新机器的规格相当重要），选择购买一台能够完成加工任务且工作台最短、吨数最小的数控折弯机，从而可以大大降低设备购置成本。

（2）挠变

在相同的载荷下，10ft 机工作台和滑块出现的挠变是 5ft 机的 4 倍。这就是说，较短的机器需要较少的垫片调整，就能生产出合格的零件。减少垫片调整又缩短了准备时间。

材料牌号也是一个关键因素。与低碳钢相比，不锈钢需要的载荷通常增加 50% 左右，而大多数牌号的软铝减少 50% 左右。这些可以从折弯机厂商那里得到机器的吨数表，该表显示在不同厚度、不同材料下每英尺长度所需要的吨数估算。

（3）零件的弯曲半径

采用自由弯曲时，弯曲半径为凹模开口距的 0.156 倍。在自由弯曲过程中，凹模开口距应是金属材料厚度的 8 倍。例如，使用 1/2in 的开口距成形 16Ga 低碳钢时，零件的弯曲半径约 0.078in。若弯曲半径差不多小到材料厚度，须进行有底凹模成形。不过，有底凹模成形所需的压力比自由弯曲大 4 倍左右。

如果弯曲半径小于材料厚度，须采用前端圆角半径小于材料厚度的凸模，并求助于压印弯曲法。这样，就需要 10 倍于自由弯曲的压力。

就自由弯曲而言，凸模和凹模按 85° 或小于 85° 加工（小点儿为好）。采用这组模具时，注意凸模与凹模在冲程底端的空隙，以及足以补偿回弹而使材料保持 90° 左右的过度弯曲。

通常，自由弯曲模在新折弯机上产生的回弹角≤2°，弯曲半径等于凹模开口距的0.156倍。

对于有底凹模弯曲，模具角度一般为86°~90°。在行程的底端，凸、凹模之间应有一个略大于材料厚度的间隙。成形角度得以改善，因为有底凹模弯曲的吨数较大（约为自由弯曲的4倍），减小了弯曲半径范围内通常引起回弹的应力。

压印弯曲与有底凹模弯曲相同，只不过把凸模的前端加工成了需要的弯曲半径，而且冲程底端的凸、凹模间隙小于材料厚度。由于施加足够的压力（大约是自由弯曲的10倍）迫使凸模前端接触材料，基本上避免了回弹。

为了选择最低的吨数规格，最好为大于材料厚度的弯曲半径作打算，并尽可能地采用自由弯曲法。弯曲半径较大时，常常不影响成件的质量及其今后的使用。

（4）精度

弯曲精度要求是一个需要慎重考虑的因素，如果弯曲精度要求±1°而且不能变，您必须选择CNC折弯机。CNC折弯机滑块重复精度是±0.0004in，成形精确的角度须采用这样的精度和良好的模具。此外，CNC折弯机为快速装模作好准备，对许多小批量零件的折弯可以大大提高加工效率。

6.7 数控冲床

6.7.1 数控转塔冲床概述

1. 数控转塔冲床的结构

数控冲床是数字控制冲床的简称，是一种装有程序控制系统的自动化机床。数控转塔冲床（Numerical Control Turret Punch Press，NCT）集机、电、液、气于一体化，是在板材上进行冲孔加工、浅拉深成形的压力加工设备。图6-40即为一台数控转塔冲床。

NCT由电脑控制系统、机械或液压动力系统、伺服送料机构、模具库、模具选择系统、外围编程系统等组成。它是通过编制的加工程序，控制伺服送料机构将板料送至需加工的位置，同时由模具选择系统选择模具库中相应的模具，然后动力系统按程序进行冲压，自动完成工件的加工。冲床的单孔冲压过程如图6-41所示。

2. 数控冲床的作用

数控冲床可用于各类金属薄板零件加工，可以一次性自动完成多种复杂孔形和浅拉深成形加工（按要求自动加工不同尺寸和孔距的不同形状的孔，也可用小冲模以步冲方式冲大的圆孔、方形孔、腰形孔及各种形状的曲线轮廓，也可进行特殊工艺加工，如百叶窗、浅拉伸、沉孔、翻边孔、加强筋、压印等）。通过简单的模具组合，相对于传统冲压而言，节省了大量的模具费用，可以使用低成本和短周期加工小批量、多样化的产品，具有较大的加工范围与加工能力，从而及时适应市场与产品的变化。

图 6-40　数控转塔冲床

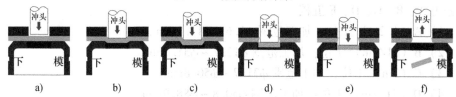

图 6-41　冲孔过程

a）退料板与板料接触　b）冲头接触板料，板料开始变形　c）材料在应力点开始断裂

d）废料开始从板料中断裂出来　e）冲头冲压到底　f）冲头回位，废料下落，冲压工序完成

3. 数控冲床的特点

数控冲床的操作和监控全部在数控单元中完成，它是数控冲床的大脑。与普通冲床相比，数控冲床有如下特点：

1）加工精度高，具有稳定的加工质量。

2）一次可以完成 1.5m×5m 的大幅面加工。

3）可进行多坐标的联动，能加工形状复杂的零件，同时配备剪床后可做剪切成形等。

4）加工零件改变时，一般只需要更改数控程序，可节省生产准备时间。

5）冲床本身的精度高、刚性大，可选择有利的加工用量，生产率高。

6）冲床自动化程度高，可以减轻劳动强度。

7）操作简单，易上手操作。

6.7.2 数控转塔冲床的运动轴及工位

1. 数控转塔冲床的运动轴

一般的数控转塔冲床有 4 个坐标轴，包括两个工件在工作台面的移动坐标轴，一个转塔型刀具库的旋转轴以及一个模具的分度旋转坐标轴。

1）X 轴：将工件沿工作台纵向方向移动的伺服驱动轴，用于实现工件的纵向移动。

2）Y 轴：将工件沿工作台横向方向移动的伺服驱动轴，用于实现工件的横向移动。

3）A 轴：旋转转塔型刀具库选择模具的旋转轴，用于实现模具的选择。转塔头如图 6-42 所示。

4）C 轴：模具自动分度的旋转轴，可以任意角度旋转模具，用于实现沿圆周布置同径孔的冲压。

2. 数控冲床的工位

通用转塔模具一般按模具能加工的孔径尺寸进行分级，方便模具的选用。通常分为 A、B、C、D、E 五档。

1）A（1/2in）工位：加工范围 $\phi 1.6 \sim \phi 12.7$mm。

2）B（11/2in）工位：加工范围 $\phi 12.7 \sim \phi 31.7$mm。

3）C（2in）工位：加工范围 $\phi 31.7 \sim \phi 50.8$mm。

4）D（31/2in）工位：加工范围 $\phi 50.8 \sim \phi 88.9$mm。

5）E（41/2in）工位：加工范围 $\phi 88.9 \sim \phi 114.3$mm。

6.7.3 数控冲床的加工方式

1）单冲。单次完成冲孔，包括直线分布、圆弧分布、圆周分布、栅格孔的冲压。

2）同方向的连续冲裁。使用长方形模具部分重叠加工的方式，可以加工长形孔、切边等。

3）多方向的连续冲裁。使用小模具加工大孔的加工方式。

4）蚕食。使用小圆模以较小的步距进行连续冲制弧形的加工方式。

5）单次成形。按模具形状一次浅拉深成形的加工方式。

6）连续成形。成形比模具尺寸大的成形加工方式，如大尺寸百叶窗、滚筋、滚台阶等加工方式。

7）阵列成形。在大板上加工多件相同或不同的工件加工方式。

a)

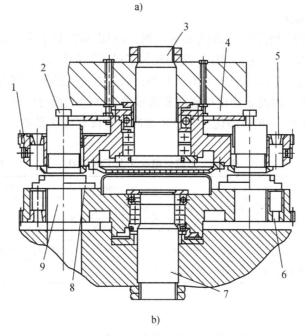

b)

图 6-42　转塔头结构图

a）转塔头照片　b）转塔头内部结构

1—上转塔　2—上模座　3—中心轴　4—吊环　5—上定位孔

6—下定位孔　7—下中心轴　8—下模座　9—下转塔

6.7.4　数控冲床的几个关键参数

1. 数控冲床冲压吨位的计算方法

根据冲孔形状及材料厚度可以计算出冲孔所需的冲切力。下面介绍无斜刃口冲芯的冲孔冲切力计算方法

$$F = m \times d \times \sigma_c$$

式中　　F——冲切力，单位为 kN，换算成公吨为 kN÷9.81；

　　　　m——冲芯周长，单位为 mm，指任何形状的各个边长相加之和；

　　　　d——板材厚度，单位为 mm，指冲芯要冲孔穿透的板材厚度；

　　　　σ_c——材料的剪切强度，单位为 kN/mm²。

例 6-1　在 3mm 厚的冷板上冲 ϕ20 圆孔，计算冲切力。

解：冲芯周长 m：$m = 3.14 \times 20\text{mm} = 62.8\text{mm}$

　　　材料厚度 d：$d = 3\text{mm}$

　　　剪切强度 σ_c：$\sigma_c = 0.3447\text{kN/mm}^2$

　　　冲切力 F：$F = 62.8\text{mm} \times 3\text{mm} \times 0.3447\text{kN/mm}^2 \approx 64.94\text{kN}$　　合 6.62 公吨

2. 模具的间隙

上模和下模的间隙用总差值表示。如：使用 ϕ12 的上模和 ϕ12.25 的下模时，间隙为 0.25mm。这个间隙，是冲孔加工最重要的因素之一。如果间隙选择不合适会使得模具寿命缩短，或出现毛刺，引起二次剪断等，使得切口形状不规则，脱模力增大，因此正确选择间隙非常重要。间隙受板材材质的影响，一般碳素钢取板厚的 10%～20% 最优。数控转塔冲床若没有特殊要求，可参照表 6-3 进行选择：

表 6-3　数控转塔冲床上下模间隙　　　　　　　　（单位：mm）

间隙 / 板厚	材料			间隙 / 板厚	材料		
	铝	中碳钢	不锈钢		铝	中碳钢	不锈钢
0.8～1.6	0.15～0.2	0.15～0.2	0.15～0.3	3.2～4.5	0.4～0.5	0.4～0.6	0.6～1.0
1.6～2.3	0.2～0.3	0.2～0.3	0.3～0.4	4.5～6.0	0.5～0.7	0.6～0.9	
2.3～3.2	0.3～0.4	0.3～0.4	0.4～0.6				

3. 喉深

数控转塔冲床的喉深是指冲压中心至床身侧板的距离。喉深的大小直接决定加工板材的宽度尺寸大小（即沿床身长度方向加工的板材尺寸）。

练习与思考题 6 ●●●● -

6-1　常规加工工艺和特种加工工艺之间有何关系？应该如何正确处理常规加工和特种加工之间的关系？

6-2　试述两金属电极在①真空中；②在空气中；③在纯水（蒸馏水或去离子水）中；④在线切割乳化液中；⑤在煤油中火花放电时，在宏观和微观过程以及电蚀产物上有何相同及相异之处？

6-3 电火花加工时的自动进给系统和车、钻、磨削时的自动进给系统，在原理上、本质上有何不同？为什么会引起这种不同？

6-4 在电火花机床上用 $\phi10mm$ 的纯铜杆加工 $\phi10mm$ 的铁杆，加工时两杆的中心线偏距 5mm，选用 $t_i = 200s$，$\hat{i} = 5.4A$，用正极性或负极性加工 10min，试画出加工后两杆的形状、尺寸，电极侧面间隙大小和表面粗糙度值。（提示：利用电火花加工工艺参数曲线图表来测算）

6-5 试述激光加工的能量转换过程。即如何从电能具体转换为光能又转换为热能来蚀除材料的？

6-6 固体、气体等不同激光器的能量转换过程是否相同？如不相同，则具体有何不同？

6-7 从激光产生的原理来思考、分析，以后如何被逐步应用于精密测量、加工、表面热处理，甚至激光信息存储、激光通信，激光电视、激光计算机等技术领域的？这些应用的共同技术基础是什么？可以从中获得哪些启迪？

6-8 快速成形按成形原理可以分成哪几种？各自的特点如何？

6-9 数控冲床的加工工艺范围包括哪些？所加工的内容受哪些参数的影响？

6-10 试叙述数控折弯机的工作原理。

第 7 章 ●●●●

数控机床的控制技术与辅助系统

数控系统是数控机床的控制核心，然而，数控机床有些功能是由 PLC 来完成的。如对刀具库进行管理，并通过接口与主控装置进行信息交换，以达到协调一致。PLC 还普遍应用于单机控制，如自动车床、卧式镗床、曲轴磨床、组合机床等设备的控制系统。由于 PLC 使用方便，操作灵活，价格低廉，在数控机床领域的应用越来越广泛。除此之外，数控机床还包括一些辅助设备，比如液压夹紧装置、气动控制、各种润滑等。

7.1 数控机床的压力控制系统

7.1.1 压力控制系统的功能与组成

在工程控制中，常以空气、液体作为工作介质，利用压力进行能量和力的传递来进行控制，这种技术被称之为压力控制。在数控机床中，这种控制技术被广泛应用。

1. 压力传动的特点

气压、液压传动属于流体传动的两个分支，它们分别是以压缩空气和液压油为工作介质，来进行能量的传递和控制的传动技术。相对于机械传动、电力传动等传动技术，气、液压传动是新兴的工程技术。由于它们具有许多机械传动所不具有的优点,故发展速度较快,应用范围也越来越广,目前已广泛应用于工程技术中的各个领域。

（1）气压传动

气压传动是以空气压缩机为动力源，以压缩空气为工作介质，进行能量传递或信号传递的一门工程技术，是工程实际中进行各种生产控制和自动控制的重要手段之一。与机械、电气、液压传动等传动方式相比，气压传动具有以下一些优点：

1）由于工作介质为空气，故来源丰富、制取方便、成本低廉。

2）较好的工作环境适应性。由于气压传动以空气作为工作介质，故能用在恶劣环境中，一些要求高净化、无污染等的场合（诸如食品、药品加工、轻工、纺织、印刷、精密检测等行业），也适用于气动系统的工作，且工作可靠性较好，易于实现过载保护。

3）空气的粘度很小（40℃ 时，32 机械油运动粘度约为 $\nu = 32 \times 10^{-6} \text{m}^2/\text{s}$，空气的运动粘度 $\nu = 1.689 \times 10^{-5} \text{m}^2/\text{s}$），故传输过程中的能量损失较小，节能、高效，适宜于远距离的供气和气源的集中布置。

4）气压传动反应灵敏、动作迅速、易维护和调节，故比较适宜于直接应用到自动控制的场合。

5）气动元件结构简单，制造工艺性较好，制造成本低，使用寿命长，易于实现标准化、系列化、通用化。

但是，气压传动也有一些不可避免的缺点：对变载荷工作，运动平稳性较差；气动装置工作压力不高（常用气源一般为 0.5～1MPa 的压力），输出力或转矩不大；排气噪声较大（可达 100dB 以上）；需在气路中设置供油润滑装置对气路中的元件进行润滑。

（2）液压传动

液压传动是以液压泵为动力源，以液压油为工作介质，进行能量传递或信号传递的一门工程技术。液压传动与其他传动方式相比，具有以下优点：

1）易于实现无级调速和大范围调速，一般可达到 100∶1～2000∶1 的传动比。

2）单位功率的传动装置重量轻、体积小、结构紧凑（在同样大小功率的条件下，一般电动机是液压马达重量的 4～5 倍），可产生和传递较大的力和力矩。

3）惯性小、反应快、冲击小、工作平稳，易于实现高速起动、制动和换向。液压传动装置的换向频率，回转运动每分钟可达 500 次，往复直线运动每分钟可达 1000 次。

4）易控制、易调节、操纵方便，易于与电气控制相结合，用以实现远程控制和复杂顺序控制的自动化，易于实现过载保护。

5）液压传动具有自润滑、自冷却作用，可以减少因摩擦和高温产生的液压元件损坏，故工作寿命较长。

6）液压元器件易于实现系列化、标准化、通用化，故可以降低制造、使用成本。

但是，液压传动也有一些缺点：如泄漏，易造成环境污染、资源浪费，且不易实现定比传动；对油温和负载的变化比较敏感，不宜在高温或低温工作；要求元件制造精度高，使用维护要求较为严格，故障点不易确定。

2. 气、液压传动发展概况及应用

近 20 年来，随着现代制造技术、密封技术等的发展，液压传动技术在高压、高速、大功率、低噪声、节能、高效和提高使用寿命等方面取得了巨大进展，并在交流液压技术、机-电-液组合传动、液压系统的逻辑设计、液压技术计算机化等方面进行了有益的探索，取得了一定的成效，并在工程实际中开始应用推广。

气动技术目前已发展成为一门独立的技术，在各方面的应用范围也在不断扩大。近年来，气动技术在向小型化、集成化、无油化（由不供油润滑和无润滑元件组成的系统）、提高元器件和系统的可靠性及使用寿命、发展节能技术、电-气一体化（如压力比例阀、流量比例阀、数字控制气缸等气、电技术结合的自适应控制气动元件等）、提高气动系统的机电一体化和自动化水平（如 PLC 控制气动系统）等方面进行发展。

机床上采用气、液压技术的方面很多，但主要是利用气、液传动在工作中可以实现无级变速、易于实现自动化、可频繁换向等优点。一般液、气压传动常在机床的以下一些装置中使用。

（1）进给运动传动

机床种类不同，进给运动的特点也不同。如磨床砂轮架，车床刀架，磨床、钻床、铣床、刨床的工作台或主轴箱，组合机床动力滑台等，有的要求慢速移动，有的要求快速移动，有的要求快慢兼具，有的要求有较大的调速范围，有的要求有良好的频繁换向性能等，液、气压传动都能够满足这些要求。

数控机床工作台的直线或回转进给，也可以由电气信号控制电液伺服马达来实现。如加上相应的检测装置构成闭环控制系统，则可实现高精度和大进给力或力矩的进给传动。

（2）往复直线运动

龙门刨床工作台、牛头刨床的滑枕，在工作时要求具有高速的往复直线运动，前者可达 60~90m/min 的速度，后者可达 30~50m/min 的速度，这种情况下采用液压传动，在减少换向冲击、降低能耗、缩短换向时间等方面都十分有利。

（3）回转运动和仿形运动

无级变速的回转运动通过液压传动可以实现提高机床负载变化时的稳定性，提高加工精度。液压伺服系统可以实现车、铣、刨床上的仿形加工，并达到0.01~0.02mm 的加工精度。

（4）辅助装置

机床上的工件夹紧、操纵机构、消隙装置、垂直移动部件的自重平衡、分度装置、工件和刀具的装卸、输送和储存等，一般采用液压、气动装置来实现，既简化了机床结构，又提高了机床的自动化程度，还可以节省空间体积。

（5）静压支承

随着机床在工作平稳性和运动精度等方面要求的不断提高，近年来，采用气体或液体静压支承的轴承、导轨和丝杠螺母机构在重型机床、高速机床和高精度机床上得到了广泛的发展和应用。

就数控机床而言，气、液压传动的应用主要在静压支承和辅助运动的实现方面。如主轴静压轴承、静压导轨，工件的夹紧、装卸，刀具的更换，垂直移动部件的自重平衡，托盘的交换，工作台的回转分度等，有时机床和工件的清理、冷却等场合也应用到液、气压系统。

7.1.2　压力控制系统工作原理

在对加工中心进行全自动化控制时，除利用数控系统之外，一般还采用液压和气动装置来辅助实现整机的自动运行功能，并要求液压和气动装置结构紧凑、工作可靠，易于控制和调节。

气、液压系统工作原理相似，但依其各自的特点，在加工中心上的应用方面，它们具有与之特点相应的适用范围。

液压传动装置以工作压力高的液压油为工作介质，机械结构紧凑，与其他传动装置相比在同等体积条件下可以产生较大的力或力矩，动作平稳可靠，易于调节和控制，噪声较小，但需配置液压泵和油箱，易产生渗漏和污染，故广泛用于工业型、大中型加工中心中。

气动装置结构简单、无污染、工作速度快、动作频率高，适宜于完成频繁起动的辅助动作，且过载时比较安全，不易发生过载损坏机件等事故。故常用于功率要求不大、精度要求不太高的中小型加工中心中。

7.1.3　数控机床的压力系统

1. 气、液压系统在数控机床中常用来实现辅助功能

1）数控机床运动部件的制动、离合器的控制、齿轮拨叉挂挡的实现等。

2）数控机床中运动部件的平衡。如主轴箱的重力平衡、换刀机械手的平衡等。

3）定位面的自动吹屑清理等。

4）数控机床防护罩、板、门的自动打开与关闭。

5）工作台的松开与夹紧，交换台的自动交换动作。

6）夹具的自动松开与夹紧。

7）自动换刀所需动作。如机械手的伸缩、回转和摆动以及刀具的松开和拉紧等。

2. 数控机床气动系统工作原理、结构布置及特点

数控机床气动系统的设计及布置与加工中心的类型、结构、要求完成的功能等有关，结合气压传动的特点，一般在要求力或力矩不太大的情况下采用气压传动。下面以 H400 型卧式加工中心气动系统为例介绍加工中心气动系统的特点、布置及其工作原理等。

H400 型卧式加工中心工作功率较小、精度中等。为降低制造成本、提高安全性、减少污染，结合气、液压传动的特点，该加工中心的辅助动作采用以气压驱动装置为主。

如图 7-1 所示为 H400 型卧式加工中心气动系统原理图。主要包括松刀缸、双

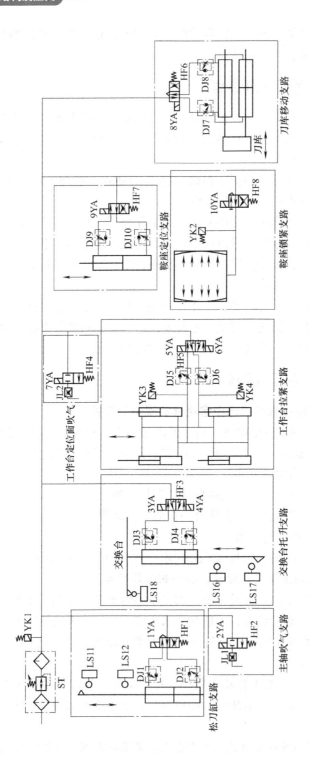

图7-1 H400型卧式加工中心气动系统原理图

工作台交换、工作台与鞍座之间的拉紧、工作台回转分度、分度插销定位、刀库前后移动、主轴锥孔吹气清理等几个动作完成的气动支路。

　　H400 型卧式加工中心气动系统要求提供额定压力为 0.7MPa 的压缩空气，压缩空气通过 φ8mm 的管道连接到气动系统调压、过滤、油雾气动三联件 ST，经过气动三联件 ST 后，得以干燥、洁净，并适当加入润滑用油雾后，提供给后面的执行机构使用，保证整个气动系统的稳定安全运行，避免或减少执行部件、控制部件的磨损而降低寿命。YK1 为压力开关，该元件在气动系统达到额定压力时发出电参量开关信号，通知机床气动系统正常工作。

　　在该系统中为了减小载荷的变化对系统工作稳定性的影响，在气动系统设计时均采用单向出口节流的方法调节气缸的运行速度。

　　（1）松刀缸支路

　　松刀缸是完成刀具的拉紧和松开的执行机构。为保证机床切削加工过程的稳定、安全、可靠，刀具拉紧拉力应大于 12000N，抓刀、松刀动作时间在 2s 以内。换刀时通过气动系统对刀柄与主轴间的 7∶24 定位锥孔进行清理，使用高速气流清除结合面上的杂物。为达到这些要求，并且尽可能地使其结构紧凑，减轻重量，并且结构上要求工作缸直径不能大于 150mm，所以采用复合双作用气缸（额定压力 0.5MPa）可达到设计要求。图 7-2 所示为主轴气动结构图。

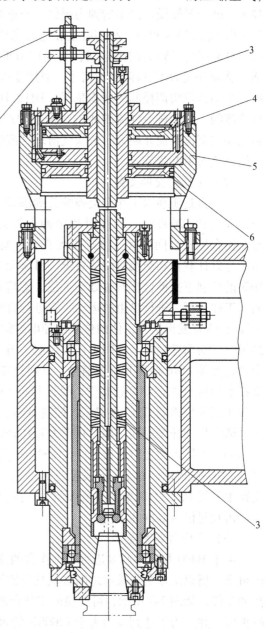

图 7-2　主轴气动结构图

1、2—感应开关　3—吹气孔　4、6—活塞　5—缸体

在无换刀操作指令的状态下，松刀缸在自动复位控制阀 HF1（见图 7-1）的控制下始终处于上位状态，并由感应开关 LS11 检测该位置信号，以保证松刀缸活塞杆与拉刀杆脱离，避免主轴旋转时活塞杆与拉刀杆摩擦损坏。主轴对刀具的拉力由碟形弹簧受压产生的弹力提供。当进行自动或手动换刀时，两位四通电磁阀 HF1 线圈 1YA 得电，松刀缸上腔通入高压气体，活塞向下移动，活塞杆压住拉刀杆克服弹簧弹力向下移动，直到拉刀爪松开刀柄上的拉钉，刀柄与主轴脱离。感应开关 LS12 检测到位信号，通过变送扩展板传送到 CNC 的 PMC，作为对换刀机构进行协调控制的状态信号。DJ1、DJ2 是调节气缸压力和松刀速度的单向节流阀，用于避免气流的冲击和振动的产生。电磁阀 HF2 用来控制主轴和刀柄之间的定位锥面在换刀时的吹气清理气流的开关，主轴锥孔吹气的气体流量大小用节流阀 JL1 调节。

（2）工作台交换支路

交换台是实现双工作台交换的关键部件，由于 H400 加工中心交换台提升载荷较大（达 12000N），工作过程中冲击较大，设计上升、下降动作时间为 3s，且交换台位置空间较大，故采用大直径气缸（$D = 350\text{mm}$），6mm 内径的气管，可满足设计载荷和交换时间的要求。机床无工作台交换时，在两位双电控电磁阀 HF3 的控制下交换台托升缸处于下位，感应开关 LS17 有信号，工作台与托叉分离，工作台可以进行自由的运动。当进行自动或手动的双工作台交换时，数控系统通过 PMC 发出信号，使两位双电控电磁阀 HF3 的 3YA 得电，托升缸下腔通入高压气，活塞带动托叉连同工作台一起上升。当达到上下运动的上终点位置时，由接近开关 LS16 检测其位置信号，并通过变送扩展板传送到 CNC 的 PMC，控制交换台回转 180° 运动开始动作，接近开关 LS18 检测到回转到位的信号，并通过变送扩展板传送到 CNC 的 PMC，控制 HF3 的 4YA 得电，托升缸上腔通入高压气体，活塞带动托叉连同工作台在重力和托升缸的共同作用下一起下降。当达到上下运动的下终点位置时由接近开关 LS17 检测其位置信号，并通过变送扩展板传送到 CNC 的 PMC，双工作台交换过程结束，机床可以进行下一步的操作。在该支路中采用 DJ3、DJ4 单向节流阀调节交换台上升和下降的速度，避免较大的载荷冲击及对机械部件的损伤。

（3）工作台夹紧支路

由于 H400 加工中心要进行双工作台的交换，为了节约交换时间，保证交换的可靠，所以工作台与鞍座之间必须具有能够快速、可靠的定位、夹紧及迅速脱离的功能。如图 7-3 所示，可交换的工作台固定于鞍座上，由四个带定位锥的气缸夹紧，并且为了达到拉力大于 12000N 的可靠工作要求，以及受位置结构的限制，该气缸采用了弹簧增力结构，在气缸内径仅为 $\phi 63\text{mm}$ 的情况下就达到了设计拉力要求。

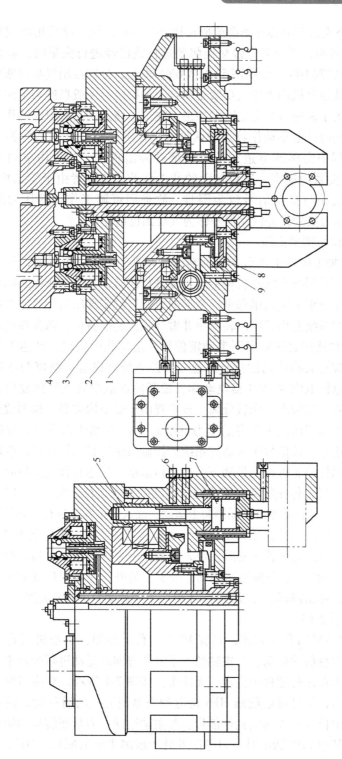

图7-3 H400型教学型加工中心回转工作台结构图

1—蜗杆 2—蜗轮 3—径向滚针轴承 4—轴向支承 5—插销 6—接近开关 7—活塞 8—制动盘 9—薄膜气缸

如 H400 型卧式加工中心气动系统原理图 7-1 所示，该支路采用两位双电控电磁阀 HF4 进行控制，当双工作台交换将要进行或已经进行完毕时，数控系统通过 PMC 控制电磁阀 HF4，使线圈 5YA 或 6YA 得电，分别控制气缸活塞的上升或下降，通过钢珠拉套机构放松或拉紧工作台上的拉钉，完成鞍座与工作台之间的放松或夹紧。为了避免活塞运动时的冲击，在该支路采用具有得电动作、失电不动作、双线圈同时得电不动作特点的两位双电控电磁阀 HF4 进行控制，可避免在动作进行过程中突然断电造成的机械部件冲击损伤。并采用单向节流阀 DJ5、DJ6 来调节夹紧的速度，避免较大的冲击载荷。该位置由于受结构限制，用感应开关检测放松与拉紧信号较为困难，故采用可调工作点的压力继电器 YK3、YK4 检测压力信号，并以此信号作为气缸到位信号。

（4）鞍座定位与锁紧支路

H400 型卧式加工中心工作台具有回转分度功能。如图 7-3 所示，与工作台连结为一体的鞍座采用蜗轮蜗杆机构使之可以进行回转，鞍座与床鞍之间具有了相对回转运动，并分别采用插销和可以变形的薄壁气缸实现床鞍和鞍座之间的定位与锁紧。当数控系统发出鞍座回转指令并做好相应的准备后，两位单电控电磁阀 HF7 得电，定位插销缸活塞向下带动定位销从定位孔中拔出，到达下运动极限位置后，由感应开关检测到位信号，通知数控系统可以进行鞍座与床鞍的放松，此时两位单电控电磁阀 HF8 得电动作，锁紧薄壁缸中高压气体放出，锁紧活塞弹性变形回复，使鞍座与床鞍分离。该位置由于受结构限制，检测放松与锁紧信号较困难，故采用可调工作点的压力继电器 YK2 检测压力信号，并以此信号作为位置检测信号。该信号送入数控系统，控制鞍座进行回转动作，鞍座在电动机、同步带、蜗杆蜗轮机构的带动下进行回转运动。当达到预定位置时，由感应开关发出到位信号，停止转动，完成回转运动的初次定位。电磁阀 HF7 断电，插销缸下腔通入高压气，活塞带动插销向上运动，插入定位孔，进行回转运动的精确定位。定位销到位后，感应开关发出信号通知锁紧缸锁紧，电磁阀 HF8 失电，锁紧缸充入高压气体，锁紧活塞变形，YK2 检测到压力达到预定值后，即是鞍座与鞍床夹紧完成。至此，整个鞍座回转动作完成。另外，在该定位支路中，DJ9、DJ10 是为避免插销冲击损坏而设置的调节上升、下降速度的单向节流阀。

（5）刀库移动支路

H400 加工中心采用盘式刀库，具有 10 个刀位。在加工中心进行自动换刀时，由气缸驱动刀盘前后移动，与主轴的上下左右方向的运动进行配合来实现刀具的装卸，并要求在运行过程中稳定、无冲击。如图 7-1 所示，在换刀时，当主轴到达相应位置后，通过对电磁阀 HF6 得电和失电使刀盘前后移动，到达两端的极限位置，并由位置开关感应到位信号，与主轴运动、刀盘回转运动协调配合完成换刀动作。其中 FH6 断电时，刀库部件处于远离主轴的原位。DJ7、DJ8 是为避免冲击而设置的单向节流阀。

该气动系统中，在交换台支路和工作台拉紧支路采用两位双电控电磁阀（HF3、HF4），以避免在动作进行过程中突然断电造成的机械部件的冲击损伤。并且系统中所有的控制阀完全采用板式集装阀连接，该种安装方式结构紧凑，易于控制、维护与故障点检测。为避免气流放出时所产生的噪声，在各支路的放气口均加装了消声器。

3. 加工中心液压系统工作原理、结构布置及特点

结合液压传动的特点，一般在要求力或力矩较大的情况下采用液压传动。下面以 VP1050 型加工中心液压系统和数控车床的液压系统为例介绍液压系统的工作原理、结构布置及其特点等。

VP1050 型加工中心为工业型龙门结构立式加工中心，它利用液压系统传动功率大、效率高、运行安全可靠的优点，主要实现链式刀库的刀链驱动、上下移动的主轴箱的配重、刀具的安装和主轴高低速的转换等辅助动作的完成。如图 7-4 所示为 VP1050 加工中心的液压系统工作原理图。整个液压系统采用变量叶片泵为系统提供压力油，并在泵后设置止回阀 2 用于减小系统断电或其他故障造成的液压泵压力突降而对系统的影响，避免机械部件的冲击损坏。压力开关 YK1 用以检测液压系统的状态，如压力达到预定值，则发出液压系统压力正常的信号，该信号作为 CNC 系统开启后 PLC 高级报警程序自检的首要检测对象。如 YK1 无信号，PLC 自检发出报警信号，整个数控系统的动作将全部停止。

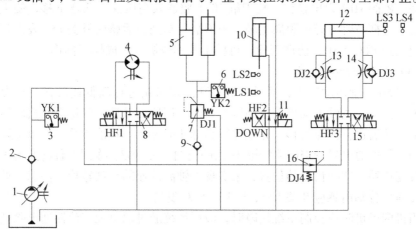

图 7-4　VP1050 加工中心的液压系统工作原理图

LS1、LS2、LS3、LS4—行程开关

1—液压泵　2、9—止回阀　3、6—压力开关　4—液压马达　5—配重液压缸

7、16—减压阀　8、11、15—换向阀　10—松刀缸　12—变速液压缸

13、14—单向节流阀

（1）刀链驱动支路

VP1050 加工中心配备 24 刀位的链式刀库，为节省换刀时间，选刀采用就近原则。在换刀时，由双向液压马达 4 拖动刀链使所选刀位移动到机械手抓刀位置。液压马达的转向控制由双电控三位电磁阀 HF1 完成，具体转向由 CNC 进行运算后，发信号给 PLC 控制 HF1，用 FH1 不同的得电方式对液压马达 4 的不同转向进行控制。刀链不需驱动时，HF1 失电，处于中位截止状态，液压马达 4 停止。刀链到位信号由感应开关发出。

（2）主轴箱配重支路

VP1050 加工中心 Z 轴进给是由主轴箱作上下的移动实现的，为消除主轴箱自重对 Z 轴伺服电动机驱动 Z 向移动的精度和控制的影响，机床采用两个液压缸进行配重。主轴箱向上移动时，高压油通过止回阀 9 和直动型减压阀 7 向配重缸下腔供油，产生向上的配重力；当主轴箱向下移动时，液压缸下腔高压油通过减压阀 7 进行适当减压。压力开关 YK2 用于检测配重支路的工作状态。

（3）松刀缸支路

VP1050 加工中心采用 BT40 型刀柄使刀具与主轴连接。为了能够可靠的夹紧与快速的更换刀具，采用碟簧拉紧机构使刀柄与主轴连结为一体，采用液压缸使刀柄与主轴脱开。机床在不换刀时，单电控两位四通电磁换向阀 HF2 失电，控制高压油进入松刀缸 10 下腔，松刀缸 10 的活塞始终处于上位状态，感应开关 LS2 检测松刀缸上位信号；当主轴需要换刀时，通过手动或自动操作使单电控两位四通电磁阀 HF2 得电换位，松刀缸 10 上腔通入高压油，活塞下移，使主轴抓刀爪松开刀柄拉钉，刀柄脱离主轴，松刀缸运动到位后感应开关 LS1 发出到位信号并提供给 PLC 使用，协调刀库、机械手等其他机构完成换刀操作。

（4）高低速转换支路

VP1050 主轴传动链中，通过一级双联滑移齿轮进行高低速转换。在由高速向低速转换时，主轴电动机接收到数控系统的调速信号后，降低电动机的转速到额定值，然后进行齿轮滑移，完成进行高低速的转换。在液压系统中该支路采用双电控三位四通电磁阀 HF3 控制液压油的流向，变速液压缸 12 通过推动拨叉控制主轴变速箱的交换齿轮的位置，来实现主轴高低速的自动转换。高速、低速齿轮位置信号分别由感应开关 LS3、LS4 向 PLC 发送。

当机床停机时或控制系统故障时，液压系统通过双电控三位四通电磁阀 HF3 使变速齿轮处于原工作位置，避免高速运转的主轴传动系统产生硬件冲击损坏。单向节流阀 DJ2、DJ3 用以控制液压缸的速度，避免齿轮换位时的冲击振动。减压阀 16 用于调节变速液压缸 12 的工作压力。

在数控车床上，卡盘的夹紧与松开，尾架的顶紧与退出，防护罩拉门的开关等均由液压系统来驱动、控制，其油路如图 7-5 所示。

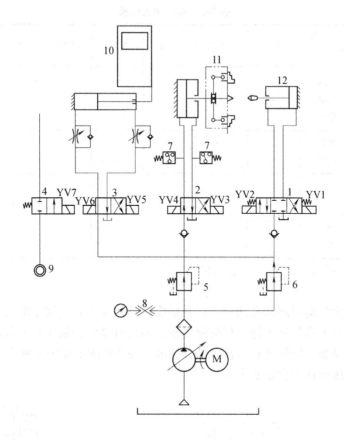

图 7-5　液压系统图

1、2、3—换向阀　4—电磁阀　5、6—减压阀　7—压力断电器
8—压力表开关　9—气源　10—拉门罩　11—卡盘　12—尾架

机床采用变量泵，系统油压调整到 3×10MPa，压力油经滤油器进入控制油路。卡盘的夹紧与松开有二位四通阀 2 来控制。夹紧力的大小由减压阀 5 来调整。为了操作安全，在液压缸的进出油路上，设置了压力继电器 7，使得卡盘夹紧力达到一定值后，才能发出命令。

尾架由三位四通换向阀 1 来控制，其顶紧力的大小由减压阀 6 来调整，调整范围为 $0.5 \sim 1.5$MPa。

拉门的开关由二位四通阀 3 来控制，在油路中增加了单向阀和节流阀以调节拉门的开关速度。

图中还包括卡盘卡爪定位面的吹净工作的气路，它由压缩空气来完成。空气的通断由电动阀 4 控制，气源需外接。液压系统控制中电磁阀的动作见表 7-1。

表7-1 电磁阀工作表

工作情况		YV1	YV2	YV3	YV4	YV5	YV6	YV7
尾架	前进	+	−					
	后退	−	+					
	停止	−	−					
卡盘	夹紧			+	−			
	松开			−	+			
拉门	关					+	−	
	开					−	+	
吹定位面	吹							+
	停							−

注：表中"＋"表示通电；"－"表示断电。

　　为了减少辅助时间和劳动强度，并适应自动化和半自动加工的需要，数控车床多采用动力卡盘装夹工件。目前使用较多的是自动定心液压动力卡盘，该卡盘主要由引油导套、液压缸和卡盘三部分组成。图7-6所示即为一种数控车床上较常采用的液压驱动力自定心卡盘。

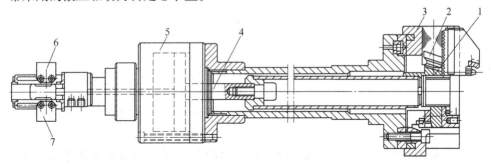

图7-6　液压驱动力的自定心卡盘
1—驱动爪　2—卡爪　3—卡盘　4—活塞杆　5—液压缸　6、7—行程开关

7.2　数控机床可编程序控制器

7.2.1　可编程序控制器的基本概念与分类

1. 可编程序控制器的定义

可编程序控制器是一种数字运算操作系统，专为工业环境下应用而设计。它

采用了可编程序的存储器，用来在其内部存储执行逻辑运算、顺序控制、定时、技术和算术运算等操作的指令，并通过数字式或模拟式的输入和输出，控制各种类型机械的生产过程。可编程序控制器及其有关外围设备，都按易于与工业系统连成一个整体、易于扩充其功能的原则设计。

2. 可编程序控制器的特点

（1）控制程序可变

其控制操作功能通过软件编制确定，在生产工艺改变或生产设备更新时，不必改变 PLC 硬件设备，只需改变编程程序就可改变控制方案，具有良好的柔性。

（2）采用面向过程语言，编程方便

可编程序控制器用于替代继电器接触器控制，目前大多数仍然采用类似继电控制电路图形式的"梯形图"进行编程，控制线路清晰直观。PLC 与个人计算机连成网络或加入到集散控制系统之中时，通过在上位机上用梯形图编程，程序直接下装，使编程更容易、更方便。

（3）功能完善

由于计算机的强运算处理能力，现代 PLC 不仅有逻辑运算、计时、计数、步进控制功能，还能完成 A/D、D/A 转换、模拟量处理、高速计数、联网通信等功能，可以通过上位机进行显示、报警、记录、进行人机对话，使控制水平大大提高。

（4）扩展灵活

PLC 产品均带有扩展单元，可以方便的适应不同 I/O 点数及不同输入、输出方式的需求。模块式 PLC，各种功能模块制成插板，可以根据需要灵活配置，从几个 I/O 点的最小型系统到几千个点的超大型系统均可以实现，扩展灵活，组合方便。

（5）系统构成简单，安装调试工作量少

当需要组成控制系统时，用简单的编程方法将程序存入存储器内，接上相应的输入、输出信号，便可构成一个完整的控制系统，不需要继电器、转换开关等。它的输出可直接驱动执行机构（负载电流一般可达 2A），中间一般不需要设置转换单元，因此大大简化了硬件的接线，减少设计及施工工作量。同时 PLC 又能事先进行模拟调试，更减少了现场的调试工作量，并且 PLC 的监视功能很强，模块化结构大大减少了维修量。

（6）可靠性高

可编程序控制器采用大规模集成电路，可靠性要比有接点的继电器系统高得多。同时，在其自身设计中，又采用了冗余措施和容错技术，因此其平均无故障运行时间（MTBF）超过 20000h，而平均修复时间（MTTR）则少于 10min。

另外，其输入输出采用了屏蔽、隔离、滤波、电源调整与保护措施，提高了抗工业环境干扰的能力，使 PLC 适用于工业环境使用，可靠性大大提高。

3. 可编程序控制器的分类

按容量大致可分为"小"、"中"、"大"三种类型。小型 PLC 的 I/O 点数在 256 点以下（其中把小于 64 点的 PLC 称为超小型机）；中型 PLC 的 I/O 点数在 256 点以上，2048 点以下，内存在 8K 以下；大型 PLC 的 I/O 点数在 2048 点以上。大型 PLC 可以和计算机系统结成一体，并增加刀具精确定位、机床速度和阀门控制等功能，可实现管理和控制一体化，与办公自动化系统联网，成为工厂自动化的重要设备。

按硬件结构的不同，将 PLC 分为整体式结构、模块式 PLC 和叠装式 PLC 三类。

7.2.2 可编程序控制器基本结构及编程方法

1. 可编程序控制器的基本组成

可编程序控制器的基本结构如图 7-7 所示。其主体由三部分组成，主要包括中央处理器 CPU、存储系统输入/输出接口、存储器系统 ROM 和 RAM 等，系统电源在 CPU 模块内，也可单独视为一个单元。编程器一般看作 PLC 的外设。PLC 内部采用总线结构，进行数据和指令的传输。

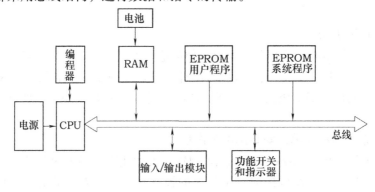

图 7-7　可编程序控制器的结构

这里可以把 PLC 作为一个系统。外部开关信号、模拟信号以及各种传感器检测的信号作为 PLC 的输入变量，它们经 PLC 的输入端子进入 PLC 的内部，经 PLC 的内部逻辑运算等各种运算与处理后，产生输出变量，送到输出端子作为输出，驱动外部设备。PLC 可以被看作是控制系统的中间处理环节，它将输入变量经一定的控制方式转变为输出变量。所以一个 PLC 控制系统可描述为：输入变量→PLC→输出变量。

输入部分收集、暂存被控对象实际运行的数据和状态信息；PLC 即逻辑部分，则是处理输入部分所取得的信息，并按被控对象实际动作要求产生输出结果；输出部分向被控设备提供实时操作与处理。

其中逻辑部分采用了大规模集成电路构成的微处理器和存储器，并且生产厂家对微处理器进行了软件、硬件开发，为用户提供了大量的便于编程的逻辑部件，如继电器逻辑、定时器、计数器、触发器和寄存器等。同时，提供了描述这些逻辑部件的符号和语言即编程语言。

PLC 的基本组成部分协调一致，实现对现场设备的控制。为进一步了解 PLC 的控制原理和工作过程，并为使用 PLC 打下基础，下面分别介绍 PLC 各组成部分及其作用。

2. 中央处理器 CPU

（1）CPU 的作用

CPU 的主要作用是控制整个系统协调一致地运行。它解释并执行用户及系统程序，并通过运行用户及系统程序完成所有控制、处理、通信以及所赋予的其他功能。

（2）PLC 中常用的 CPU 及其特性

PLC 中常用的 CPU 主要采用通用微处理器、单片机和双极型位片机。此外，为提高 CPU 操作速度，CPU 可以使用若干个微处理器芯片，采用分割控制任务的方法，实现多机处理。通用微处理器常用的有 8 位 MOS 微处理器如 Z80A、Intel8085、M6800 和 6502 等，16 位微处理器如 Intel8086、M68000 等。

一般小型 PLC，大多数采用 8 位微处理器或单片机；中型 PLC，大多数采用 16 位微处理器或单片机；大型 PLC 则采用高速位片机。另外有些公司生产的 PLC 也采用一些改进型的微处理器，如日本生产的 C2000H 系列，采用的是 MC68B69CP 增强型 8 微位处理器，日本生产的 SG-8PC 选用 NECV30MP70116 增强型 8086 16 位微处理器。

3. 存储器 ROM（EPROM）和 RAM

（1）存储器类型与存储器容量

目前常用的存储器有 CMOS RAM 和 EEPROM。RAM 存储器是一种随机存取存储器，CPU 可随时对它进行读写。这种存储器主要用来存储用户正在调试和修改的程序以及各种暂存的数据、中间变量等。与其他存储器相比 RAM 是一种中高密度、低功耗、价格便宜的存储器。可用锂电池作为备用电源，一旦交流电源停电，用锂电池维持供电，保持 RAM 内停电前的数据。锂电池的寿命一般为 5～6 年，若经常带载可维持 1～5 年。

EPROM 是一种可用紫外线擦除的可编程序只读存储器，CPU 只能从中读出但不能写入。EPROM 主要用来存放 PLC 的操作系统和监控程序，如果用户程序已完全调试好，也可通过写入器将程序固化在 EPROM 中。EPROM 具有高密度、价格低的特点，用户若对其内容进行擦除，须将 EPROM 芯片置于波长为 2537Å（253.7nm）、总光量（紫外光光强 × 曝光时间）大于 $15W \cdot s/cm^2$ 的紫外线下曝光，待内容擦除后可重新写入新内容。EPROM 存储器又可写成 E^2PROM，它是一种电可擦可编程序只读存储器。这种存储器既可按字节进行擦除和重新编程，又具有整片擦除功能，具有 RAM 的编程灵活性和 ROM 的不易失的特性。E^2PROM 广泛用于需要在系统内不易失地擦除和写入的场合。其不足之处在于，只有擦除某字节后才能对该字节进行改写，显然在线程序修改时间长，另外，每一字节可擦写次数有限，约为 10000 次。

可编程序控制器的存储容量一般指用户存储器容量。中、小型可编程序控制器的存储容量一般在 8KB 字节以下；大型可编程序控制器存储容量达 256KB 字节以上。受 PLC 内部电路板面积的限制，可编程序控制器内部的 RAM 和 ROM 的容量都是有限的，当用户程序块较大时，须考虑插入扩充的 RAM 和 ROM 模块，以增大系统的存储容量。

（2）存储系统的作用与存储分配

PLC 的存储器有两类，一类是存储 PLC 系统程序的系统存储器，另一类是存储用户程序的用户存储器。

4. 输入、输出模块

可编程序控制器是一种工业控制计算机系统，它的控制对象是工业生产过程，它与工业生产过程的联系是通过输入输出（I/O）模块实现的。

5. 编程器

（1）编程器的功能

编程器是 PLC 的重要外部设备，是 PLC 必不可少的。编程器将用户所希望的功能通过编程语言送到 PLC 的用户程序存储器。编程器不仅能对程序进行写入、读出、修改，还能对 PLC 的工作进行监控，同时也是用户与 PLC 之间进行人机对话的媒体。随着 PLC 上的功能不断增强，编程语言多样化，编程器的功能也在增强，它已不单是一个程序输入装置。

编程器有两种编程方式，即在线和离线编程方式。

1）在线编程方式。编程器与 PLC 上的专用插座相连，或通过专用接口相连，程序可直接写入到 PLC 的用户程序存储器中，也可先将程序在编程器的存储器内存放，然后再转送入 PLC 的存储器中。这种编程方式可对程序进行调试，可随时插入、删改程序，并可监视 PLC 内部器件（如定时器、计数器）的工作状态，还可强迫输出。这种方式具有编程、检查监视和测试的功能。

2）离线编程方式编程器先不与 PLC 连接，编制的程序存放在编程器的存储器中，程序编写完毕，再与 PLC 连接，将程序送入 PLC 的存储器中。离线编程不影响 PLC 的工作。

（2）编程器结构

编程器按结构可分为三种类型。

1）手携式编程器。这种编程器又称为简易编程器，这种编程器通常直接与 PLC 上的专用插座相连，由 PLC 提供电源给编程器。这种编程器外形与普通计算器差不多，一般只能用助记符指令形式编程，通过按键将指令输入，并由显示器加以显示，它只能联机编程，对 PLC 的监控功能少，便于携带。因此，适于小型 PLC 的编程要求。

2）带有显示屏的编程器。这种编程器又称图形编程器，其显示屏又分为两种，一种用液晶显示作屏幕，另一种用阴极射线管（CRT）作屏幕。图形显示屏用来显示编程内容，也可以提供各种其他必需信息，如输入、输出、辅助继电器的占用情况，程序容量等。此外，在调试、检查程序执行时，也能显示各种信号、状态、错误提示等。

操作键盘设有各种编程方式所需的功能键、通用数字键、字符键以及显示画面切换键。可在显示屏上提供各种操作指示，使编程操作十分方便。

这种编程器既可联机又可脱机编程，可用多种编程语言编程。特别是可以直接编梯形图，十分直观。程序编制完成后可自行编译，并通过通信实现程序下装。这种编程器可与打印机、盒式磁带录音机、绘图仪等设备相连，并且具有较强的监控功能，但价格较高，适用于大、中型 PLC 的编程要求。

3）通用计算机作为编程器。有的生产厂家在 IBM-PC、Apple 等计算机中加上适当的硬件接口和软件包，使这些计算机能进行编程。通常用这种方式也可直接编制梯形图，监控的功能也较强。对于有计算机的用户，可节省一台编程器，能充分利用已有计算机。

7.2.3　数控机床的可编程序控制器

1. 数控机床的可编程序控制器分类

数控机床的可编程序控制器（PLC）分为内装型 PLC 和外置型（独立型）PLC 两大类。

内装型 PLC 安装在数控系统内部，具有如下特点：内装型 PLC 实际上是数控系统装置本身带有 PLC 功能，内装型 PLC 功能通常是作为可选功能提供给用户的；数控装置内部，内装型 PLC 可与数控系统共用一个 CPU，也可以单独有一个专用的 CPU；硬件电路可与数控系统电路制作在同一块印刷电路板上，也可单独制成一个附加板插于数控系统装置上，它的电源可与数控系统共用，不需专门配置；有些内装型 PLC 可利用数控系统的显示器和键盘进行梯形图或语言的编程调试，无需装配专门的编程设备。

目前，绝大多数数控系统均可选择具有内装 PLC 功能。由于大规模集成电路的采用，带与不带内装 PLC，数控系统的外形尺寸已没有明显差别。内装 PLC 与数控系统之间的信息交换是通过公共 RAM 区完成的，因此内装 PLC 与数控系统之间没有连线，信息交换量大，安装调试更加方便，且结构紧凑，可靠性好。

与拥有数控系统后，再配置一台通用 PLC 相比，无论在技术上还是在经济上对用户都是有利的。数控系统以及内装 PLC 与外部的连接结构示意如图 7-8 所示。

独立型 PLC 在数控系统外部，自身具有完备的硬软件功能，具有如下特点：

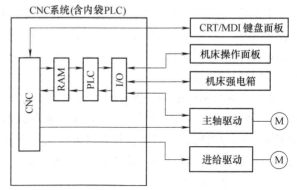

图 7-8 具有内装 PLC 的 CNC 与外部连接框图

1）独立型 PLC 本身即是一个完整的计算机系统，其具有 CPU、EPROM、RAM、I/O 接口以及编程器等外部设备的通信接口、电源等。

2）独立型 PLC 的 I/O 模块种类齐全，其输入、输出点数可通过增减 I/O 模块灵活配置。

3）与内装型 PLC 相比，独立型 PLC 功能更强，但一般要配置单独的编程设备。独立型 PLC 与数控系统之间的信息交换可通过 I/O 接口对接方式，也可采用通信方式。I/O 对接方式就是将数控系统的输入、输出点通过连线与 PLC 的输入、输出点连接起来，适应于数控系统与各种 PLC 的信息交换。但由于每一点的信息传递需要一根信号线，所以这种方式连线多，信息交换量小。采用通信方式可克服上述 I/O 对接的缺点，但采用这种方式的数控系统与 PLC 必须采用同一通信协议。一般来说数控系统与 PLC 须是同一家公司的产品。采用通信方式时，数控系统与 PLC 的连线少，信息交换量大而且非常方便。

PLC 在数控机床中有图 7-9 所示四种常用的配置方式。

第一种如图 7-9a 所示，PLC 安装在机床侧面，用于完成传统继电器的逻辑控制，PLC 与数控系统之间通过 I/O 点连线对接交换信息，PLC 通过 I/O 点再控制机床的逻辑动作。在这种配置中，PLC 可选用任意一种型号的产品，可选择余地大。此时 PLC 需 N + M 根连线，因此连线复杂。

第二种如图 7-9b 所示，采用内装 PLC。此时 PLC 仅有 M 根输入、输出连线控制机床，而 PLC 与数控系统之间的信息交换在数控系统内部完成，因此连线少，易于维修，成本也较低。

第三种如图 7-9c 所示，独立型 PLC 安装在靠近 CNC 处（或使用内置 PLC），但将 PLC 的 I/O 模块安装在机床侧，PLC 与 I/O 模块之间使用远程 I/O 通信线连接（通常 PLC 均有远程 I/O 模块）。这种配置特别适用于重型、大型机床，可使用多个远程；I/O 模块、各远程 I/O 模块安装在靠近各自的控制对象处，从而减少和缩短了连线，简化了强电结构，提高了系统的可靠性。

第四种如图 7-9d 所示，使用独立型 PLC，但 PLC 与数控系统之间通过通信线连接，简化了连线，通信信息量也大大增加。

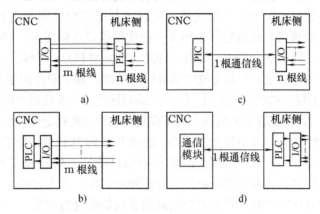

图 7-9 PLC 在数控机床中的配置形式

a）PLC 安装在机床侧面 b）内装 PLC c）靠近 CNC 的独立型 PLC
d）与数控系统之间通过通信线连接的独立型 PLC

2. 可编程序控制器与外部的信息交换

可编程序控制器（PLC）与数控系统（CNC）及机床（MT）的信息交换包括如下四个部分：

1）MT→PLC。机床的开关量信号可通过 PLC 的开关量输入接口送入 PLC 中。除极少数信号外，绝大多数信号的含义及所占用 PLC 的地址均可由 PLC 程序设计人员自行定义。

2）PLC→MT。PLC 控制机床的信号通过 PLC 的开关量输出接口送至 MT 中。所有开关输出信号的含义及所有占用 PLC 的地址均可由 PLC 程序设计者自行定义。

3）CNC→PLC。CNC 送至 PLC 信息可由开关量输出信号（对 CNC 侧）完成，也可由 CNC 直接送入 PLC 的寄存器中。所有 CNC 送至 PLC 的信号含义和地址（开关量或寄存器地址）均已由 CNC 厂家确定，PLC 编程者只可使用，不可更改和删除。

4）PLC→CNC。PLC 送至 CNC 的信息由开关量输入信号（对 CNC 侧）完成，所有 PLC 送至 CNC 的信息地址与含义由 CNC 厂家确定，PLC 编程者只可使用，不可改变和增删。

不同数控系统 CNC 与 PLC 之间的信息交换方式、功能强弱差别很大，但其最基本的功能是 CNC 将所需执行的 M、S、T 功能代码送至 PLC，由 PLC 控制完成相应的动作，然后由 PLC 送给 CNC 完成信号 FIN。

3. 数控机床用可编程序控制器功能

可编程序控制器在数控机床中主要实现 M、S、T 等辅助功能。

1）主轴转速 S 功能用 S 二位或 S 四位代码指定。如用 S 四位代码，则可用主轴速度直接指定；如用 S 二位代码，应首先制定二位代码与主轴转速的对应表。通过 PLC 处理可以比较容易地用 S 二位代码指定主轴转速。CNC 装置送出 S 代码（如二位代码）进入 PLC，经电平转换（独立型 PLC）、译码、数据转换、限位控制和 D/A 变换，最后输给主轴电动机伺服系统。其中限位控制是使当 S 代码对应的转速大于规定的最高转速时，限定在最高转速。当 S 代码对应的转速小于规定的最低速度时，限定在最低转速。为了提高主轴转速的稳定性，增大转矩、调整转速范围，还可增加 1~2 级机械变速档，通过 PLC 的 M 代码功能实现。

2）刀具功能 T 由 PLC 实现，给加工中心自动换刀的管理带来了很大的方便。自动换刀控制方式有固定存取换刀方式和随机存取换刀方式，它们分别采用刀套编码制和刀具编码制。对于刀套编码的 T 功能处理过程是：CNC 装置送出 T 代码指令给 PLC，PLC 经过译码，在数据表内检索，找到 T 代码指定的新刀号所在的数据表的表地址，并与现行刀号进行判别比较。如不符合，则将刀库回转指令发送给刀库控制系统，直到刀库定位到新刀号位置时，刀库停止回转，并准备换刀。

3）PLC 完成的 M 功能很广泛。根据不同的 M 代码，可控制主轴的正反转及停止，主轴齿轮箱的变速，冷却液的开、关，卡盘的夹紧和松开，以及自动换刀装置机械手取刀、归刀等运动。PLC 给 CNC 的信号，主要有机床各坐标基准点信号，M、S、T 功能的应答信号等。PLC 向机床传递的信号，主要是控制机床执行件的执行信号，如电磁铁、接触器、继电器的动作信号以及确保机床各运动部件状态的信号及故障指示。

机床给 PLC 的信息，主要有机床操作面板上各开关、按钮等信息，其中包括机床的起动、停止，机械变速选择，主轴正转、反转、停止，冷却液的开、关，各坐标的点动和刀架、夹盘的松开、夹紧等信号，以及上述各部件的限位开关等保护装置、主轴伺服保护状态监视信号和伺服系统运行准备等信号。

PLC 与 CNC 之间及 PC 与机床之间信息的多少，主要按数控机床的控制要求设置。几乎所有的机床辅助功能，都可以通过 PLC 来控制。

7.2.4 典型 PLC 的指令和程序编制

1. FANUCPMC—L 型 PLC 指令

该 PLC 为数控机床用内装型 PLC，有基本指令和功能指令两种指令。在设计顺序程序时使用最多的是基本指令。由于数控机床执行的顺序逻辑往往较为复杂，仅用基本指令编程常会十分困难或规模庞大，因此必须借助功能指令以简化程序。在指令执行中，逻辑操作的中间结果暂存于"堆栈"寄存器中，该寄存器由九位组成，如图 7-10 所示，按先进后出，后进先出的堆栈原理工作。ST0 位存放正在执行的操作结

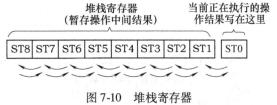

图 7-10　堆栈寄存器

果，其他 8 位（ST1 ~ ST8）寄存逻辑操作的中间状态。操作的中间结果进栈时（执行暂存进栈指令），寄存器左移一位；出栈时，寄存器右移一位。

（1）基本指令

PMC-L 有 13 种基本指令，见表 7-2。基本指令格式如图 7-11 所示。

表 7-2　PMC-L 型 PLC 的基本指令

序号	指　　令	处 理 内 容
1	RD	读出给定信号状态，并写入 ST0 位，在一个梯形开始编码的节点（接点）是 ——┤├——时使用
2	RD. NOT	将信号的"非"状态读出，送入 ST0 位，在一个梯形开始编码的节点是 ——┤/├——时使用
3	WRT	将运算结果（ST0 的状态）写入（输出）到指定的地址单元
4	WRT. NOT	将运算结果（ST0 的状态）的"非"状态写入到指定的地址单元
5	AND	执行逻辑"与"
6	AND. NOT	以指定地址信号的"非"状态执行逻辑"与"
7	OR	执行逻辑"或"
8	OR. NOT	以指定地址信号的"非"状态执行逻辑"或"
9	RD. STK	堆栈寄存器 ST0 内容左移到 ST1，并将指定地址信号置入 ST0，指定信号节点是 ——┤├——时使用
10	RD. NOT. STK	处理内容同上，只是指定信号为"非"状态，即节点是 ——┤/├——时使用
11	AND. STK	将 ST0 和 ST1 的内容相"与"，结果存于 ST0，堆栈寄存器原来的内容右移一位
12	OR. STK	处理内容同上，只是执行的是"或"操作

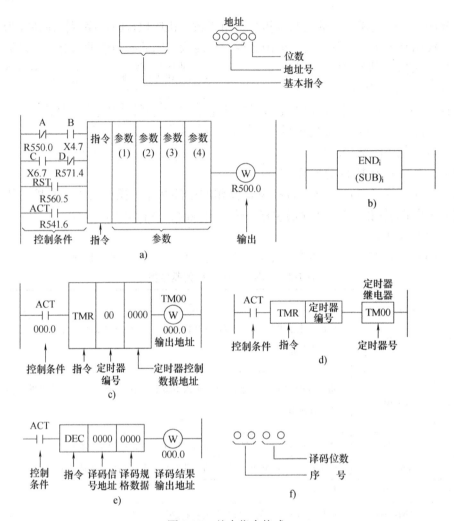

图 7-11 基本指令格式

a）功能指令格式 b）顺序结束指令格式 c）定时器指令格式 1
d）定时器指令格式 2 e）DBC 功能指令格式 f）译码规格数据格式

（2）功能指令

数控机床用 PLC 的指令必须满足数控机床信息处理和动作控制的特殊要求。例如，由 NC 输出的 M、S、T 二进制代码信号的译码（DEC），机械运动状态或液压系统动作状态的延时（TMR）确认，加工零件的计数（CTR），刀库、分度工作台沿最短路径旋转和现在位置至目标位置步数的计算（ROT），换刀时数据检索（DSCH）等。对于上述的译码、定时、计数、最短路径选择，以及比较、检索、转移、代码转换、四则运算、信息显示等控制功能，仅用一位操作的基本指令编程，实现起来将会十分困难。因此要增加一些具有专门控制功能的指令，解决基本指令无法解决的那些控制问题，这些专门指令就是功能指令。功能指令都是一些子程序，应用功能指令就是调用了相应的子程序。

1）功能指令的格式。能指令不能用继电器符号表示，它的格式如图 7-11a 所示。功能指令的编码表和运算结果见表 7-3。指令格式各部分内容说明如下：

表 7-3　PMC-L 编码表

步　号	指　令	地址号、位数	注　释	运算结果的状态			
				ST3	ST2	ST1	ST0
1	RD. NOT	R550.0	A				$\overline{A}$
2	AND	X4.7	B				$\overline{A} \cdot B$
3	RD. STK	X6.7	C			$\overline{A} \cdot B$	C
4	AND. NOT	R571.4	D			$\overline{A} \cdot B$	$C \cdot \overline{D}$
5	RD. STK	R560.5	RST		$\overline{A} \cdot B$	$C \cdot \overline{D}$	RST
6	RD. STK	R541.6	ACT	$\overline{A} \cdot B$	$C \cdot \overline{D}$	RST	ACT
7	（SUB）	00	指令	$\overline{A} \cdot B$	$C \cdot \overline{D}$	RST	ACT
8	（PRM）	0000	参数 1	$\overline{A} \cdot B$	$C \cdot \overline{D}$	RST	ACT
9	（PRM）	0000	参数 2	$\overline{A} \cdot B$	$C \cdot \overline{D}$	RST	ACT
10	（PRM）	0000	参数 3	$\overline{A} \cdot B$	$C \cdot \overline{D}$	RST	ACT
11	（PRM）	0000	参数 4	$\overline{A} \cdot B$	$C \cdot \overline{D}$	RST	ACT
12	WRT	R500.0	W 输出	$\overline{A} \cdot B$	$C \cdot \overline{D}$	RST	ACT

每条功能指令控制条件的数量和含义各不相同，控制条件存于堆栈寄存器中，控制条件以及指令、参数和输出（W）必须无一遗漏地按固定的编码顺序编写。

①指令。指令有三种格式分别用于梯形图、纸带穿孔和程序显示，编程机输入时用简化指令。TMR（定时）和 DEC（译码）指令分别用编程机的 T 和 D 键输入。其他指令用 SUB 键和它后面数字键输入。

②参数。与基本指令不同，功能指令可处理数据。数据或存有数据的地址可作为参数写入功能指令。参数数目和含义随指令不同而异。用 PLC 编程器的 PRM 键可以输入参数。

③输出（W）。功能指令操作结果用逻辑 "0" 或 "1" 状态输出到 W。W 地址由编程者任意指定。有些功能指令不用 W，如 MOVE（逻辑乘后，数据移动）、COM（公共线控制）、JMP（转移）等。

功能指令处理的数据包括 BCD 码数据（二字节，共四位）和二进制数据（四字节）。

2）PMC-L 部分功能指令说明。PMC-L 有 35 种功能指令，见表 7-4。下面介绍部分指令。

表 7-4 PMC—L 功能指令

序号	指令				序号	指令			
	格式1（梯形图）	格式2（用于显示）	格式3（程序输入）	处理内容		格式1（梯形图）	格式2（用于显示）	格式3（程序输入）	处理内容
1	END1	SUB	S1	1 级程序结束	19	DSCH	SUB17	S17	数据检索
2	END2	SUB	S2	2 级程序结束	20	XMOV	SUB18	S18	变址数据转移
3	END3	SUB	S48	3 级程序结束	21	ADD	SUB19	S19	加
4	TMR	TMR	T	定时	22	SUB	SUB20	S20	减
5	TMRB	SUB24	S24	固定定时	23	MUL	SUB21	S21	乘
6	DEC	DEC	D	译码	24	DIV	SUB22	S22	除
7	TR	SUB5	S5	计数	25	NUME	SUB23	S23	常数定义
8	ROT	SUB6	S6	旋转控制	26	PACTL	SUB25	S25	位置 MateA
9	COD	SUB7	S7	代码转换	27	CODE	SUB27	S27	二进制代码转换
10	MOYE	SUB8	S8	逻辑乘后数据转移	28	DCNVB	SUB31	S31	扩展数据转换
11	COM	SUB9	S9	公共线控制	29	COMPB	SUB32	S32	二进制数比较
12	COME	SUB29	S29	公共线控制结束	30	ADDB	SUB36	S36	二进制数加
13	JMP	SUB10	S10	跳转	31	SUBB	SUB37	S37	二进制数减
14	JMPE	SUB30	S30	跳转结束	32	MULB	SUB38	S38	二进制数乘
15	PARI	SUB11	S11	奇偶检查	33	DIVB	SUB39	S39	二进制数除
16	DCNN	SUB14	S14	数据转换	34	NUMEB	SUB40	S40	二进制常数定义
17	COMP	SUB15	S15	比较	35	DISP	SUB49	S49	信息显示
18	COIN	SUB16	S16	符合检查					

①顺序结束指令（END1，END2）。顺序程序结束指令包括：END1 为高级顺序结束指令，要求响应快的信号（如脉冲信号）编在高级顺序程序中，分为 1、2、3 级，用功能指令 END1 指定高级顺序结束；END2 为低级顺序程序结束指令格式，如图 7-11b 所示，其中 i = 1 和 2，分别表示高级和低级顺序结束指令。

②定时器指令（TMR，TMRB）。在数控机床梯形图编制中，定时器是不可缺少的指令。它用在机械动作完成状态或稳定状态的延时确认（如卡盘夹紧/松开、自动夹具夹紧/松开、转台锁紧/释放、刀具夹紧/松开、主轴起动/停止等），机床液压、润滑、冷却、供气系统执行器件稳定工作状态的延时确认（如液压缸、气缸、电磁阀、压力阀、气阀等动作完成确认），以及顺序程序中其他需要与时间建立逻辑顺序关系的场合。

指令格式见图 7-11c，或见图 7-11d。

TMR 是设定时间可以更改的延时定时器。它通过 CRT/MDI 面板在指令规定的"定时器"控制数据地址来设定时间，设定值用二进制表示。二进制 1 相当于 50ms。设定范围：0.05 ~ 1638.35s。指令 TMRB 的设定时间与顺序程序一起被写入 EPROM，所设定时间不能用 CRT/MDI 改变，除非修改梯形图设定时间，再重新写入 EPROM。TRMB 是设定时间固定不变的延时定时器，设定时间以十进制表示，每 50ms 为一档，时间范围为 0.05 ~ 1638.35s。

定时器工作原理是：当控制条件 ACT = 0 时，输出 W = 0（或者说定时继电器 TM00 断开）；当 ACT = 1 时，定时器开始计时，在到达预定的时间后，W = 1（或者说接通定时器继电器 TM00）。

③译码指令（DEC）。数控机床在执行加工程序中规定的 M、S、T 机能时，CNC 装置以 BCD 代码形式输出 M、S、T 代码信号。这些信号需要经过译码才能从 BCD 码状态，转换成具有特定功能含义的一位逻辑状态。DEC 功能指令的格式，见图 7-11e。

译码信号地址是指 NC 至 PMC 的二字节 BCD 代码的信号地址。译码规格数据由序号和译码位数两部分组成，见图 7-11f。其中，序号必须两位数指定。例如，对 M03 译码，这二位数即为 03。"译码位数"的设定有三种情况：

01：对低位数译码。

10：对高位数译码。

11：对二位数译码。

DEC 指令的工作原理是：控制条件 ACT = 0 时，不译码，译码结果为继电器断开；ACT = 1 时，允许译码。当指定译码信号地址中的代码信号状态与指定序号相同时，输出 W = 1；反之，W = 0。译码输出 W 的地址由编程员任意指定。

2. 顺序程序的编制

（1）编程举例

1）基本指令例 1　如图 7-12 所示，梯形图的编码表和操作结果状态见表 7-5。

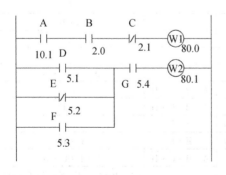

图 7-12　基本指令例 1

表 7-5　梯形图的编码表和操作结果状态

步序	指令	地址数、位数	STO
1	RD	10.1	A
2	AND	2.0	$A \cdot B$
3	AND. NOT	2.1	$A \cdot B \cdot \overline{C}$
4	WRT	80.0	$A \cdot B \cdot \overline{C}$
5	RD	5.1	D
6	OR. NOT	5.2	$D + \overline{E}$
7	OR	5.3	$D + \overline{E} + F$
8	AND	5.4	$(D + \overline{E} + F) \cdot G$
9	WRT	80.1	$(D + \overline{E} + F) \cdot G$

2）基本指令例 2　如图 7-13 所示，梯形图的编码表和操作结果状态见表 7-6。

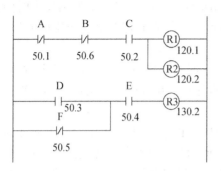

图 7-13　基本指令例 2

表 7-6　梯形图的编码表和操作结果状态

步序	指令	地址数、位数	ST0
1	RD. NOT	50. 1	$\overline{A}$
2	AND. NOT	50. 6	$\overline{A} \cdot \overline{B}$
3	AND	50. 2	$\overline{A} \cdot \overline{B} \cdot C$
4	WRT	120. 1	$\overline{A} \cdot \overline{B} \cdot C$
5	WRT. NOT	120. 2	$\overline{\overline{A} \cdot \overline{B} \cdot C}$
6	RD	50. 3	D
7	OR. NOT	50. 5	$D + \overline{F}$
8	AND	50. 4	$(D + \overline{F}) \cdot E$
9	WRT	130. 2	$(D + \overline{F}) \cdot E$

3）基本指令例 3　如图 7-14 所示，梯形图的编码表和操作结果状态见表 7-7。

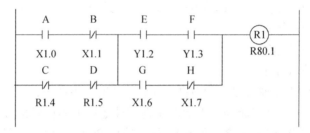

图 7-14　基本指令例 3

表 7-7　梯形图的编码表和操作结果状态

步序	指令	地址数、位数	注释	运算结果状态		
				ST2	ST1	ST0
1	RD	X1. 0	A			A
2	AND. NOT	X1. 1	B			$A \cdot \overline{B}$
3	RD. NOT. STK	R1. 4	C		$A \cdot \overline{B}$	$\overline{C}$
4	AND. NOT	R1. 5	D		$A \cdot \overline{B}$	$\overline{C} \cdot \overline{D}$
5	OR. STK					$A \cdot \overline{B} + \overline{C} \cdot \overline{D}$
6	RD. STK	Y1. 2	E	$A \cdot \overline{B} + \overline{C} \cdot \overline{D}$		E
7	AND	Y1. 3	F	$A \cdot \overline{B} + \overline{C} \cdot \overline{D}$		$E \cdot F$
8	RD. STK	X1. 6	G	$A \cdot \overline{B} + \overline{C} \cdot \overline{D}$	$E \cdot F$	G
9	AND. NOT	X1. 7	H	$A \cdot \overline{B} + \overline{C} \cdot \overline{D}$	$E \cdot F$	$G \cdot \overline{H}$
10	OR. STK			$A \cdot \overline{B} + \overline{C} \cdot \overline{D}$		$E \cdot F + G \cdot \overline{H}$
11	AND. STK					$(A \cdot \overline{B} + \overline{C} \cdot \overline{D})(E \cdot F + G \cdot \overline{H})$
12	WRT	R80. 1	R1 输出			$(A \cdot \overline{B} + \overline{C} \cdot \overline{D})(E \cdot F + G \cdot \overline{H})$

4）控制主轴运动的顺序程序编制。图 7-15 是控制主轴运动的局部梯形图。图中包括主轴旋转方向控制（顺时针旋转或逆时针旋转）和主轴齿轮换档控制

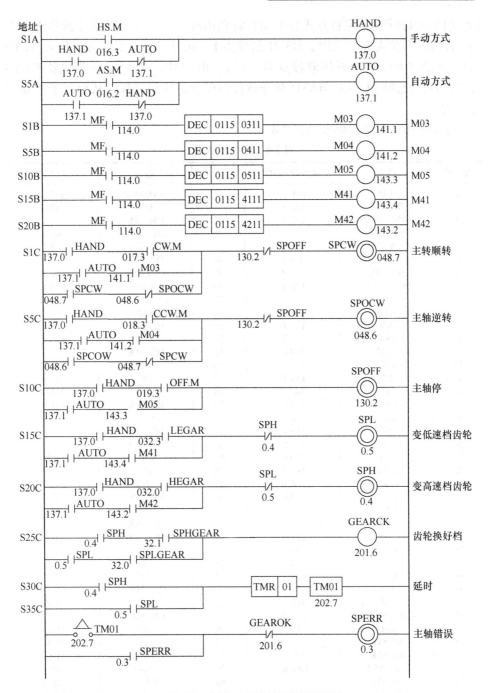

图 7-15 主轴运动控制局部梯形图

注：该程序的梯形图中粗实线触点为机床侧或 NC 侧输入的信号，细实线触点为 PLC 中软触点，
符号 "—◎—" 为机床侧继电器线圈，符号 "—□—" 为 PLC 定时器线圈。

（低速档或高速档）。控制方式分手动和自动两种工作方式。当机床操作面板上的工作方式开关选在手动时，HS. M 信号为 1。此时，自动工作方式信号 AUTO 为 0（梯级 1 的 AUTO 常闭软接点为 "1"）。由于 HS. M 为 1，软继电器 HAND 线圈接通，使梯级 1 中的 HAND 常开软接点闭合，线路自保，从而处于手动工作方式。

该梯形图的程序编码表见表 7-8。

表 7-8　顺序程序表

步　序	指　令	地址数、位数	步　序	指　令	地址数、位数
1	RD	016. 3	43	RD. STK	137. 1
2	RD. STK	137. 0	44	AND	141. 2
3	AND. NOT	137. 1	45	OR. STK	
4	OR. STK		46	RD. STK	048. 6
5	WRT	137. 0	47	AND. NOT	048. 7
6	RD	016. 2	48	OR. STK	
7	RD. STK	137. 1	49	AND. NOT	130. 2
8	AND. NOT	137. 0	50	WRT	048. 6
9	OR. STK		51	RD	137. 0
10	WRT	137. 1	52	AND	019. 3
11	RD	114. 0	53	RD. STK	137. 1
12	DEC	0115	54	AND	143. 3
13	PRM	0311	55	OR. STK	
14	WRT	141. 1	56	WRT	130. 2
15	RD	114. 0	57	RD	137. 0
16	DEC	0115	58	AND	032. 3
17	PRM	0411	59	RD. STK	137. 1
18	WRT	141. 2	60	AND	143. 4
19	RD	114. 0	61	OR. STK	
20	DEC	0115	62	AND. NOT	0. 4
21	PRM	0511	63	WRT	0. 5
22	WRT	143. 3	64	RD	137. 0
23	RD	114. 0	65	AND	032. 2
24	DEC	0115	66	RD. STK	137. 1
25	PRM	4111	67	AND	143. 2
26	WRT	143. 4	68	OR. SYK	
27	RD	114. 0	69	AND. NOT	0. 5
28	DEC	0115	70	WRT	0. 4
29	PRM	4211	71	RD	0. 4
30	WRT	143. 2	72	AND	32. 1
31	RD	137. 0	73	RD. STK	0. 5
32	AND	017. 3	74	AND	32. 0
33	RD. STK	137. 1	75	OR. STK	
34	AND	141. 1	76	WRT	201. 6
35	OR. STK		77	RD	0. 4
36	RD. STK	048. 7	78	OR	0. 5
37	AND. NOT	048. 6	79	TMR	01
38	OR. STK		80	WRT	202. 7
39	AND. NOT	130. 2	81	RD	202. 7
40	WRT	048. 7	82	OR	0. 3
41	RD	137. 0	83	AND. NOT	201. 6
42	AND	018. 3	84	WRT	0. 3

在"主轴顺时针旋转"梯级中，HAND = "1"。当主轴旋转方向旋钮置于主轴顺时针旋转位置时，CW. M（顺转开关信号）= "1"，又由于主轴停止旋钮开关 OFF. W 没接通，SPOFF 常闭接点为"1"使主轴手动控制顺时针旋转。

当逆时针旋钮开关置于接通状态时，和顺时针旋转分析方法相同，使主轴逆时针旋转。由于主轴顺转和逆转继电器的常闭触点 SPCW 和 SPCCW 互相接在对方的自保线路中，再加上各自的常开触点接通，使之自保并互锁。同时 CW. M 和 CCW. M 是一个旋钮的两个位置也起互锁作用。

在"主轴停"梯级中，如果把主轴停止旋钮开关接通（即 OFF. M = "1"），使主轴停，软继电器线圈通电，它的常闭软触点（分别接在主轴顺转和主轴逆转梯级中）断开，从而停止主轴转动（正转或逆转）。

工作方式开关选在自动位置时，此时 AS. M = "1"，使系统处于自动方式（分析方法同手动方式）。由于手动、自动方式梯级中软继电器的常闭触点互相接在对方线路中，使手动、自动工作方式互锁。

在自动方式下，通过程序给出主轴顺时针旋转指令 M03，或逆时针旋转指令 M04，或主轴停止旋转指令 M05，分别控制主轴的旋转方向和停止。图中 DEC 为译码功能指令。当零件加工程序中有 M03 指令，在输入执行时经过一段时间延时（约几十毫秒），MF = "1"，开始执行 DEC 指令，译码确认为 M03 指令后，M03 软继电器接通，其接在"主轴顺转"梯级中的 M03 软常开触点闭合，使继电器 SPCW 接通（即为"1"），主轴顺时针（在自动控制方式下）旋转。若程序上有 M04 指令或 M05 指令，控制过程与 M03 指令时类似。

在机床运行的顺序程序中，需执行主轴齿轮换档时，零件加工程序上应给出换档指令。M41 代码为主轴齿轮低速档指令，M42 代码为主轴齿轮高速档指令。以变低速档齿轮为例，说明自动换档控制过程。

带有 M41 代码的程序输入执行，经过延时，MF = 1，DEC 译码功能指令执行，译出 M41 后，使 M41 软继电器接通，其接在"变低速档齿轮"梯级中的软常开触点 M41 闭合，从而使继电器 SPL 接通，齿轮箱齿轮换在低速档。SPL 的常开触点接在延时梯级中，此时闭合，定时器 TMR 开始工作。经过定时器设定的延时时间后，如果能发出齿轮换档到位开关信号，即 SPLGEAR = 1，说明换档成功。使换档成功软继电器 GEAROK 接通（即为 1），SPERR 为"0"即 SPERR 软继电器断开，没有主轴换档错误。当主轴齿轮换档不顺利或出现卡住现象时，SPLGEAR 为"0"，则 GEAROK 为"0"，经过 TMR 延时后。延时常开触点闭合，使"主轴错误"继电器接通，通过常开触点闭合保持，发出错误信号，表示主轴换档出错。

处于手动工作方式时，也可以进行手动主轴齿轮换档。此时，把机床操作面板上的选择开关"LGEAR"置 1（手动换低速齿轮档开关），就可完成手动将主轴齿轮换为低速档。同样，也可由主轴出错显示来表明齿轮换档是否成功。

（2）数控机床顺序程序设计步骤

1）确定 PLC 型号及其硬件配置。不同型号 PLC 具有不同的硬件组成和性能指标，它们的基本 I/O 点数和扩展范围、程序存储量往往差别很大。因此，在 PLC 程序设计之前，要对所用 PC 型号、硬件配量（如内装型 PLC 是否要增加 I/O 模板，通用型 PLC 是否要增加 I/O 模板等）作出选择。

对 PLC 的性能指标主要考虑输入/输出点数和存储容量。另外，所选择 PLC 的处理时间、指令功能、定时器、计数器、内部继电器的技术规格、数量等指标也应满足要求。

2）制作接口信号文件。需要设计和编制的接口技术文件有：输入和输出信号电路原理图、地址表、PLC 数据表。这些文件是制作 PLC 程序不可缺少的技术资料。梯形图中所用到的所有内部和外部信号、信号地址、名称、传输方向，与功能指令有关的设定数据，与信号有关的电器元件等都反映在这些文件中。编制文件的人员除需要掌握所用 CNC 装置和 PLC 控制器的技术性能外，还需要具有一定的电气设计知识。

3）绘制梯形图。梯形图逻辑控制顺序的设计，从手工绘制梯形图开始。在绘制过程中，设计员可以在仔细分析机床工作原理或动作顺序的基础上，用流程图、时序图等描述信号与机床运动时间的逻辑顺序关系，然后据此设计梯形图的控制关系和顺序。

在梯形图中，要用大量的输入触点符号。设计员应搞清输入信号为"1"和"0"状态的关系。若外部信号触点是常开触点，当触点动作时（即闭合），则输入信号为"1"；若信号触点是常闭触点，当触点动作时（即打开），则输入信号为"0"。一个设计得好的梯形图除要满足机床控制的要求外，还应具有最少的步数、最短的顺序处理时间和易于理解的逻辑关系。

4）用编程机编制顺序程序。手工绘制的梯形图，可先转换成指令表的形式，再用键盘输入编程机进行修改。

如果设计员用编程机比较熟悉，且具有一定的 PC 程序设计知识，也可省去手工绘制梯形图这一步骤，直接在编程机上编制梯形图程序。由于编程机具有丰富的编辑功能，可以很方便地实现程序的显示、输入、输出、存储等操作。因此，采用编程机编制程序可以大大提高工作效率。

5）顺序程序的调试与确认。编好的程序需要经过运行调试。一般来说，顺序程序要经过"仿真调试"和"联机调试"二个步骤。仿真调试是在实验室条件下，采用仿真装置或模拟实验台进行调试程序。联机调试是将机床、CNC 装置、PC 装置和编程设备连接起来进行整机机电运行调试，只有这样，才能最终确认程序的正确性。

6）顺序程序的固化。将经过反复调试并确认无误的顺序程序用编程机或编程器写入 EPROM 中，这称为顺序程序的固化。在 PLC 装置上，用存储了顺序程序的 EPROM 代替 RAM，使机床在各种方式下作运行检查。如果满足了整机控制的各项技术要求，则顺序程序的调试即告结束。

7）程序的存储和文件整理。联机调试合格的 PLC 程序是重要的技术文件，除固化到 EPROM 中外，还应存入软盘。技术文件是分析故障原因、扩展功能以及编制其他顺序程序的重要技术资料，所以对程序文件要整理存档。

7.3 数控机床的辅助系统

7.3.1 数控机床的润滑系统

目前，数控机床已成为机械制造的重要机床设备之一，随着数控机床朝高速度、大功率、高精度的方向上发展，其可靠性已成为衡量其性能的重要指标。要保证数控机床可靠稳定地工作，除了在机械结构和数控系统等方面要达到一定的要求之外，良好的冷却、润滑也是不可忽视的部分，它们对延长数控机床的使用寿命、提高切削效率、保证工作正常具有十分重要的作用。

1. 润滑的作用及分类

在数控机床中润滑主要有以下几个方面的作用：

1）减小摩擦。在两个具有相对运动的接触表面之间存在着摩擦，摩擦使零件、部件产生磨损，增大运动阻力，剧烈的摩擦甚至会使接触表面发热损坏。把润滑油或者润滑脂加入到摩擦表面后，可以降低摩擦系数，从而减小摩擦。

2）减小磨损。润滑油或润滑脂在相对运动件之间可以形成一层油膜，避免了两个接触的相对运动件的直接接触，可以减小磨损。

3）降低温度。流动的润滑油可以把摩擦产生的大量热量带走，从而起到降低润滑表面温度的作用。

4）防止锈蚀。润滑油在摩擦表面形成的保护油膜，阻挡了金属与空气或其他氧化源的直接接触，在一定程度上防止了金属零件的锈蚀。

5）形成密封。润滑脂除具有主要的润滑作用外，还具有防止润滑剂的流出和外界尘屑进入摩擦表面的作用，避免了摩擦、磨损的加剧。

数控机床的润滑按照其工作方法一般分为分散润滑和集中润滑两种。分散润滑是指在数控机床的各个润滑点用独立、分散的润滑装置进行润滑；集中润滑是指利用一个统一的润滑系统对多个润滑点进行润滑。按照润滑介质的不同，机床上的润滑又可以分为油润滑和脂润滑两种，其中油润滑又分为滴油润滑、油浴润滑（包括溅油润滑和油池润滑）、油雾润滑、循环油润滑及油气润滑等。

2. 数控机床的润滑系统

数控机床良好的润滑对提高各相对运动件的寿命、保持良好的动态性能和运动精度等具有较大的意义。在数控机床的运动部件中，既有高速的相对运动，也有低速的相对运动，既有重载的部位，也有轻载的部位，所以在数控机床中通常采用分散润滑与集中润滑、油润滑与脂润滑相结合的综合润滑方式对数控机床的各个需润滑部位进行润滑。数控机床中润滑系统主要包括主轴传动部分、轴承、丝杠和导轨等部件的润滑。

在数控机床的主轴传动部分中，齿轮和主轴轴承等零件转速较高、负载较大、温升剧烈，所以一般采用润滑油强制循环的方式，对这些零件进行润滑的同时完成对主轴系统的冷却。这些润滑和冷却兼具的液压系统对液压油的过滤要求较为严格，否则容易影响齿轮、轴承等零件的使用寿命。一般在这部分液压系统中采用沉淀、过滤、磁性精过滤等手段保持液压油的洁净，并要求经过规定的时间后进行液压油的清理更换。

轴承、丝杠和导轨是决定加工中心各个运动精度的主要部件。为了维持它们的运动精度并减少摩擦及磨损，必须采用适当的润滑。具体采用何种润滑方式取决于数控机床的工作状况及结构要求。对负载不大、极限转速或移动速度不高的数控机床一般采用脂润滑，采用脂润滑可以减少设置专门的润滑系统，避免润滑油的泄露污染和废油的处理，而且脂润滑具有一定的密封作用，降低外部灰尘、水气等对轴承、丝杠和导轨副的影响。对一些负载较大、极限转速或移动速度较高的数控机床一般采用油润滑，采用油润滑既能起到对相对运动件之间的润滑作用，又可以起到一定的冷却作用。在数控机床的轴承、丝杠和导轨部位，无论是采用油润滑还是脂润滑，都必须保持润滑介质的洁净无污染，按照相应润滑介质要求和工况定期的清理润滑元件，更换或补充润滑介质。

例如 VP1050 加工中心润滑系统综合采用脂润滑和油润滑，其中主轴传动链中的齿轮和主轴轴承转速较高、温升剧烈，所以与主轴冷却系统结合采用循环油润滑。如图 7-16 所示为 VP1050 主轴润滑冷却管路示意图。要求机床每运转 1000h 更换一次润滑油，当润滑油液位低于油窗下刻度线时，需补充润滑油到油窗液位刻度线规定位置（上、下限之间），当主轴每运转 2000h，需要清洗过滤器。VP1050 加工中心的滚动导轨、滚珠螺母丝杠及丝杠轴承等由于运动速度低、无剧烈温升，故这些部位采用脂润滑。如图 7-17 所示为 VP1050 导轨润滑脂加注嘴示意图。要求机床运转 1000h（或 6 个月）补充一次适量的润滑脂，采用规定型号的锂基类润滑脂。

数控车床主轴轴承润滑可采用油脂润滑、迷宫式密封，也可采用集中强制型润滑。为保证润滑的可靠性，常装有压力继电器作为失压报警装置。

主轴轴承的润滑与密封是机床使用和维护过程中值得重视的两个问题。良好的润滑效果可以降低轴承的工作温度和延长使用寿命。密封不仅要防止灰尘屑末和切削液进入，还要防止润滑油的泄漏。

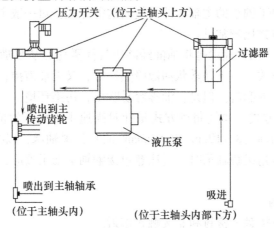

图 7-16 VP1050 主轴润滑冷却管路示意图

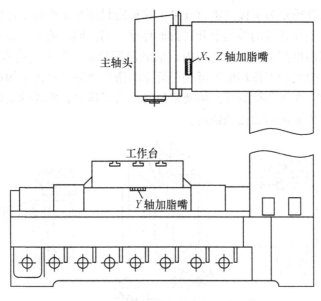

图 7-17 VP1050 导轨润滑脂加注嘴示意图

3. 主轴轴承润滑方式

在数控机床上，主轴轴承润滑方式有：油脂润滑、油液循环润滑、油雾润滑、油气润滑等方式。

1）油脂润滑方式。这是目前在数控机床的主轴轴承上最常用的润滑方式，特别是在前支承轴承上更是常用。当然，如果主轴箱中没有冷却润滑油系统，那么后支承和其他轴承，一般采用油脂润滑方式。

2）油液循环润滑方式。在数控机床主轴上，也有采用油液循环润滑方式的。装有 GA 、MET 轴承的主轴，即可使用这种方式。对一般主轴来说，后支承上采用这种润滑方式比较常见。

3）油雾润滑。油雾润滑是将油液经高压气体雾化后从喷嘴呈雾状喷到需润滑的部位的润滑方式。由于是雾状油液吸热性好，又无油液搅拌作用，所以通常用于高速主轴轴承的润滑。但是，油雾容易吹出，污染环境。

4）油气润滑方式。油气润滑方式是针对高速主轴而开发的新型润滑方式。它是利用极微量的油（8～10min 约 0.03cm^3 油）润滑轴承，以抑制轴承发热。

在用油液润滑角接触轴承时，要注意角接触轴承油泵效应，须使油液从小口进入。

4. 主轴的密封

主轴的密封有接触式密封和非接触式密封。

图 7-18 是几种非接触式密封的形式。图 a 是利用轴承盖与轴的间隙密封，轴承盖的孔内开槽是为了提高密封效果。这种密封用在工作环境比较清洁的油脂润滑处；图 b 是在螺母的外圆上开锯齿形环槽，当油向外流时，靠主轴转动的离心力把油沿斜面甩到端盖 1 的空腔内，油液流回油箱；图 c 是迷宫式密封结构，在切屑多、灰尘大的工作环境下可获得可靠的密封效果，这种结构适用油脂或油液润滑的密封。在用非接触式的油液密封时，为了防漏，重要的是保证回油能尽快排掉，因此要保证回油孔的畅通。

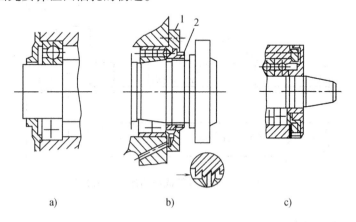

图 7-18　非接触式密封
a）利用轴承盖与轴的间隙密封　b）离心力密封　c）迷宫式密封机构
1—端盖　2—螺母

接触式密封主要有油毡圈和耐油橡胶密封圈密封，如图 7-19 所示。

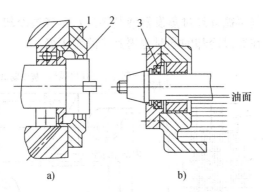

图 7-19　接触式密封
a）油毡圈密封　b）耐油橡胶密封圈密封
1—甩油环　2—油毡圈　3—耐油橡胶密封圈

7.3.2　数控机床的冷却系统

数控机床的冷却系统按照其作用主要分为机床的冷却和切削时对刀具和工件的冷却两部分。

1. 机床冷却和温度控制

数控机床属于高精度、高效率、高投入成本的机床，为了提高生产率，尽可能地发挥其作用，一般要求 24h 不停机连续工作，为了保证在长时间工作情况下机床加工精度的一致性、电气及控制系统的工作稳定性和机床的使用寿命，数控机床对环境温度和各部分的发热冷却及温度控制均有相应的要求。

环境温度对数控机床加工精度及工作稳定性有不可忽视的影响。对精度要求较高和整批零件尺寸一致性要求较高的加工，应保持数控机床工作环境的恒温。

数控机床的电控系统是整台机床的控制核心，其工作时的可靠性以及稳定性对数控机床的正常工作起着决定性作用，并且电控系统中间的绝大部分元器件在通电工作时均会产生热量，如果没有充分适当的散热，容易造成整个系统的温度过高，影响其可靠性、稳定性及元器件的寿命。数控机床的电控系统一般采用在发热量大的元器件上加装散热片与采用风扇强制循环通风的方式进行热量的扩散，降低整个电控系统的温度。但该方式具有灰尘易进入控制箱、温度控制稳定性差、湿空气易进入的缺点。所以，在一些较高档的数控机床上一般采用专门的电控箱冷气机进行电控系统的温湿度调节。

如图 7-20 所示为电控箱冷气机的原理图和结构图。其工作原理是：电控箱冷气机外部空气经过冷凝器，吸收冷凝器中来自压缩机的高温空气的热量，使电控箱内的热空气得到冷却。在此过程中蒸发器中的液态冷却剂变成低温低压气态制冷剂，压缩机再将其吸入压缩成高温高压气态制冷剂，由此完成一个循环。同时电控箱内的热空气再循环经过蒸发器使其中的水蒸气被冷却，凝结成液态水而排出，这样热空气在经过冷却的同时也得到了除湿干燥。

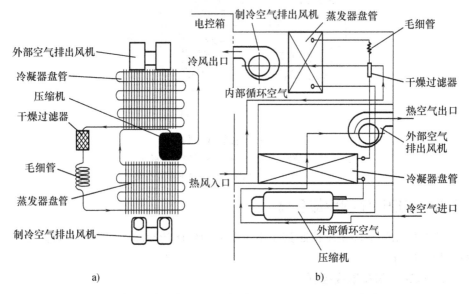

图7-20　电控箱冷气机的原理图和结构图
a）原理图　b）结构图

　　在数控机床的机械本体部分，主轴部件及传动机构为最主要的发热源。对主轴轴承和传动齿轮等零件，特别是中等以上预紧的主轴轴承，如果工作时温度过高很容易产生胶合磨损、润滑油粘度降低等后果，所以数控机床的主轴部件及传动装置通常设有工作温度控制装置。

　　VP1050加工中心采用专用的主轴温控机对主轴的工作温度进行控制。

　　图7-21a所示为主轴温控机的工作原理图，循环液压泵2将主轴头内的润滑油（L-AN32机油）通过管道6抽出，经过过滤器4过滤送入主轴头内，温度传感器5检测润滑油液的温度，并将温度信号传给温控机控制系统，控制系统根据操作人员在温控机上的预设值，来控制冷却器的开停。冷却润滑系统的工作状态由压力继电器3检测，并将此信号传送到数控系统的PLC。数控系统把主轴传动系统及主轴的正常润滑作为主轴系统工作的充要条件，如果压力继电器3无信号发出，则数控系统PLC发出报警信号，且禁止主轴起动。图7-21b为温控机操作面板。操作人员可以设定油温和室温的差值，温控机根据此差值进行控制，面板上设置有循环液压泵、冷却机工作、故障等多个指示灯，供操作人员识别温控机的工作状态。主轴头内高载荷工作的主轴传动系统与主轴同时得到冷却。

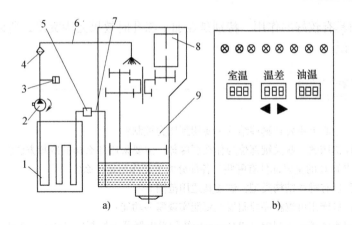

图 7-21 主轴温控机

a) 工作原理图 b) 操作面板图

1—冷却器 2—循环液压泵 3—压力继电器 4—过滤器

5—温度传感器 6—出油管 7—进油管 8—主轴电动机 9—主轴头

2. 工件切削冷却

数控机床在进行高速大功率切削时伴随大量的切削热产生，使刀具、工件和机床内部的温度上升，进而影响刀具的寿命、工件加工质量和机床的精度。所以，在数控机床中，良好的工件切削冷却具有重要的意义，切削液不仅具有对刀具、工件、机床的冷却作用，还起到在刀具与工件之间的润滑、排屑清理、防锈等作用。如图 7-22 所示为 H400 型加工中心工件切削冷却系统原理图。H400 加工中心在工作过程中可以根据加工程序的要求，由两条管道喷射切削液，不需要切削液时，可通过切削液开/停按钮关闭切削液。通常在 CAM 生成的程序代码中会自动加入切削液开、关指令。手动加工时机床操作面板上的切削液开/停按钮可起动切削液电动机，送出切削液。

为了充分提高冷却效果，在一些加工中心上还采用了主轴中央通水和使用内冷却刀具的方式进行主轴和刀具的冷却。这种方式对提高刀具寿命、发挥加工中心良好的切削性能、切屑的顺利

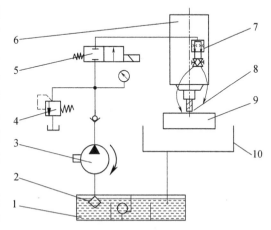

图 7-22 H400 加工中心切削冷却系统图

1—切削液箱 2—过滤器 3—液压泵 4—溢流阀

5—电磁阀 6—主轴部件 7—分流阀 8—切削

液喷嘴 9—工件 10—切削液收集箱

排出等方面具有较好的作用，特别是在加工深孔时效果尤为突出，所以目前应用越来越为广泛。

练习与思考题 7 ●●● -

7-1　加工中心上主要在哪些结构中要用到压力控制？

7-2　数控机床的一些关键部位为什么要冷却，主要采用什么样的冷却方法？

7-3　构成 PLC 的主要部件有哪些？各部分的主要作用是什么？

7-4　编程器有哪些结构类型？试述其适用范围。

7-5　数控机床用可编程序控制器主要能实现哪些功能？

7-6　可编程序逻辑控制器（PLC）与传统的继电器逻辑控制器（RLC）相比有什么区别？它的主要功能有哪些？

7-7　通常情况下，PLC 的规模是怎样划分的？

7-8　试简述 PLC 的程序执行过程。程序的扫描周期与哪些因素有关？

7-9　数控机床的润滑系统所起的作用是什么？是如何分类的？

第8章

数控机床的选择与应用

8.1 数控机床的选用

加工制造企业的效益来自于所有设备的效益。因此,正确的选用、安装、调试和验收能否达到预期效果,直接关系到数控机床投入使用后能否实现机床的技术性能指标和使用功能水准。相比而言,普通型数控机床的这项工作要简单,中、高档数控机床的则难度较大,其主要原因是数控系统的调试比较复杂。

8.1.1 确定典型加工工件

数控机床的品种繁多,而每一种机床的性能只适应于一定的使用范围。因此,选购数控机床时,首先必须确定所购机床所要加工的典型工件是什么。

确定工件时,应根据添置设备部门的技术改造或生产发展的要求,确定何种类型零件的哪些工序准备用数控机床来完成,然后采用成组技术把这些零件进行归类。每一种机床都有其最佳加工的典型零件,如果对箱体的侧面和顶面要求在一次装夹中加工,可选用五面加工中心。若在立式加工中心上加工卧式加工中心加工的典型零件,则加工零件的不同加工面需要更换夹具和倒换工艺基准,这样会降低加工精度和生产效率。而若将立式加工中心的典型零件在卧式加工中心上加工,则需要增加弯板夹具,降低工件加工工艺系统的刚度。同规格的机床,一般卧式加工中心的价格要比立式加工中心的高 80% ~ 100%,但是它适应的零件类型比较多,工艺性比较广泛,因此使用比例较高,占有率较大。

8.1.2 机床规格的选择

数控机床的规格应根据已确定的典型工件进行。选择时主要考虑:工作台大小、坐标数量和坐标行程、主轴电动机功率。

考虑到安装夹具所需的空间,一般选取数控机床的工作台面尺寸比零件的尺寸要稍大一些。工作台面与三坐标行程存在一定的比例关系，若工作台面为 $500\text{mm} \times 500\text{mm}$，则 $X = 700 \sim 800\text{mm}$，$Y = 550 \sim 700\text{mm}$，$Z = 500 \sim 600\text{mm}$。但个别情况下也有工件尺寸大于坐标行程的，此时，要求零件上的加工区必须处在机床的行程范围内，而且还要考虑工件和夹具的总重量不能超过工作台额定负载，以及工件是否与机床换刀空间干涉及其在工作台上回转时是否与防护罩发生干涉等一系列问题。

主轴电动机功率反映了数控机床的切削效率和切削刚度。现在一般加工中心都配置了功率较大的交流调速电动机，可用于高速切削。

综上所述，要求用户根据自己的典型工件毛坯余量的大小、所要求的切削能力（单位时间内金属切除量，一般主轴电动机在 $7.5 \sim 12\text{kW}$ 情况下，切除量为 $200 \sim 300\text{cm}^3/\text{min}$ 钢材料）、要求达到的加工精度、能配置什么样的刀具等因素综合考虑选择机床。

对少量特殊工件靠三个直线坐标加工的数控机床还是不能满足要求，要另外增加回转坐标（A、B、C）或附加坐标（U、V、W）等，这就需要向机床制造厂特殊订货。

8.1.3 机床精度的选择

机床精度等级的选择应根据典型零件关键部位加工精度的需要来定。国产加工中心按精度可分为普通型和精密型两种。加工中心的精度项目很多，而关键项目见表 8-1。

表 8-1 加工中心精度主要项目

精度项目	普通型	精密型
单轴定位精度/mm	±0.01/300 或全长	0.005/全长
单轴重复定位精度/mm	±0.006	±0.003
铣圆精度/mm	0.03 ~ 0.04	0.02

数控机床的其他精度与表中所列数据都有一定的对应关系。定位精度和重复定位精度综合反映了该轴各运动零部件的综合精度。尤其是重复定位精度，它反映了该控制轴在行程内任意定位点的定位稳定性。这是衡量该控制轴能否稳定可靠工作的基本指标。选择机床精度时要特别着眼于机床的重复定位精度。目前的数控系统软件功能比较丰富，一般都具有控制轴的螺距误差补偿功能和反向间隙补偿功能，能对进给传动链上各环节系统误差进行稳定的补偿。如丝杠螺距误差和累积误差可以用螺距补偿功能来补偿；进给传动链的反向死区可用反向间隙补偿来消除。但这是一种理想的做法，实际上造成这反向运动量损失的原因是由于存在驱动部件的反向死区、传动链各环节的间隙和弹性变形、接触刚度等因素变化引起的。其中有些误差是随机误差，它们往往随着工作台的负载大小、移动距

离长短、移动定位的速度改变等反映出不同的损失运动量。这不是一个固定的电气间隙补偿值所能全部补偿的。所以，即使是经过仔细的调整补偿，还是存在单轴定位重复性误差，不可能得到高的重复定位精度。

表 8-1 中所列的单轴定位精度是指在该轴行程内任意一个点定位时的误差范围。它反映了在数控装置控制下通过伺服执行机构运动时，在这个指定点的周围一组随机分散的点群定位误差分布范围。在整个行程内一连串定位点的定位误差包络线构成了全行程定位误差范围，也就确定了定位精度，如图 8-1 所示。

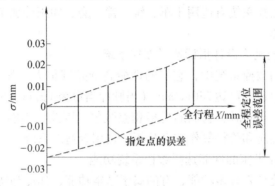

图 8-1　定位误差曲线

机床定位精度与零件加工精度有一定关系。一般来说，加工两个孔的孔距误差是定位精度的 1.5 ~ 2 倍。在普通型加工中心孔距精度可达 IT8 级；在精密型加工中心孔距精度可达 IT6、IT7 级。在调头镗孔的场合，对机床分度精度的要求要高一些。

8.1.4　自动换刀装置的选择

自动换刀装置（Automatic Tool Changer—ATC）是加工中心、车削中心和带交换冲头数控冲床的基本特征，尤其是加工中心，它的工作质量直接关系到整机的工作质量。ATC 装置的投资往往占整机的 30% ~ 50%。因此，应十分重视 ATC 工作质量和刀库储存量的选择。ATC 的工作质量主要表现为换刀时间和故障率。通常在满足使用要求的前提下，尽量选用结构简单、可靠性高的 ATC。

ATC 刀库中储存刀具的数量，由十几支到上百支等。若选用的加工中心不准备用于柔性加工单元或柔性制造系统中，一般刀库容量不宜太大，因为容量大，刀库成本高，结构复杂，故障率也相应增加，刀具的管理也相应复杂化。

一般应根据典型工件的工艺分析算出需用刀具数，由此确定刀库容量。通常加工中心的刀库只考虑能满足一种工件一次装卡所需的全部刀具。中小型加工中心的刀库容量一般在 4 ~ 48 把之间；立式加工中心一般选用 20 把左右刀具容量的刀库；卧式加工中心一般选用 40 把左右刀具容量的刀库。

除了主机和 ATC 的选定，还必须选择所需的刀柄和刀具类型。加工中心使用专用的工具系统，而且各国都有相应的标准系列。

8.1.5 数控系统的选择

数控系统的种类规格极多，为了能使数控系统与所需机床相匹配，充分发挥整体效益，选择数控系统时应遵循下述几条基本原则。

（1）根据数控机床的类型选择相应的数控系统

一般来说，数控系统有适用于车、铣、镗、磨、冲压等加工类别，所以应有针对性地进行选择。

（2）根据数控机床设计指标选择数控系统

在可供选择的数控系统中，它们的性能高低差别很大。如 FANUC 15 系统，它的最高切削进给速度可达 240m/min（当脉冲当量为 1μm）；而 FANUC 0 系统，却只能达 24m/min。同时，它们的价格相差数倍。因此，不能片面追求高水平、新系统，而应对性能和价格等作综合分析，选用合适的系统。

（3）根据数控机床的性能选择数控系统功能

一个数控系统具有许多功能，有的属于基本功能，如冷却防护装置、排屑装置、主轴温控装置等。有的属于选择功能。从价格上看，数控系统生产厂对系统的定价往往是具备基本功能的系统很便宜，而具备选择功能的却较贵。所以，选择功能一定要根据机床性能需要来选择。

（4）订购数控系统时要考虑周全

订购时把需要的系统功能一次订全，不能遗漏，避免由于漏订而造成的损失。当前，数控系统的功能和附属装置发展很迅速。如自动测量装置、刀具监测系统、切削状态监测装置、温度监控装置、自适应控制装置、各种故障诊断装置等大量出现。选用适当附件配合主机发挥出大的效能是可取的，因为增加某种附件对提高加工质量和增加加工的可靠性大有益处。

8.1.6 数控机床驱动电动机的选择

机床的驱动电动机包括主轴电动机和进给伺服电动机两大类。

1. 进给驱动伺服电动机的选择

原则上应根据负载条件来选择伺服电动机。在电动机轴上所加的负载有两种，即负载转矩和负载惯量转矩。对这两种负载都要正确地计算，其值应满足下述条件：

1）当机床作空载运行时，在整个速度范围内，加在伺服电动机轴上的负载转矩应在电动机连续额定转矩范围之内，即应在转矩—速度特性曲线的连续工作区。

2）最大负载转矩、加载周期以及过载时间都应在提供的特性曲线的允许范围以内。

3）电动机在加速或减速过程的转矩应在加、减速区域（或间断工作区）之内。

4）对要求频繁起动、制动以及周期性变化的负载，必须检查它在一个周期中的转矩均方根值，应小于电动机的连续额定转矩。

5）加在电动机轴上的负载惯量大小对电动机的灵敏度和整个伺服系统精度将产生影响。通常，当负载惯量小于电动机转子惯量时，上述影响不大，但当负载惯量达到甚至超过转子惯量的 3 倍时，会使灵敏度和响应时间受到很大影响，甚至会使伺服放大器不能在正常调节范围内工作。所以对这类惯量应避免使用。

2. 主轴电动机的选择

选择主轴电动机时，应按下列几条原则，综合考虑来选择主轴电动机的功率。

1）所选电动机应能满足机床设计的切削功率的要求。

2）根据要求的主轴加减速时间计算出的电动机功率不应超过电动机的最大输出功率。

3）在要求主轴频繁起动、制动的场合，必须计算出平均功率，其值不能超过电动机连续额定输出功率。

4）在要求恒表面速度控制的场合，则恒表面速度控制所需的切削功率和加速所需功率两者之和应在电动机能够提供的功率范围之内。

8.2　数控机床的安装与调试

8.2.1　数控机床的安装

1. 机床的基础处理和初就位

机床到货后应及时开箱检查，按照装箱单清点技术资料、零部件、备件和工具等是否齐全无损，核对实物与装箱单及订货合同是否相符，如发现有损坏或遗漏问题，应及时与供货厂商联系解决，尤其注意不要超过索赔期限。

仔细阅读机床安装说明书，按照说明书的机床基础图或《动力机器基础设计规范》做好安装基础。在基础养护期满并完成清理工作后，将调整机床水平用的垫铁、垫板逐一摆放到位，然后安装机床的基础件（或整机）就位，同时将地脚螺栓放进预留孔内，并完成初步找平工作。

2. 机床部件的组装

机床部件的组装是指将分解运输的机床重新组合成整机的过程。组装前注意做好部件表面的清洁工作，将所有连接面、导轨、定位和运动面上的防锈涂料清洗干净，然后准确可靠地将各部件连接组装成整机。

在组装立柱、数控柜、电气柜、刀具库和机械手的过程中，机床各部件之间的连接定位均要求使用原装的定位销、定位块和其他定位元件，这样各部件在重新连接组装后，能够更好地还原机床拆卸前的组装状态，保持机床原有的制造和安装精度。

在完成机床部件的组装之后，按照说明书标注和电缆、管道接头的标记，连接电缆、油管、气管和水管。将电缆、油管和气管可靠地插接和密封连接到位，要防止出现漏油、漏气和漏水问题，特别要避免污染物进入液、气压管路，否则会带来意想不到的麻烦。总之要力求使机床部件的组装达到定位精度高、连接牢靠、构件布置整齐等良好的安装效果。

数控机床的检查与调试，包括电源的检查、数控系统电参数的确认和设定、机床几何精度的调整等，检查与调试工作关系到数控机床能否正常投入使用。

8.2.2　机床连接电源的检查

1. 电源电压和频率的确认

检查电源输入电压是否与机床设定相匹配，频率转换开关是否置于相应位置。我国市电规格为交流三相380V、单相220V、频率50Hz。通常各国的供电制式各不相同，例如日本的交流三相200V、单相100V、频率60Hz。

2. 电源电压波动范围的确认

检查电源电压波动是否在数控系统允许范围内，否则需要配置相应功率的交流稳压电源。数控系统允许电源电压在额定值的 ±10% ~ ±15% 之间波动，如果电压波动太大则电气干扰严重，会使数控机床的故障率上升而稳定性下降。

3. 输入电源相序的确认

检查伺服变压器原边中间抽头和电源变压器副边抽头的相序是否正确，否则接通电源时会烧断速度控制单元的熔丝。可以用相序表检查或用示波器判断相序，若发现不对将 T、S、R 中任意两条线对调一下就行了。

4. 检查直流电源输出端对地是否短路

数控系统内部的直流稳压单元提供 +5V、±15V、±24V 等输出端电压，如有短路现象则会烧坏直流稳压电源。通电前要用万用表测量输出端对地的阻值，如发现短路必须查清原因并予以排除。

5. 检查直流电源输出电压

用数控柜中的风扇是否旋转来判断其电源是否接通。通过印刷电路板上的检测端子，确认电压值 +5V、±15V 是否在 ±5%、而 ±24V 是否在 ±10% 允许波动的范围之内。超出范围要进行调整，否则会影响系统工作的稳定性。

6. 检查各熔断器

电源主线路、各电路板和电路单元都有熔断器装置。当超过额定载荷、电压过高或发生意外短路时，熔断器能够马上自行熔断切断电源，起到保护设备系统安全的作用。检查熔断器的质量和规格是否符合要求，要求使用快速熔断器的电路单元不要用普通熔断器，特别要注意所有熔断器都不允许用铜丝等代替。

8.2.3　参数的设定和确认

1. 短接棒的设定

在数控系统的印刷电路板上有许多待连接的短路点，可以根据需要用短接棒进行设定，用以适应各种型号机床的不同要求。对于整机购置的数控机床，其数控系统出厂时就已经设定，只需要通过检查确认已经设定的状态即可。如果是单独购置的数控系统，就要根据所配套的机床自行设定，通常数控系统出厂时是按标准方式设定的，根据实际需要自行设定时，一般不同的系统所要设定的内容不一样，设定工作要按照随机的维修说明书进行。数控系统需要设定的主要内容有以下三个部分：

（1）控制部分印刷电路板上的设定

包括主板、ROM 板、连接单元、附加轴控制板、旋转变压器或感应同步器的控制板等，这些设定与机床返回参考点的方法、速度反馈用检测元件、检测增益调节、分度精度调节等有关。

（2）速度控制单元电路板上的设定

这些设定用于选择检测反馈元件、回路增益以及是否产生各种报警等。

（3）主轴控制单元电路板上的设定

这些设定用于直流或交流主轴控制单元，选择主轴电动机电流极限和主轴转速等。

2. 参数的设定

数控系统的许多参数（包括可编程序控制器 PLC 参数）能够根据实际需要重新设定，以使机床获得最佳的性能和最方便的状态。对于数控机床出厂时就已经设定的各种参数，在检查与调试数控系统时仍要求对照参数表进行核对。参数表是随机附带的一份很重要的技术资料，当数控系统参数意外丢失或发生错乱时，它是完成恢复工作不可缺少的依据。可以通过 MDI/CRT 单元上的 PARAM 参数键，显示存入系统存储器的参数，并按照机床维修说明书提供的方法进行设定和修改。

8.2.4　通电试车

在通电试车前要对机床进行全面润滑。给润滑油箱、润滑点灌注规定的油液或油脂，为液压油箱加足规定标号的液压油，需要压缩空气的要接通气压源。调整机床的水平，粗调机床的主要几何精度。如果是大中型设备，要在初就位和已经完成组装的基础上，重新调整主要运动部件与机床主轴的相对位置。比如机械手、刀具库与主机换刀位置的校正，APC 托架与工作台交换位置的找正等。

通电试车按照先局部分别供电试验，然后再作全面供电试验的秩序进行。接通电源后首先查看有无故障报警，检查散热风扇是否旋转，各润滑油窗是否来油，液压泵电动机转动方向是否正确，液压系统是否达到规定压力指标，冷却装置是否正常等。在通电试车过程中要随时准备按压急停按钮，以避免发生意外情况时造成设备损坏。

先用手动方式分别操纵各轴及部件连续运行。通过 CRT 或 DPL 显示，判断机床部件移动方向和移动距离是否正确。使机床移动部件达到行程限位极限，验证超程限位装置是否灵敏有效，数控系统在超程时是否发出报警。机床基准点是运行数控加工程序的基本参照，要注意检查重复回基准点的位置是否完全一致。

在上述检查过程中如果遇到问题，要查明异常情况的原因并加以排除。当设备运行达到正常要求时，用水泥灌注主机和各部件的地脚螺栓孔，待水泥养护期满后再进行机床几何精度的精调和试运行。

8.2.5 机床几何精度的调整

数控机床几何精度的调整内容和方法与普通机床基本相同。机床的几何精度主要是通过垫铁和地脚螺栓进行调整，必要时也可以通过稍微改变导轨上的镶条和预紧滚轮来达到精度要求。在机床水平和各运动部件全行程不平行度误差符合要求的同时，要注意所有垫铁都要处于垫紧状态，所有地脚螺栓都要处于压紧状态，以保证机床在投入使用后均匀受力，避免因受力不均而引起的扭曲或变形。

调整机械手与主轴、刀具库之间相对位置。用 G28、Y0、Z0 或 G30、Y0、Z0 指令，使机床自动运行到换刀位置，用手动方式分步完成刀具交换动作，检查抓刀、装刀、拔刀等动作是否准确平稳。否则可以通过调整机械手的行程，移动机械手支座或刀具库位置，改变换刀基准点坐标值设定，实现精确运行的要求。在调整到位后要拧紧所有紧固螺钉，用几把接近最大允许重量的刀柄，连续重复多次换刀循环动作，直到反复换刀试验证明，动作准确无误平稳无撞击为止。

调整托板与交换工作台面的相对位置。如果机床是双工作台或多工作台，要调整好工作台托板与交换工作台面的相对位置，以保证工作台自动交换时平稳可靠。在调整工作台自动交换运行过程中，工作台上应装有 50% 以上的额定负载，调好后紧固好相关螺钉。

8.2.6 机床试运行

为了全面地检查机床功能及工作可靠性，数控机床在安装调试完成后，要求在一定负载或空载条件下，按规定时间进行自动运行检验。国家标准 GB 9061—1988 规定的自动运行检验时间，数控车床为 16h，加工中心为 32h，都是要求连续运转不发生任何故障。如有故障或排障时间超过了规定的时间，则应对机床进行调整后重新作自动运行检验。

自动运行检验的程序叫考机程序。可以用机床生产厂家提供的考机程序，也可以根据需要自选或编制考机程序。通常考机程序要包括控制系统的主要功能，如主要的 G 指令，M 指令，换刀指令，工作台交换指令，主轴最高、最低和常用转速，快速和常用进给速度。在机床试运行过程中，刀具库应装满刀柄，工作台上要装有一定重量的负载。

8.3　数控机床的使用

对用户来说，最关心的问题是如何使所购数控机床达到良好的使用效果，获得高的经济效益。为此，必须充分了解所购机床的性能、特点和加工工艺特点，熟悉地掌握使用操作技巧、调整技术等，这些都是充分开动机床的必要前提。下面介绍一些使用操作过程中的要点。

1）熟悉机床的加工范围，如机械原点，X、Y、Z 行程，工件、夹具的安放位置，工件坐标系，各坐标的干涉区，换刀空间等。

2）熟悉数控系统的各条指令，如主轴换档指令、主轴转速指令、进给速度指令、刀具指令等。

3）确定加工零件的加工部位和装卡方式。在决定工件需要在本机床上完成的工序内容时要考虑前后工序的联系，要安排最能充分发挥本机床效率的加工内容。确定零件分几次装卡和几个工序加工。根据已确定的工件加工部位、定位基准和夹紧要求，可以提出夹具的设计与制造要求等。

4）编制加工工艺文件。加工工艺文件内容包括工艺卡片、刀具的选择、夹具和刀具的图纸、加工工序图、刀具轨迹图、确定切削用量、加工程序单、程序试切修改记录等。若采用自动编程方式，应尽量选择数据库中的数据。根据工件加工图纸的各项尺寸要求，计算出刀具中心的运动轨迹。按照已确定的加工路线和允许的编程误差，计算出数控系统所需的输入数据，画出对应工序加工示意图、工具运动轨迹图。数控计算包括点位计算和轮廓形状计算。

5）编制程序和输入程序。编程方法有手工编程和数控自动编程。加工程序编好后将程序输入到数控系统的存储器。输入方式有多种，用得较多的有自动程编机、纸带光电阅读机、磁带阅读机，通过计算机接口直接从上级计算机或程编机输入加工程序。

6）试运行。初次编出的工件加工程序难免存在错误，所以在加工以前常要试运行检查。有条件的，可以先在自动程编机上绘图检查运动轨迹，或在图形显示功能的数控系统上绘图检查；没有这些条件的也可以在机床上直接试运行。试

运行工作应按以下程序进行:

①安装、找正、紧固工夹具。

②按照程序和工艺文件要求往刀库按座号安装刀具并检查其正确性。

③根据刀具预调仪实测数据或现场对刀调整测量,设定刀具补偿值;输入工件坐标系、子程序等有关参数。

④闭合机床闭锁开关,运行程序。这时机床不动,只有数控系统运行程序,可检查程序有无错误。

⑤数控机床不装工件,闭锁 Z 轴坐标(关闭主轴进刀运动)使机床试运行。这时机床按加工程序运行,只是刀具不作轴向移动。通过这一运行可以检查加工位置和运动轨迹是否符合要求,刀具的选择和交换是否正确,刀具运动与夹具等是否会干涉,加工所需各种辅助功能是否符合要求。

7)试切削。通过试运行操作者对加工程序有了全面了解,就可以对第一个工件进行试切削。这项工作最好由程序编制员和操作者共同完成。一般先采用单程序段运行,即在现场了解一段程序内容,然后启动执行这一段程序,这样能及时发现问题,避免意外事故。在运行中可适当降低进给速度,尤其是刀具快速趋近工件的速度。在中小型数控机床上,刀具快速趋近工件的距离可在 0.2~0.5m 左右,而机床单轴快速移动速度可达 10~15m/min,这样刀具要在 1~2s 时间内完成趋近动作,而较熟练的操作工人在机床运行中从发现异常到采取措施(如急停)最快也需 0.5~1s。所以,必须降低进给速度,在进入危险区域时甚至只用百分之一的快速速度,使操作者有时间来判断运动轨迹是否正确。在运行中及时观察几个显示画面:主程序和子程序显示,以便了解正在执行的程序内容;工作寄存器显示,了解正在执行程序段内部状态和指令;缓冲寄存显示,了解下一个程序段将要执行的各状态和指令;坐标位置显示,了解正在执行的程序段的运动量和坐标是否符合要求。切削中操作者可改变主轴转速和进给速度开关,达到理想的切削状态。

试切削后需全面检查试件的各项精度,根据检查结果调整参数,进行全面修改。将经过试切削考验合格的加工程序及时储存在工艺文件和程序单上,妥善保存。

8.4 数控机床的验收与精度检验

用户对于数控机床的验收是根据机床出厂合格证上规定的内容,测定各项技术指标是否达到预定的要求。主要包括机床几何精度、定位精度和切削精度的检验,以及数控功能稳定性和可靠性的检验等。

验收是一项工作量大而复杂,试验和检测技术都要求较高的工作。机床的验收分两种情况,一种是由国家指定的几个机床产品检测中心对机床生产厂新产品样机的验收，或行业评比中产品检验，即用各种高精度仪器对机床的机、电、液、气等各部件及整机进行综合性能及单项性能检测，包括机床动刚度、静刚度、热变形等一系列试验，最后得出对该机床的综合评价。另一种是用户验收，主要根据机床出厂检验合格证上规定的验收条件及实际能提供的检测手段来部分地或全部地测定机床合格证上的各项指标。

机床的合格证明书包括两部分内容，一是合格证，即合格证上应注明产品生产的依据，如"本机床执行 JB/GQ1140—1989《加工中心精度》标准（或××××企业标准），经检验合格，准予出厂"。二是精度检验单，其内容包括几何精度、位置精度、工作精度的检验（即切削精度）等。

经用户检验，如果机床的各项技术数据都符合要求，则用户应将这些数据列入设备进厂的原始技术档案中，作为今后设备维修中恢复技术指标的依据。

1. 机床几何精度检查

机床的几何精度是综合反映机床各关键零部件经组装以后的综合几何形状误差。其检查工具和方法类似于普通机床，但其检测要求较高。以下以普通立式加工中心为例说明检测内容和方法。加工中心几何精度检验内容包括：

1）工作台面的平面度。

2）运动部件沿相应坐标方向移动的直线度。

3）各坐标方向移动的相互垂直度。

4）X、Y 轴方向移动时对工作台面的平行度。

5）X 轴方向移动时对工作台面上 T 型槽侧面的平行度。

6）主轴的轴向窜动。

7）主轴孔的径向跳动。

8）主轴箱沿 Z 轴方向移动时对主轴轴线的平行度。

9）主轴回转轴线对工作台面的垂直度。

10）主轴箱在 Z 坐标方向移动的直线度等。

从上述各项精度中可以看出主要有两类精度，第一类精度要求是机床各大件的运动部件（如床身、立柱、溜板、主轴箱等）运动的直线度、平行度和垂直度等。第二类精度要求是执行切削运动的主要部件（如主轴组件及主轴箱）本身的回转精度和直线运动精度等。

常用的检查工具有：精密水平仪、90°角尺、精密方箱、平尺、平行光管、千分表或测微仪、高精度主轴心棒及千分表杆等。必须注意，在选用检查工具时，应使检测工具的精度等级必须比所测几何精度高 1~2 个等级。例如用平尺来检测允差为 0.025mm/750mm 的平行度，则平尺本身的直线度及上下基面平行度应在 0.01mm/750mm 以上。

在检查时要注意，有一些几何精度项目要求是相互联系的。例如，立式加工中心检测中，如果发现Y轴和Z轴方向移动的相互垂直度误差较大，可适当调整立柱底部床身的地脚垫铁，使立柱适当前倾或后仰，来减小这项误差。但是这样的调整同时将会改变主轴回转轴线对工作台面垂直度误差。因此，对数控机床的各项几何精度检测工作应在精调后一气呵成，不允许检测一项调整一项，分别进行，否则会造成由于调整后一项几何精度而把已检测合格的前一项精度调成不合格。

在检测中要注意消除由于检测工具和检测方法而造成的误差。例如检测主轴回转精度时，由检验心棒自身的振摆和弯曲等而造成的误差；在表架上安装千分表和测微仪时，由于表架的刚性不足而造成误差等。

此外，检测中还应注意机床的温度状态，机床的几何精度在冷态和热态下是不同的。在检测时，应按国家标准规定，在机床预热状态下进行，即接通电源后，各移动坐标往复运动几次，主轴按中等转速回转十多分钟后再进行检测。

2. 机床位置精度的检查

机床的定位精度是指测量机床各运动部件在数控装置控制下所达到的位置精度。位置精度包括定位精度、重复定位精度和反向差值等。

定位精度的检查内容及检测工具，对直线运动，有定位精度（包括X、Y、Z、U、V、W轴）、重复定位精度、机械原点的返回精度及矢动量的测定等，所用检测工具有测微仪、成组量块、标准长度刻线尺、光学读数显微镜、激光测量仪等；对回转运动，有重复定位精度、原点返回精度、矢动量测定等，所用工具有360°齿精确分度的标准转台或角度多面体、高精度圆光栅及平行光管等。下面具体介绍几种定位精度检测方法。

（1）直线运动位置精度检测

1）定位精度的检查。定位精度检测是在空载条件下进行，用标准尺比较测量法或激光测量法，前者测量精度可控制在 $0.004 \sim 0.005\text{mm}/1000\text{mm}$。测量分别沿 X、Y、Z 三个方向进行，在各个定位点上测量得的实际移动距离与理论移动距离之差，连测5次以上。将在基准长度内（例如300mm）测得的最大差值的平均值 Δx_n 加散差 $\pm 3\sigma$ 作为测量值，即

$$\Delta x_n = \frac{\sum x}{N}, \quad \pm 3\sigma = \sqrt[3]{\frac{\sum (x)^2}{N-1} - \frac{\sum (x)^2}{N(N-1)}}$$

$$\Delta x_n \pm 3\sigma$$

式中　　x——测量值；

　　　　N——测量次数；

　　　　σ——标准差。

这样，定位精度曲线已不是一条曲线，而是一个定位点的散差带。

由于目前一般都采用快速定位方式测量定位精度，且要求正向测量，由于种

种原因，正、反向定位精度曲线不可能完全重合，可能出现以下几种情况：

①平行形曲线，即正、反向曲线均匀地拉开一段距离，此段距离表明了各轴的反向间隙。若多次重复测量，反向间隙一致，则可采用间隙补偿法使正反向曲线趋于一致。

②交叉形或喇叭形曲线，这种曲线是由于反向间隙不均匀造成的。这时应合理地使用间隙补偿功能，重新调整螺距补偿功能，以得到好的定位精度曲线。

影响定位精度曲线的重要原因是机床的环境温度和各驱动轴本身的温度。所以，测量定位精度时，必须考虑机床温度要与仪器温度一致，否则会造成很大误差。

2）重复定位精度的检测。重复定位精度指对某一定位点用快速移动法，在相同条件下，向同方向重复多次测量所得的位置精度。其测量方法与上述相同，每个坐标轴上选取三个测量点（一般为各坐标行程中点及行程两端），重复七次以上，读取定位精度的最大差值。重复定位精度反映了进给驱动机构的综合随机误差，无法用数控系统的补偿来修正，若超差时，只有对进给传动链进行精调来修正。重复定位精度反映了控制坐标轴上每一个点定位精度分散值，体现了机床各轴定位的稳定性，它是选取机床的重要因素。

3）原点返回精度。原点返回精度实质上是该坐标轴上一个特殊点（坐标原点或零点）的重复定位精度，所以，它的测量方法完全同重复定位精度。

为了提高原点返回精度，可采取如下一些措施，如：两次降速定位（一般任意点定位是一次降速定位）；原点位置和位置反馈元件的零点位置重合等。

4）矢动量的测定。所谓矢动量是指在所测坐标轴的行程内，预先向正向（或反向）移动一定距离，并以此停止位置为基准，再在同一方向给予一定移动指令值，使之移动一段距离，然后再反向移动相同的距离，测量停止。测量方法，在靠近停止行程的中点及两端的三个位置分别进行多次测量（一般为七次），求出各个位置上的平均值，以所得平均值中的最大值为矢动测量值。

坐标轴的矢动量是该坐标轴进给传动链上驱动部件（如伺服电动机、伺服液压马达和步进电动机等）的反向死区，是各机械运动传动副的反向间隙和弹性变形等误差的综合反映。这个误差越大，则定位精度和重复定位精度也越差。

（2）回转轴运动精度的测定

回转运动各项精度的测定方法同上述各项直线运动精度的测定方法。但所用仪器换为标准转台、平行光管（准直仪）等。考虑到实际使用要求，一般对0°、90°、180°、270°等几个直角等分点作重点测量，要求这些点的精度较其他角度位置提高一个等级，以秒或千分之一度表示。

3. 切削精度的检查

机床切削精度（工作精度）的检查，实质是对机床的几何精度和位置精度在切削加工条件下的一项综合考核。考核方法一般有两种：单项加工精度检查和加工一个标准的综合性试件的精度检查。国内多以单项检查为主。以立式加工中心为例，单项检查的加工精度有：镗孔精度、端面铣刀铣平面的精度（$X-Y$平面）、镗孔的孔距精度和孔径分散度、直线铣削精度、斜线铣削精度（两轴联动）、圆弧铣削精度等。

对卧式加工中心还有：箱体调头镗孔同心度、水平转台回转90°铣四方的加工精度等。

在检验中，切削加工试件材料除特殊要求外，一般都为一级铸铁，使用硬质合金刀具，按标准的切削用量切削。如图8-2所示，检验的内容包括：

1）镗孔精度检验。

2）端面铣刀铣平面检验。

3）镗孔的孔距精度和孔径分散度检验。

4）直线铣削精度检验。

5）斜线铣削精度检验。

6）圆弧铣削精度检验。

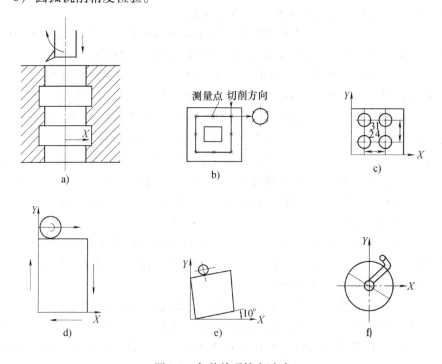

图8-2　各种单项精度试验

a）镗孔精度检验　b）端面铣刀铣平面检验　c）镗孔的孔距精度和孔径分散度检验

d）直线铣削精度检验　e）斜线铣削精度检验　f）圆弧铣削精度检验

在圆试件测量中常遇到如图 8-3 所示图形。

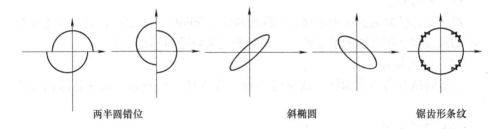

两半圆错位　　　　　　　　　斜椭圆　　　　　　　　锯齿形条纹

图 8-3　有质量问题的圆形图

对两半圆错位的图形，一般都由一个坐标或两坐标的反向矢动量造成的。当矢动量小时，可通过适当改变 CNC 系统的矢动量补偿值来解决；当矢动量较大时，可通过调整该坐标传动链来解决。

对于斜椭圆的图形，是由两坐标实际系统增益不一致而造成。可适当调整速度反馈增益、位置环增益、系统增益设定参数等环节。

对出现锯齿形条纹的图形，其原因与铣斜四方时出现条纹的原因类似。

4. 机床性能及数控功能检验

数控机床性能试验一般有十几项内容，现以一台立式加工中心为例说明一些主要验收项目。

（1）主轴系统性能

1）采用手动操作，选高、中、低三档转速，使主轴连续进行五次正、反转的启动、停止，试验其主要动作的灵活性和可靠性。

2）采用数据输入方式，使主轴由最低转速到最高转速，测各级转速数，允差为设定值的 ±10%，同时观察机床的振动情况。主轴在长时间高速运转后（一般为 2h）允许温升 15℃。

3）主轴准停装置连续操作 5 次，试验动作的灵活性和可靠性。有齿轮挂档的主轴箱，应每次试验自动挂档，动作应灵活可靠。

（2）进给系统性能

1）分别对 X、Y、Z（回转坐标 A、B、C）各坐标进行手动操作，试验正、反方向的低、中、高速度和快速启、停、点动等动作的平稳性和可靠性。

2）用数据输入方式（MDI）测定 G00 和 G01 各种进给速度，允差为 ±5%。

（3）自动换刀系统性能

1）检查自动换刀系统的可靠性和灵活性，包括手动和自动方式下刀库在满载荷条件时（装满各种刀柄）运动的平稳性，机械手抓取最大允许重量刀柄的可靠性，刀库内刀号选择的准确性。

2）测定自动换刀的时间。

（4）机床噪声

机床空运转时的总噪声不得超过标准规定（80dB）。主要噪声源是主电动机的冷却风扇和液压系统的油泵噪声，相对来说齿轮噪声不是很大。

（5）电气装置

在运转试验前后分别作一次绝缘检查，检查接地线质量，确认绝缘的可靠性。

（6）数控装置

检查数控柜的各种指示灯，检查纸带阅读机、操作面板、电柜冷却风扇和密封性等动作及功能是否正常可靠。

（7）安全装置

检查对操作者的安全性和机床保护功能的可靠性。如各种安全防护罩、机床各运动坐标行程极限的保护、自动停止功能、各种电流和电压的过载保护和主轴电动机的过热过载荷时紧急停止功能等。

（8）润滑装置

检查定时定量润滑装置的可靠性，检查油路有无渗漏，油路到各润滑点油量分配等功能的可靠性。

（9）气液装置

检查压缩空气、液压油路的密封、调压功能，液压油箱的正常工作情况。

（10）附属装置

检查机床各附属装置机能的可靠性。如冷却液装置能否正常工作，冷却防护罩有无泄漏，排屑器的工作质量，APC 交换工作台工作是否正常，试验带重负载的工作台面自动交换，配置接触式测头的测量装置能否正常工作及有无相应的测量程序等。

（11）数控功能

按照机床配备的数控系统的说明书，用手动或数控程序自动的检查方法，检查数控系统的主要使用功能，如定位、插补、暂停、自动加减速、坐标选择、平面选择、刀具位置补偿、刀具直线补偿、拐角功能选择、固定循环、行程停止、选择停机、程序结束、冷却的启动和停止、原点偏置、跳读程序、紧急停止、位置显示、螺距误差补偿、间隙补偿等功能的准确及可靠性。

（12）连续空载运转

作为综合检查整台机床自动实现各种功能可靠性的最好办法，是让机床长时间的连续空载运行，如 8h、16h 和 24h 等，考核机床的稳定性。

在连续运转前，必须编制一个功能比较齐全的程序，包括以下内容：

1）主轴的转动要包括标称的最低、中间及最高转速在内五种以上速度的正、反、停等运行。

2）各坐标的运动要包括标称的最低、中间和最高进给速度及快速移动，进给移动范围应接近全行程，快速移动距离应在各坐标全行程的二分之一以上。

3）尽量用到自动加工所用的一些功能和代码。

4）自动换刀应至少交换刀库中三分之二以上的刀号，而且都要装上重量在中等以上的刀柄进行实际交换。

5）必须使用特殊功能，如测量功能、APC 交换功能和用户宏程序等。

用以上程序连续运行，检查机床各项运动、动作的平稳性和可靠性。在规定的时间，若无外部原因，不允许出现故障中断。若出现故障中断，则需重新按照初始规定的时间考核，不允许分段进行累计到所规定的运行时间。

5. 机床外观检查

机床外观要求，一般按照通用机床有关标准，但数控机床是价格昂贵的高技术设备，对外观的要求就更高。对各级防护罩、油漆质量、机床照明、切屑处理、电线和气、油管走线固定防护等都有进一步要求。

8.5 数控机床的日常维护与保养

要充分发挥数控设备的高效性，就必须正确的操作和精心的维护保养，以保证设备的正常运行和高的利用率。

数控设备的正确操作和维护保养是正确使用数控设备的关键因素之一。正确的操作使用能够防止机床非正常磨损，避免突发故障；做好日常维护保养，可使设备保持良好的技术状态，延缓劣化进程，及时发现和消灭故障隐患，从而保证安全运行。

8.5.1 数控设备使用中应注意的问题

1. 数控设备的使用环境

为提高数控设备的使用寿命，一般要求要避免阳光的直接照射和其他热辐射，要避免太潮湿、粉尘过多或有腐蚀气体的场所。精密数控设备要远离振动大的设备，如冲床、锻压设备等。

2. 良好的电源保证

为了避免电源波动幅度大（大于 ±10%）和可能的瞬间干扰信号等影响，数控设备一般采用专线供电（如从低压配电室分一路单独供数控机床使用）或增设稳压装置等，都可减少供电质量的影响和电气干扰。

3. 制定有效操作规程

在数控机床的使用与管理方面，应制定一系列切合实际、行之有效的操作规程。例如润滑、保养、合理使用及规范的交接班制度等，是数控设备使用及管理的主要内容。制定和遵守操作规程是保证数控机床安全运行的重要措施之一。实践证明，众多故障都可由遵守操作规程而减少。

4. 数控设备不宜长期封存

购买数控机床以后要充分利用，尤其是投入使用的第一年，要使其容易出故障的薄弱环节尽早暴露，得以在保修期内予以排除。加工中，尽量减少数控机床主轴的启闭，以降低对离合器、齿轮等器件的磨损。没有加工任务时，数控机床也要定期通电，最好是每周通电 1~2 次，每次空运行 1h 左右，以利用机床本身的发热量来降低机内的湿度，使电子元件不致受潮，同时也能及时发现有无电池电量不足报警，以防止系统设定参数的丢失。

8.5.2　数控机床的维护保养

数控机床种类多，各类数控机床因其功能、结构及系统的不同，各具不同的特性。其维护保养的内容和规则也各有其特色，具体应根据其机床种类、型号及实际使用情况，并参照机床使用说明书要求，制订和建立必要的定期、定级保养制度。下面是一些常见、通用的日常维护保养要点。

1. 数控系统的维护

1）严格遵守操作规程和日常维护制度。数控设备操作人员要严格遵守操作规程和日常维护制度，操作人员的技术业务素质的优劣是影响故障发生频率的重要因素。当机床发生故障时，操作者要注意保留现场，并向维修人员如实说明出现故障前后的情况，以利于分析、诊断出故障的原因，及时排除。

2）防止灰尘污物进入数控装置内部。在机加工车间的空气中一般都会有油雾、灰尘甚至金属粉末，一旦它们落在数控系统内的电路板或电子器件上，容易引起元器件间绝缘电阻下降，甚至导致元器件及电路板损坏。有的用户在夏天为了使数控系统能超载荷长期工作，采取打开数控柜的门来散热，这是一种极不可取的方法，其最终将导致数控系统的加速损坏，应该尽量减少打开数控柜和强电柜门。

3）防止系统过热。应该检查数控柜上的各个冷却风扇工作是否正常。每半年或每季度检查一次风道过滤器是否有堵塞现象，若过滤网上灰尘积聚过多，不及时清理，会引起数控柜内温度过高。

4）数控系统的输入/输出装置的定期维护。

5）直流电动机电刷的定期检查和更换。直流电动机电刷的过度磨损，会影响电动机的性能，甚至造成电动机损坏。为此，应对电动机电刷进行定期检查和更换。数控车床、数控铣床、加工中心等，应每年检查一次。

6）定期检查和更换存储用电池。一般数控系统内对 CMOS RAM 存储器件设有可充电电池维护电路，以保证系统不通电期间能保持其存储器的内容。在一般情况下，即使尚未失效，也应每年更换一次，以确保系统正常工作。电池的更换应在数控系统供电状态下进行，以防更换时 RAM 内信息丢失。

7）备用电路板的维护。备用的印制电路板长期不用时，应定期装到数控系统中通电运行一段时间，以防损坏。

2. 机械部件的维护

1）主传动链的维护。定期调整主轴驱动带的松紧程度，防止因带打滑造成的丢转现象；检查主轴润滑的恒温油箱、调节温度范围，及时补充油量，并清洗过滤器；主轴中刀具夹紧装置长时间使用后，会产生间隙，影响刀具的夹紧，需及时调整液压缸活塞的位移量。

2）滚珠丝杠螺纹副的维护。定期检查、调整丝杠螺母副的轴向间隙，保证反向传动精度和轴向刚度；定期检查丝杠与床身的连接是否有松动；丝杠防护装置有损坏要及时更换，以防灰尘或切屑进入。

3）刀库及换刀机械手的维护。严禁把超重、超长的刀具装入刀库，以避免机械手换刀时掉刀或刀具与工件、夹具发生碰撞；经常检查刀库的回零位置是否正确，检查机床主轴回换刀点位置是否到位，并及时调整；开机时，应使刀库和机械手空运行，检查各部分工作是否正常，特别是各行程开关和电磁阀能否正常动作；检查刀具在机械手上锁紧是否可靠，发现不正常应及时处理。

3. 液压、气压系统维护

定期对各润滑、液压、气压系统的过滤器或分滤网进行清洗或更换；定期对液压系统进行油质化验检查，添加和更换液压油；定期对气压系统分水滤气器放水。

4. 机床精度的维护

定期进行机床水平和机械精度检查并校正。机械精度的校正方法有软硬两种，其软方法主要是通过系统参数补偿，如丝杠反向间隙补偿、各坐标定位精度定点补偿、机床回参考点位置校正等；硬方法一般要在机床大修时进行，如进行导轨修刮、滚珠丝杠螺母副预紧调整反向间隙等。

加工中心是一种自动化程度高、结构较复杂的先进加工设备，要充分发挥它的高效性，就必须正确的操作和精心的维护保养，以保证设备的正常运行和高的利用率。它集机、电、液于一身，因此数控设备对维修维护人员要求较高，除了能够做到常规维护保养外，还应根据具体设备的详细操作说明手册做具体的专门维护和保养。

表 8-2 是某数控机床日常保养维护的内容与要求，可供制订有关保养制度时参考。

表 8-2　数控机床日常保养一览表

序号	检查周期	检查部位	检查要求（内容）
1	每天	导轨润滑油箱	检查油量，及时添加润滑油，润滑油泵是否能定时启动打油及停止
2	每天	主轴润滑恒温油箱	工作是否正常、油量是否充足，温度范围是否合适
3	每天	机床液压系统	油箱液压泵有无异常噪声，工作油面高度是否合适，压力表指示是否正常，管路及各接头有无泄漏
4	每天	压缩空气气源压力	气动控制系统压力是否在正常范围之内
5	每天	气源自动分水滤气器，自动空气干燥器	及时清理滤气器中滤出的水分，保证自动空气干燥器的正常工作
6	每天	气液转换器和增压油面	油量不够时要及时补充足
7	每天	X、Y、Z 轴导轨面	清除切屑和污物，检查导轨面有无划伤损坏，润滑油是否充足
8	每天	CNC 输入/输出单元	如光电阅读机的清洁，机械润滑是否良好
9	每天	各防护装置	导轨、机床防护罩等是否安全有效
10	每天	电器柜各散热通风装置	各电器柜中冷却风扇是否正常工作，风道过滤网有无堵塞，及时清除过滤器
11	每周	各电器柜过滤网	清除粘附的尘土
12	不定期	冷却油箱、水箱	随时检查液面高度，及时添加油（或水），必要时要更换，清洗油箱（或水箱）和过滤器
13	不定期	废油池	及时取走积存在废油池中的废油，以免溢出
14	不定期	排屑器	经常清理切屑，检查有无卡住等现象
15	半年	主轴驱动皮带	按机床说明书要求调整皮带的松紧程度
16	半年	各轴导轨上镶条、压紧滚轮	按机床说明书要求调整松紧程度
17	一年	电动机电刷	检查换向器表面，去除毛刺，吹净碳粉，磨损过短的碳刷及时更换
18	一年	液压油路	清洗溢流阀、减压阀、油箱；过滤液压油或更换
19	一年	主轴润滑恒温油箱	清洗过滤器、油箱，更换润滑油
20	一年	润滑油泵、过滤器	清洗润滑油池，更换过滤器
21	一年	滚珠丝杠	清洗丝杠上旧的润滑脂，换上新油脂

练习与思考题 8

8-1 数控机床的选用原则是什么？在选用中应注意哪些技术问题？

8-2 数控机床在通电试车之前应做哪些准备工作？

8-3 用户验收机床的依据是什么？具体验收的内容应包括哪些？

8-4 数控机床的故障及其特点是什么？

8-5 什么是数控机床的在线诊断和离线诊断？

8-6 数控机床的主要诊断方法有哪些？

8-7 试述数控机床安装与调试的工作内容。

8-8 数控机床几何精度和定位精度检测包括哪些方面？

参 考 文 献

[1] 卢斌. 数控机床及其使用维修 [M]. 2 版. 北京：机械工业出版社，2010.

[2] 全国数控培训天津分中心. 数控机床 [M]. 3 版. 北京：机械工业出版社，1997.

[3] 王爱玲. 现代数控机床 [M]. 2 版. 北京：国防工业出版社，2009.

[4] 张超英. 数控车床 [M]. 北京：化学工业出版社，2003.

[5] 沙杰. 加工中心结构、调试与维修 [M]. 北京：机械工业出版社，2003.

[6] 王爱玲，曾志强. 数控加工中心编程与操作 [M]. 北京：电子工业出版社，2008.

[7] 徐宏海，谢富春. 数控铣床 [M]. 北京：化学工业出版社，2003.

[8] 廖效果，朱启述. 数字控制机床 [M]. 武汉：华中科技大学出版社，2001.

[9] 李佳. 数控机床及应用 [M]. 北京：清华大学出版社，2001.

[10] 高德文. 数控加工中心 [M]. 2 版. 北京：化学工业出版社，2003.

[11] 林宋. 现代数控机床 [M]. 2 版. 北京：化学工业出版社，2011.

[12] 刘晋春，赵家齐，赵万生. 特种加工 [M]. 5 版. 北京：机械工业出版社，2008.

[13] 贾亚洲. 金属切削机床概论 [M]. 2 版. 北京：机械工业出版社，2011.

[14] 杨继昌，李金伴. 数控技术基础 [M]. 北京：化学工业出版社，2004.

[15] 廖效果，刘又午. 数控技术 [M]. 武汉：湖北科学技术出版社，2000.

[16] 周延祜，李中行. 电主轴技术讲座 [J]. 制造技术与机床，2003：6-12.

[17] 孙宝玉，等. 直线驱动磁悬浮进给机构的研究 [J]. 光学精密工程，2003 (4).